ちくま学芸文庫

東京都市計画物語

越澤 明

筑摩書房

目次

東京都市計画物語

はしがき

今日の東京（区部）は一九二三年（大正一二年）の関東大震災後の復興事業の開始から一九六四年（昭和三九年）の東京オリンピック関連の都市改造の終了によって出来上がった。しかし、この間の東京都市計画の歩みについてはこれまで、東京都自身による体系的な記録も出版されておらず、また専門家による通史や研究書も公刊されてこなかった。本書はまさしくこのテーマを取り扱った最初の書物である。

今日、世界的な大都市へと成長し、今なおダイナミックな変化を遂げつつある東京。しかし、その変化は主に建物の更新によるもので、東京二三区の都市形態とインフラストラクチュアは東京オリンピック以後、ほとんど変化していない。

〝東京は都市計画が不在であった〟という言い方をする人が少なからず存在する。しかし、果たしてそうなのだろうか。正しくは、東京には都市計画は存在した。ただ、当初の計画通りに実施されなかっただけにすぎないのである。そしてその都度の都市計画事業、プロジェクトの成果に後の世代が大きく依拠しながら、それを忘れ去り、新たなストックをつくり出せず、むしろその遺産（ストック）を喰いつぶすことをしてきた。

本書はこの東京都市計画の栄光と挫折の歴史を明らかにしたものである。都市計画のプランは構想・立案から事業実施に至るまで長い年月を要することが少なくない。また現況の姿から過去のプランや事業の持つ意味、効果を検証することも大切である。そこで本書では東京都市計画史上、重要なプランや事業を取り上げ、そのプラン、事業ごとに記述するという方法を採ることにした。東京という巨大な対象の歴史的形成過程を明らかにするにはこのような切り口が有効であると判断したからである。過去を検証することは現在を理解し、今後の課題を確認し、未来の選択肢を予測するために大切なことである。

本書は東京の近現代史のひとつの書であると同時に、現代の東京都市計画に対するひとつの問題提起の書として読まれることを著者として願うものである。

I

後藤新平と帝都復興計画

後藤新平

1　若き医師が内務大臣になるまで

今日の東京を造った人は誰かと問われれば、後藤新平《しんぺい》をまず第一に挙げなければならない。筆者は以前、一九〇七年に東京市職員となって以来今日まで東京市政（都政）を見つめ続けてきた田辺定義氏（元東京市政調査会理事長）より長時間、東京市政と帝都復興についてお話を伺う機会を得たが、氏は歴代の東京市長（都知事）の中で抜群の名市長と呼べるのは後藤新平をおいて他はない、と矍鑠《かくしゃく》たる口調で断言しておられた。「大風呂敷」と揶揄されるほどの壮大な発想、また関東大震災で壊滅した東京の復興に不屈の闘志と情熱でリーダーシップを発揮した後藤新平の名前は、戦後生まれの世代にとってはなじみが薄くなっているかもしれない。

後藤新平は一八五七年（安政四年）、東北の小藩・留守家の家中の子として現在の水沢市に生まれた。一族には高野長英がおり、本人は医学を修業した後、石黒忠悳（軍医総監）の知遇を得て、一地方の医師から内務省の衛生官僚に転進した。一八九二年（明治二五年）、後藤新平は三五歳という若さで内務省衛生局長に就任した。後藤を後継者に抜擢した長与専斎は、一八七五〜九二年という長い間、衛生局長を続け、日本の衛生行政を確立した人である。

後藤新平が官僚政治家へ変身するきっかけとなったのが、日清戦争後の大量の帰還兵士二三万人の検疫活動であった。一八九五年、石黒忠悳は陸軍次官児玉源太郎にこの仕事をやり遂げられる人として後藤新平を推薦した。後藤はこの検疫活動を見事にやり遂げ、その行政手腕を児玉源太郎に印象づけた。

日清戦争の結果、日本は初めて植民地（台湾）を領有したが、悪疫のはびこる未開地で異民族を統治することは、日本人にとって困難の多いことであった。乃木希典総督の失政の後、一八九六年、第四代台湾総督に就任した児玉源太郎は、総督に次ぐナンバーツーのポストの民政長官に後藤新平を引き抜いた。以後、後藤は日露戦争後の一九〇六年（明治三九年）、児玉源太郎（満鉄創立委員長）の要請で満鉄初代総裁に就任するまで台湾の植民地経営（産業開発、アヘン対策など）に敏腕をふるうことになる。

当時、台湾全島の衛生状態はきわめて劣悪であった。後藤新平の招きで台湾の各都市を調査したバルトンは、不潔な〝支那町〟を改善するために至急、上下水道を整備すべきであり、そのためには同時に、街路を拡幅・新設しなければならない、つまり都市計画を実施すべきであると報告した。この結果、台北をはじめとする各地の都市計画が着手された。

こうして後藤新平は台湾において産業開発と衛生改善のために先行的に都市のインフラ整備を実行するという体験をしている。

この経験はその後の満鉄の経営にいかんなく発揮される。満鉄の経営（つまり満州事変前の日本の満州経営）の特徴は、満鉄が鉄道駅を中心とする市街地を自ら計画し、インフラ整備を行ったことである。無人の大地に大連、奉天（瀋陽）、撫順、長春などの都市を先行的に整備することによって鉄道、港湾、炭鉱、工業など多部門からなる満鉄の一大コンツェルンの活動を可能にした。

台湾と満州における植民地経営（都市経営）の実践は、後藤新平の都市計画に対する情熱のもとをつくった原体験である。日露戦争直後はアメリカによる鉄道経営の肩代わりの考えさえあった満鉄の経営を軌道に乗せたことにより、その実力が認められた後藤新平は一九〇八年（明治四一年）、第二次桂内閣の逓信大臣に就任するため、内地に戻った。以後、後藤は内地の有力政治家の一人としての道を歩むことになる。

2　都市計画法の制定

一九一六年（大正五年）、後藤新平は寺内内閣の内務大臣兼鉄道院総裁に就任した。当時、東京の都市改造（市区改正）は遅々として進まず、路面電車は殺人的なラッシュで、街路は幹線道路でさえ満足な舗装がなされておらず、晴れの日は黄塵が舞い、雨が降れば泥濘となり、ドジョウが棲むと皮肉られたほどであった。明治中期に山県有朋、井上馨、芳川顕正ら有力者・官僚が示した東京都市改造への関心は大正期にはすでに失われており、東京市区改正設計（当時の東京都市計画の正式な呼び方）はたびたびの計画縮小を経て、細々と続行されていた。また建築法規の導入もしばしば試みられたが、法制化に至らなかった。

かかる状態を打破するきっかけとなったのが、一九一九年の都市計画法と市街地建築物法（今日の建築基準法の前身）の公布であり、その立役者の一方は後藤新平、もう一人は以後、後藤新平の信の厚いブレーンとなる佐野利器《としかた》である。

佐野利器（東京帝大教授）は辰野金吾（東京駅の設計者）の後を受けて、若くして大正・戦前昭和の建築界に君臨した大御所である。佐野の研究者としての業績は日本で初めて（つまり世界で初めて）耐震構造論を確立したことであるが、佐野は幅広い社会活動をした行動派の学者で、都市計画の制度化と実践はその最もめざましい成果と呼べるものであった。

一九一六年、佐野利器は同郷（米沢）の警視総監を口説いて建築警察の制度化を実現させた。そして笠原敏郎（日本の建築系都市計画技術をつくった人、終生の佐野の腹心として行動）を担当技師に推薦し、内田祥三《よしかず》（佐野の東大における後継者、後の東大総長）と共に建築規制の草案を作成した（これは市街地建築物法の原案となる）。翌一九一七年、佐野利器、池田宏（内務官僚、後に都市計画法を起草し、初代都市計画課長に就任）らは日本で初めての都市計画・都市問題に関する専門家の団体である都市研究会を設立し、会長に後藤新平を戴いた（図1）。この団体は都市計画法の制定運動、制定後の啓蒙普及に大きな役割を果たし、後藤新平は一九二九年の死まで一貫して会長をつとめた（後藤の死後は歴代内務大臣が就任）。

一九一八年春、関西建築協会（現在の日本建築協会の前身）を結成した片岡安（日本生命社長・大蔵大臣片岡直温の女婿）の呼びかけに応じた佐野利器は都市研究会、建築学会との三会共同の形で都市計画法制定の請願運動を開始し、各省大臣を説き回った。後藤新平はこの提唱に直ちに賛同し、次官水野錬太郎に命じて閉会も近い議会に追加予算を出させるという強引な措置をした。これには内務省の人々も「なんという無茶なことをなさるのだろう」とウワサしたほどであったが、後藤は大蔵省と交渉し、ついにこの予算を通してしまった。

この予算措置は都市計画法制を調査・審議するためのものであり、かくして一九一八年五月に内務省に都市計画調査会が設置され、大臣官房に都市計画課が誕生した。政府に都市計画を主管するセクションが誕生し、都市計画の法制化のレールが敷かれたのは、ひとえに後藤新平の電光石火の決断と実行力によるものである。

一九一九年（大正八年）四月、都市計画法と市街地建築物法が公布されるが、その審議過程は都市計画の法制化を推進してきた内務官僚と学者にとっては苦渋に満ちたものであった。当時、都市計画・都市問題に関する有識者はすべて都市研究会に結集している。佐野利器、片岡安、渡辺銕蔵《てつぞう》（東大法学部教授）、関一《せきはじめ》（後の大阪の名市長）らはいずれも審議に参画するが、内務省の原案にあった国庫補助の義務化、今日でも話題になっている土地増価税・閑地税（今日の言葉でいえば未利用地税）、超過収用（欧州の都市開発はこの方法による）という都市計画事業実施の財源、開発利益の公共還元のための条項はことごとく大蔵省の反対にあい、削除されるか、骨抜きにされてしまった。今日、地価高騰の中で盛んに言われるようになった開発利益の公共還元の問題は、大正時代に握り潰されていたことを知る人は今日ほとんどいない。

都市計画の事業財源が確保されなかったため、府県や市はなかなか事業実施に踏み切れなかった。日本では震災や戦災という災害の後でしか都市計画が実行されなかった原因は立法時のいきさつにある。逆に言えば、政府自体に都市計画に対する認識がない状態で、後藤新平の力があればこそ曲がりなりにも法制化が実現したのだといえよう。

この時代、都市研究会は、都市計画法の普及宣伝のために全国で講演会、講習会を開いた。後藤新平はその全国行脚の先頭に立っている。

本會が夙に都市問題に對し眞摯なる調査研究を遂げ其の解決を促進する爲屢々各地に講演會展覽會講習會等を開催して大に輿論の作興に努むるの一面常に必要なる施設を當局に要望し又別に機關雜誌『都市公論』竝圖書及パンフレット等を刊行して都市關係者の友を以て任じ來れるは御承知の通りに有之候

然るに本會は倘進んで幾多緊切なる事業の爲すべきもの多々有之その成否は我國都市の興廢に至大の關係を有する次第に付此際猶つて大方諸賢の本會事業に寄與せられむことを不堪懇願候就ては卷末の會員申入書雛形に依り會員の種別御明記の上乍御手數御申込被下度此段特に得貴意候　敬具

都市研究會

會長　子爵 後藤新平
副會長　貴族院議長 内田嘉吉
副會長　内務次官 潮惠之輔
顧問　前内務大臣 鈴木喜三郎
顧問　前内務大臣 水野錬太郎
顧問　男爵 阪谷芳郎
顧問　前内務大臣 床次竹二郎
理事　神奈川縣知事 池田宏
理事　内務省地方局長 佐上信一
理事　鐵道省工務局長 加賀山學
理事　桐島像一
理事　藤原俊雄

理事　工學博士 岡野昇
理事　法學博士 關一
理事　内務省衛生局長 山田準次郎
理事　社會局長官 長岡隆一郎
理事　工學博士 佐野利器
理事　内務技監 中川吉造
理事　矢野亮一
理事　内務省都市計畫課長 平田紀一
理事　工學博士 片岡安
理事　法學博士 渡邊鐵藏
理事　工學博士 直木倫太郎
理事　内務省土木局長 宮崎通之助
幹事（常務）阿南常一

図1　都市研究会　㊤同会の人々（1919年12月20日後藤新平邸にて）。前列左から藤原俊雄，2人置いて後藤新平，2人置いて池田宏。後列左から山田博愛，2人置いて佐野利器，渡辺銕蔵，内田祥三，吉村哲三，笠原敏郎。㊦同会の趣旨と役員（1929年現在）。〔『佐野博士追想録』1957年〕

都市計画の事業実施ができない状態で草創期の内務省都市計画課はあたかも大学の研究室のような雰囲気であった。課長池田宏以下、笠原敏郎、山田博愛《ひろよし》(土木系都市計画技術をつくった人)ら幹部職員はいずれも勉強家であり、帝大出の法学士・工学士をどんどん採用して、外国の都市計画の調査を続けた。この結果、日本の都市計画を担う第一世代のスタッフが養成された。その意味で後藤新平のお陰で実現した法を所管する中央官庁の設置の意味は実に大きい。

内務省都市計画課は東京についてまず官庁街の計画を策定し、東京市全域の街路網の計画を練り上げた。その目玉となったのが東京駅裏側(今日の八重洲口)と下町を結ぶ槙町《まきちょう》線(今の八重洲通り)の新設である。笠原敏郎は一八七一年のシカゴ大火の復興の手法であった超過収用を適用すべく、実地調査を開始した。当時の京橋区と日本橋区の境界に予定された槙町線は都市改造に全然理解のない地元有力者・商工業者の猛反対にあい、ついに着工できなかった。しかしこのような調査研究は関東大震災後の復興事業の技術的な基礎をつくったのであり、決して無駄な作業ではなかった(なお八重洲通りそのものは帝都復興事業で区画整理により完成する)。

3 東京市長後藤新平と八億円計画

戦前、大阪市政と東京市政は好対照をなしている。前者は池上四郎、関一という名市長が長期間市政を預かっていたのに対し、後者は次々と市長が交替し、市政と市会にはしばしば汚職が発生している。一九二〇年（大正九年）一二月、東京市長に就任した後藤新平は、助役に側近の内務官僚三人――永田秀次郎（元警保局長）、池田宏（社会局長）、前田多《た》門《もん》（第二代都市計画課長、戦後文部大臣）を配して、伏魔殿と言われた市政の刷新に乗り出した。

一九二一年五月に発表された「東京市政要綱」は後藤市政の東京改造ビジョンを示したものである。それは街路、下水、港湾、公園、学校、市場など一五項目のインフラ整備に対して七億五七五〇万円が必要であることを謳っている。これが後藤の大風呂敷と評されたいわゆる八億円計画である（図2）。当時の東京市の年間予算は一億数千万円であり、政府の予算は約一五億円という時代であった。

東京市政要綱の事業費の半分以上は街路の整備と共同溝の設置に充てられており、いわゆる八億円計画とは東京都市計画・都市改造の実施の具体措置を示したものに他ならない。東京市政要綱は、関東大震災後の帝都復興のビジョンの下敷きとなった。逆に言えば八億円計画があればこそ震災後ただちに復興計画の作業に取りかかることができたのである。

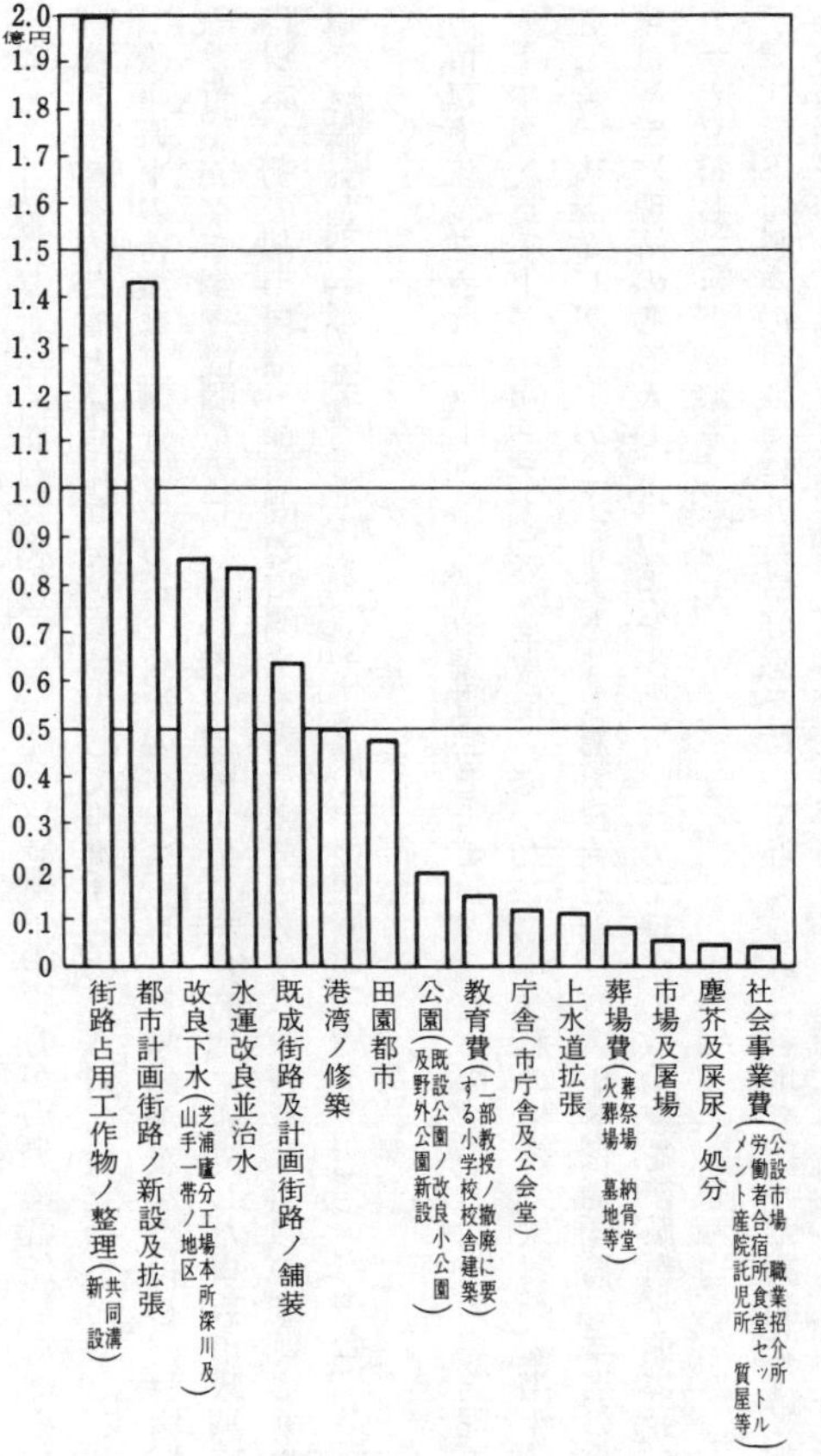
2.0
億円
1.9
1.8
1.7
1.6
1.5
1.4
1.3
1.2
1.1
1.0
0.9
0.8
0.7
0.6
0.5
0.4
0.3
0.2
0.1
0
街路占用工作物ノ整理(共同溝新設)
都市計画街路ノ新設及拡張
改良下水(芝浦處分工場本所深川及山手一帯ノ地区)
水運改良並治水
既成街路及計画街路ノ舗装
港湾ノ修築
田園都市
公園(既設公園ノ改良小公園及野外公園新設)
教育費(二部教授ノ撤廃に要する小学校校舎建築)
庁舎(市庁舎及公会堂)
上水道拡張
葬場費(葬祭場 納骨堂 火葬場 墓地等)
市場及屠場
塵芥及屎尿ノ処分
社会事業費(公設市場 職業招介所 労働者合宿所食堂セットルメント産院託児所 質屋等)

図2　八億円計画見積内訳

後藤新平は一九二三年四月に市長の座を去るが、その後任は二代続けて永田秀次郎、中村是公《これきみ》（台湾・満鉄・鉄道院と一貫して後藤を補佐した第一の側近、夏目漱石の友人で『満韓ところどころ』は漱石が是公を訪ねた紀行文）という後藤新平の腹心が市長に就任したため、帝都復興事業を内務省と東京市が互いに協力して推進するのに非常に役立ったのである。

後藤新平の特徴は、調査癖である。政策のベースとして科学的調査を重視し、台湾、満鉄と行く先々で調査機関を設立している。後藤が東京市長時代に設立した東京市政調査会は日本で初の都市自治・都市問題に関する調査機関であり、阪谷芳郎《さかたによしろう》（元東京市長・大蔵大臣）、佐野利器、渡辺銕蔵、池田宏、前田多門ら「後藤派」の人々が運営の中心にあたった。

東京市政調査会はニューヨーク市政調査会をモデルとしたものである。その専務理事チャールズ・ビアード（元コロンビア大学教授）は一九二二年後藤の招きで来日し、半年間滞在した。後藤とビアードの二人はたちまち意気投合した。ビアードは帰国後「本当の政治家は科学に理解のある人で、世界中を歩いて、初めて理想の政治家を後藤新平伯に発見した」と激賞したほどである。

ビアードは日本の有識者に非常に好感を持って迎えられ、各地で行った講演会は好評であった。ビアードは日本に都市計画・都市自治の調査研究、つまり都市学を導入する功績を残した。

4 帝都復興計画

一九二三年（大正一二年）九月一日の関東大震災の翌日成立した山本権兵衛内閣の内務大臣に就任した後藤新平はその日、一人で東京復興の四方針――(1)遷都を否定、(2)復興費に三〇億円をかける、(3)欧米の最新の都市計画を適用する、(4)都市計画の実施のために地主に断乎たる態度をとり不当利得を許さない――を練りあげ、矢継ぎばやに手を打ち始めた。後藤新平がめざしたものは復旧（旧状のままで再建）ではなく、復興（抜本的な都市改造）であった（図4）。九月四日、後藤新平は早くも帝都復興の基本方針をまとめ、九月六日の閣議に「帝都復興ノ議」として上申した。その内容は、(1)帝都復興の基本政策を審議・決定する機関の設置、(2)帝都復興事業は国費で実施し、その財源は内外債による、(3)焼失区域の全域を一括買収し、整理後、それを払い下げ、または貸付けるやり方とする――という意欲的なものであった。この(3)が「焼土全部買上案」と呼ばれる後藤新平ならではの大胆な構想であった。しかし、財政事情から、焼土全部買上案は内閣の賛同を得るには至らなかった。

九月五日、後藤新平はビアードに招聘の打電をした。一方、ビアードも後藤あてに次の電報を打ち、ちょうど、太平洋上で二つの電報が行き交った。"Lay out new streets, forbid building within street lines, unify railway stations"（新しい街路を設定せよ、その路線内の建築を禁止せよ、鉄道駅を統一せよ）。ビアードはニューヨーク市政調査会の負担で来日した（ビアードの役割は啓蒙的なもので、実際の計画立案は佐野利器、池田宏らが行う）。関東大震災に対して世界各国が同情の手をさしのべたこと（救援物資のみならず、外債の引受けなど）を今日、われわれは忘れてはならない（今日、東京が再度、震災にあったとしても世界から援助されるだろうか?）。

後藤新平は復興計画の策定と事業推進のために省と同格の帝都復興院を設立し、自ら総裁を兼務した。幹部職員には内務省、鉄道省の後藤派の人々が就任し、佐野利器も東大教授のまま建築局長に就任した。一九二三年一二月の復興計画確定まで職員は休日も返上して、毎日深夜まで仕事をし、プランを練りあげている。

帝都復興費は九月九日、原局が理想案としたものが、四一億円であったが、同月二二日の内相官邸における予算会議において、財政事情を考慮し、約一〇億円（最低これだけは必要というギリギリの案）を政府案とすることにした（大蔵省も了承済み）。

帝都復興計画の審議のために設けた三つの審議機関のうち、帝都復興院参与会（関係省庁の次官で構成）、帝都復興院評議会（政財界有力者をメンバーとする）は同年一一月、無事通過し、むしろ原案よりも徹底的な都市改造を望む意見（鳩山一郎、渡辺銕蔵ら）も出され

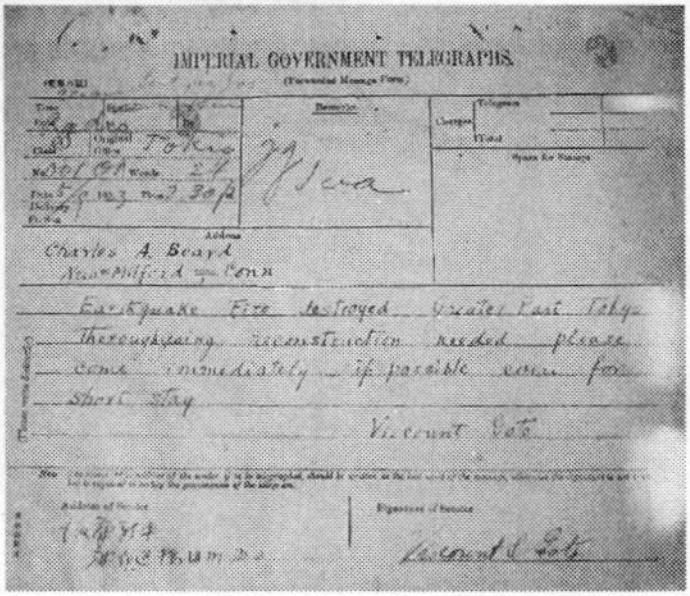

IMPERIAL GOVERNMENT TELEGRAPHS.

Charles A. Beard
New Milford Conn

Earthquake Fire destroyed Greater Part Tokyo
Thoroughgoing reconstruction needed please
come immediately if possible even for
short stay

Viscount Goto

図3　ビアードの招聘の打電　（後藤新平記念館所蔵）とビアード夫妻の写真（越澤所蔵）

図4　関東大震災　㊤㊥震災前後の有楽町。㊦摂政宮（昭和天皇）の災害地巡視。1923年9月15日上野公園にて。摂政宮（椅子の右側に立っている），その右が永田秀次郎東京市長，湯浅倉平警視総監，宇佐美勝夫東京府知事，後藤新平内務大臣。

ている。後藤新平は「私は今迄《いままで》多少の都市計画に従事した経験もありますが、此等《これら》は田舎芝居に過ぎないので、長春のそれの如き、台中、台北のそれの如き、何れも今回の帝都復興に比較しましたならば其の規模の大小もとより日を同くして論ずべからざるものでありまして……。されば世の中には私が大層厖大な計画をするなどと言って居りますが、之を既往に徹して見ますと、私のやった事が厖大で後で困ったと云うものはなく、寧《むし》ろ今では狭小なるを感じて居る位であります」と自信満々で挨拶をしている。

会議で後藤新平は一六六六年のロンドン大火の復興が挫折していく経過を報告している（在英の河合栄治郎が関東大震災の報を聞いて後藤新平に直に送付した文献）。そこではサー・クリストファー・レン（国王からロンドン再建の技監に任命）の大計画が議会の反対・干渉により実現せず、失敗に終わったことが紹介された。まさか帝都復興計画も同じような経過をたどり、「田舎芝居」並みに圧縮されるとは後藤新平は思いもしなかったであろう。

帝都復興審議会（長老クラスで構成）は帝都復興計画を誇大妄想であると攻撃した。伊《い》東巳代治《とうみよじ》は長時間にわたって反対演説を続けた。このため、やむなく伊東巳代治を長とする特別委員会で計画の大幅の縮小（幹線道路の幅員縮小や廃止など）を決定し、五億七五〇〇万円の予算案を第四七議会に提出した。ここで議会の多数派を占める政友会（農村を基盤とする、また東京に地所を有する有力者が多い）は復興予算案をさらに二割カットする理不尽な修正案を出し、さらに金額的にはわずかな帝都復興院事務費を全額カットした。事務費がなければ官庁というものは存在しえない。つまり帝都復興院を廃止せよという政治的な攻撃を後藤新平に加えたのである。

政府と後藤新平の面子が丸つぶれという状態で側近の中村是公やビアードは議会解散や辞職という強硬論を主張した。しかし後藤新平はそれには耳を貸さず、忍従して予算修正を受け入れ、かくして帝都復興計画は確定した(図5)。後年、後藤新平は「あの時、俺がやらなければ、外に復興事業をやれる人間はいなかったからだ」と語っている。

議会の反対を「地主の反対」と評し、後藤新平に強硬論を迫ったビアードの熱烈な書簡は、今読み返すと、後藤新平とそれを支えたプランナー達の口惜しい心情を察すれば、思わず涙を禁じえない。

世界の眼は皆、後藤の上にある。……彼にしてもし、この次、災禍の再発を阻止するに緊要たる大計画を樹立し、かつこれを死守することができなければ、大危機の要求する期待に背きたりというべきである。……すべての歴史家は一六六六年ロンドンを計画したサー・クリストファー・レンの名を筆にすれど、彼の大計画の執行を妨害した偏執小心の国会議員の名を忘れ去った。……

貴下がかくの如き計画を作成し、かつこれを実行すれば、日本国民は貴下の先見と不撓の勇気のゆえに、貴下を記憶するであろう。公園に遊ぶ小児すらも貴下を祝福するで

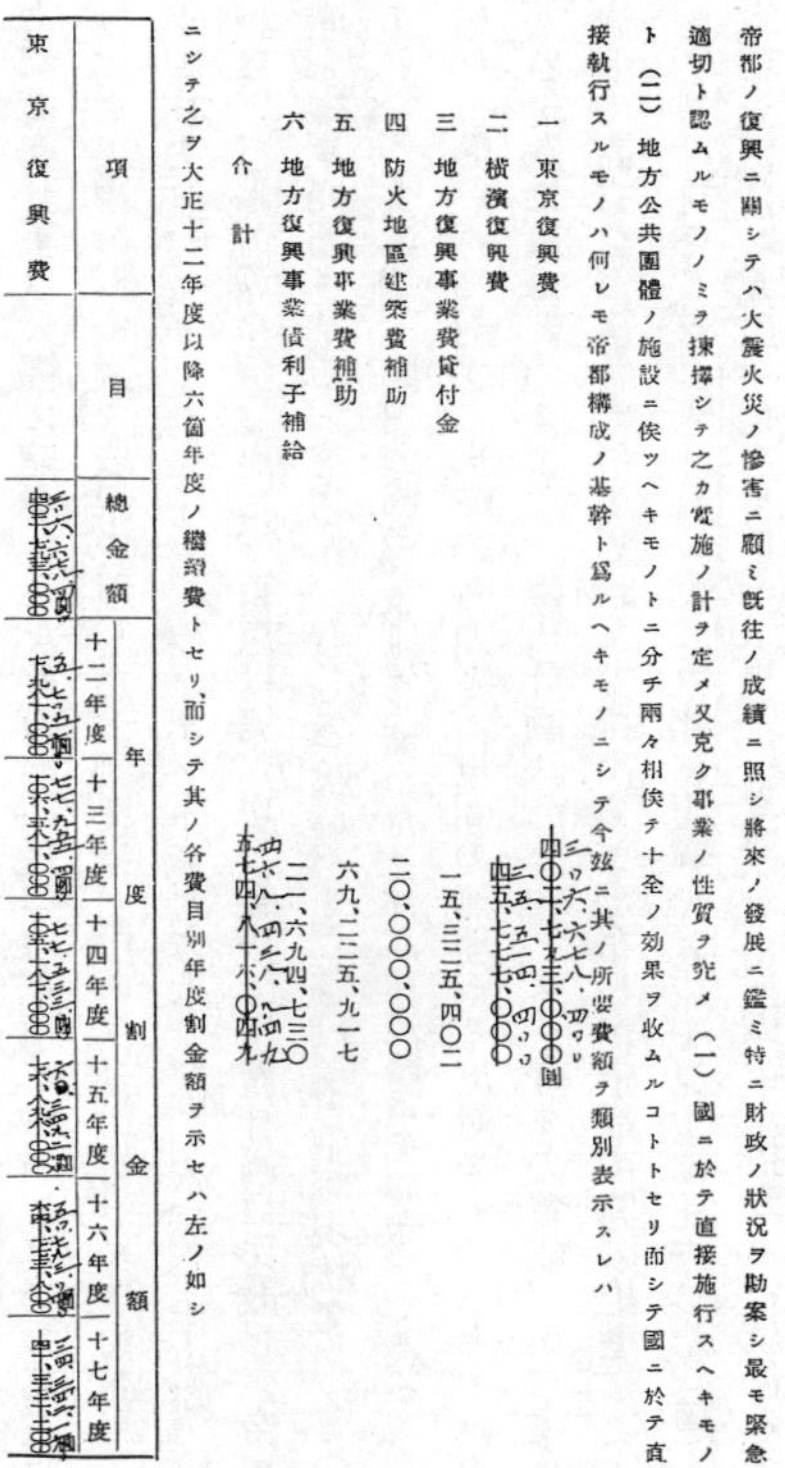

復興豫算概要
第一 總叙
帝都ノ復興ニ關シテハ大震火災ノ慘害ニ顧ミ既往ノ成績ニ照シ將來ノ發展ニ鑑ミ特ニ財政ノ狀況ヲ勘案シ最モ緊急適切ト認ムルモノノミヲ揀擇シテ之カ實施ノ計ヲ定メ又克ク事業ノ性質ヲ究メ（一）國ニ於テ直接施行スヘキモノト（二）地方公共團體ノ施設ニ俟ツヘキモノトニ分チ兩々相俟テ十全ノ效果ヲ收ムルコトトセリ而シテ國ニ於テ直接執行スルモノハ何レモ帝都構成ノ基幹ト爲ルヘキモノニシテ今玆ニ其ノ所要費額ヲ類別表示スレハ
一 東京復興費
二 横濱復興費
三 地方復興事業費貸付金 一五、三三五、四〇二
四 防火地區建築費補助 二〇、〇〇〇、〇〇〇
五 地方復興事業費補助 六九、二二五、九一七
六 地方復興事業債利子補給 二一、六九四、七三〇
合計
ニシテ之ヲ大正十二年度以降六箇年度ノ繼續費トセリ而シテ其ノ各費目別年度割金額ヲ示セハ左ノ如シ
項目
總金額
年度割金額
十二年度
十三年度
十四年度
十五年度
十六年度
十七年度
東京復興費

図5　復興予算の圧縮　574,816,049円の文字の上に線が引かれ，468,438,949円と書き直されている（山田博愛の直筆による）。〔都市計画協会所蔵山田博愛旧蔵資料〕

あろう。千年後の歴史家等もまた貴下を祝福するであろう。……

帝都復興計画は大幅に縮小されたものの、長年の課題であった東京の都市改造を曲がりなりにも実現し、多大な成果を残した。例えば、広いグリーンベルトを有する昭和通り、わが国初のリバーサイドパーク（ウォーターフロント）の隅田公園、不燃構造の小学校や同潤会アパート等々。しかし、東京は第二次大戦後の復興計画に失敗し、帝都復興事業の遺産を継承発展させるどころか、むしろ喰いつぶしているのが現状である（昭和通りのグリーンベルトの撤去、隅田公園の遊歩道を潰した首都高速道路はその象徴である）。

帝都復興計画に対する当時の有力者、世間の無理解と反対を考えると復興事業の実現がむしろ奇跡に近いといえよう。都市計画法の公布とスタッフの養成、東京市政要綱、都市研究会の設立など後藤新平がそれまで打ってきた布石が帝都復興の推進に実に効果的に作用したのである。後藤新平は一九二九年に復興の完成を見ずに死去した（図6）。

昭和天皇は一九二一年（大正一〇年）に外遊し、帰国後、摂政宮に就任している。昭和天皇にとって関東大震災と帝都復興事業は元首代理に就任して初の大きな出来事であり、それだけに強い印象を持っていたことはまず間違いない。ちなみに一九八三年に昭和天皇は次のような発言をしている（高橋紘『陛下、お尋ね申し上げます』文春文庫）。

「震災のいろいろな体験はありますが、一言だけ言っておきたいことは、復興に当って後

図6　帝都復興祭　㊤新設された昭和通りに奉祝花電車が走る。㊦宮城前馬場先門の大アーチ，広場と通りを埋め尽くす群衆。〔越澤所蔵〕

藤新平が非常に膨大な復興計画を立てたが……。もし、それが実行されていたら、おそらく東京の戦災は非常に軽かったんじゃないかと思って、今さら後藤新平のあの時の計画が実行されないことを非常に残念に思います。」

目下、建設の準備が進行中の江戸東京博物館の展示では、後藤新平の事績や帝都復興事業は一体どの程度取りあげられるのであろうか。この点について、私は危惧をいだいている。東京を愛し、東京という都市をいかによくしようかという考えを東京人に持ってもらうためには、東京の都市計画の成り立ち、計画と実践の苦闘の歴史を教え、伝えていくことが必要ではないだろうか。

今日、都市計画の専門家・研究者でさえ、帝都復興事業で何がなされたのか知らないのが現実である（例えば、隅田公園の成り立ち）。先人の苦闘を知り、また残してくれた遺産に尊敬の念を示し、未完に終わったプランを知ってこそ、今後の東京の都市改造のビジョン、見通しを持てるのではないだろうか。

東京人にとって後藤新平という人を持てたことは幸運である。しかし、後藤新平しかいなかったということは実に不幸である。

（付記）本章の初出である『東京人』一九八九年八月号の拙稿、そして『東京人』翌月号に公表した後藤新平の帝都復興計画原案（これまでその存在が謎となっており、筆者が山田博愛旧蔵資料より発見し、計画策定以来、六六年ぶりに公開したもの）は読売新聞、毎日新聞（「余録」）で報道されるところとなり、これが契機となって一九九〇年三月、水沢市と読売新聞社は東京の銀座松坂屋で〝後藤新平展〟を開催した。東京の恩人である後藤新平の業績が再び東京都民に知られるようになったことは私にとって大きな喜びである。

II

帝都復興の思想と復興事業の遺産

関東大震災（1923 年）
東京は一面の焼土と化した。〔『復興』東京市，1930 年〕

1　帝都復興計画の推移

関東大震災後、東京の都市改造に情熱を燃やした後藤新平とその復興計画の推移については第一章で取りあげた。この後藤新平の復興計画の原案については、その具体的な内容は長い間謎とされてきた。ここで六六年ぶりに筆者が発見した原案（甲案、乙案、基礎案）と実施案をもとに、果たせなかった東京改造のビジョンと現実の姿を改めて確認したいと思う。

後藤新平のリーダーシップにより、池田宏、佐野利器の指揮により帝都復興計画の策定が始まった。当時、内務省都市計画局は第一技術課（課長は山田博愛、街路・運河・上下水道を担当）と第二技術課（課長は笠原敏郎、用途地域・建築行政・区画整理を担当）から構成されていたが、職員はほとんど全員が帝都復興院に移り、連日、深夜まで計画立案の作業に没頭した。この間、幹線道路の図面を引く原案作成の直接の責任者は山田博愛であり、その後、区画整理の実施案を笠原敏郎が担当した。一九二三年（大正一二年）一〇月末、政府

図7　帝都復興計画政府原案（甲案）　骨格となる根幹的施設（幹線道路，公園，中央市場）の配置を決定するための図面。山田博愛旧蔵資料〔都市計画協会所蔵〕より発見。

の原案（甲案、乙案）がまとまり、甲案を第一案として一一月一日の帝都復興参与会に提出した。甲案は事業費一二億九五〇〇万円、乙案は九億六三〇〇万円であり、街路の幅員、広場や公園の規模は前者が大きい。これ以前に政府内部では四〇億円、二〇億円案なども検討されていたが、財政事業から断念した。したがって甲案が大蔵省も了承した公式の政府原案である（図7）。

しかしすでにぎりぎりまで絞り込んでいた政府原案（基礎案を修正）に対して、帝都復興審議会における伊東巳代治の反対と高橋是清の不支持、そして一九二三年一二月の第四七議会における多数派の政友会による予算削減の結果、最終的には帝都復興事業は計画圧縮の上で実施された。

計画縮小の主な点は、(1)非焼失区域（小石川、牛込区など）の事業の取りやめ、(2)東京築港と京浜運河、東京環状線（明治通り）などは別事業とする、(3)幹線道路の幅員を狭める、広場の廃止、公園の削減、(4)共同溝の全廃、であり、これは今ふりかえってみても誠に残念な事態である。

一方、帝都復興院の内部では事業の実施方法について池田宏の現実派（幹線道路を主とし、超過収用＝強制買収による）と佐野利器、太田圓三の理想派（全面的な市街地改良、裏の路地まで直す、区画整理による）の対立があったが、理想派の主張を採用することになった。既成市街地の区画整理の断行は世界初の苦難の多い事業であった。

伊東巳代治や政友会は、区画整理とは地主の土地のタダ取りであると見なし、政府は幹線道路のみをつくればよいという考えで予算をカットした。しかし、後藤新平は事業主体を東京市に変更し、東京市の財政負担を増加することによって、区画整理の実施が不可能になろうとしたこの事態をかろうじて切り抜けた(区画整理全六五地区のうち五〇地区は東京市、一五地区を内務省施行とした)。東京市長永田秀次郎は後藤の腹心であり、東京市会も東京の都市改造を実現するために、この措置を支持したのである。

区画整理の実施に反対する住民の猛烈な運動に対して佐野利器は何度も住民説得の先頭に立ち、実際の事業が開始されると住民もようやく理解を示すようになった。佐野の指揮により都市不燃化と地域コミュニティのシンボルとしての鉄筋コンクリート造の小学校、そしてその隣に広場として小公園が設置され、生活道路までもが整然とした街並みが出現した。このとき復興事業による区画整理を実施した地域と復興事業の対象外であった地域とでは街並みに歴然とした差が生じている。後者は道路は狭く、屈曲し、公園もなく、木造賃貸アパートが密集する木賃ベルト地帯を形成することになった。

2 帝都復興事業の成果と遺産

新設する幹線道路の幅員を狭め、共同溝は取りやめるなど無念の縮小措置を採らざるをえなくなったとはいえ、帝都復興事業の実施によって長年の東京の課題であった都市改造が実現した。

帝都復興事業は一九二四年（大正一三年）から一九三〇年（昭和五年）にかけて実施された。一九三〇年三月二六日、政府と東京市は帝都復興祭を挙行し、都市改造の完成を祝った。表紙カバーの地図はこの年の完成状況を示したものである（内務省復興事務局『帝都復興事業誌』一九三二年の付図）。

この完成図と今日の東京の姿を見比べるとほとんど同一であることが見てとれよう。つまり東京の中心部（都心と下町）の都市形態とインフラストラクチュアは帝都復興事業によって確定し、今日に至っている（図8）。

帝都復興事業の成果は昭和通りだけだ、という言い方をする人が多い。しかし、これは帝都復興事業で何がなされたのか、今日忘れ去られているからである。

帝都復興事業の内容は多岐にわたっているが、その主たる成果は次のようなものであった。

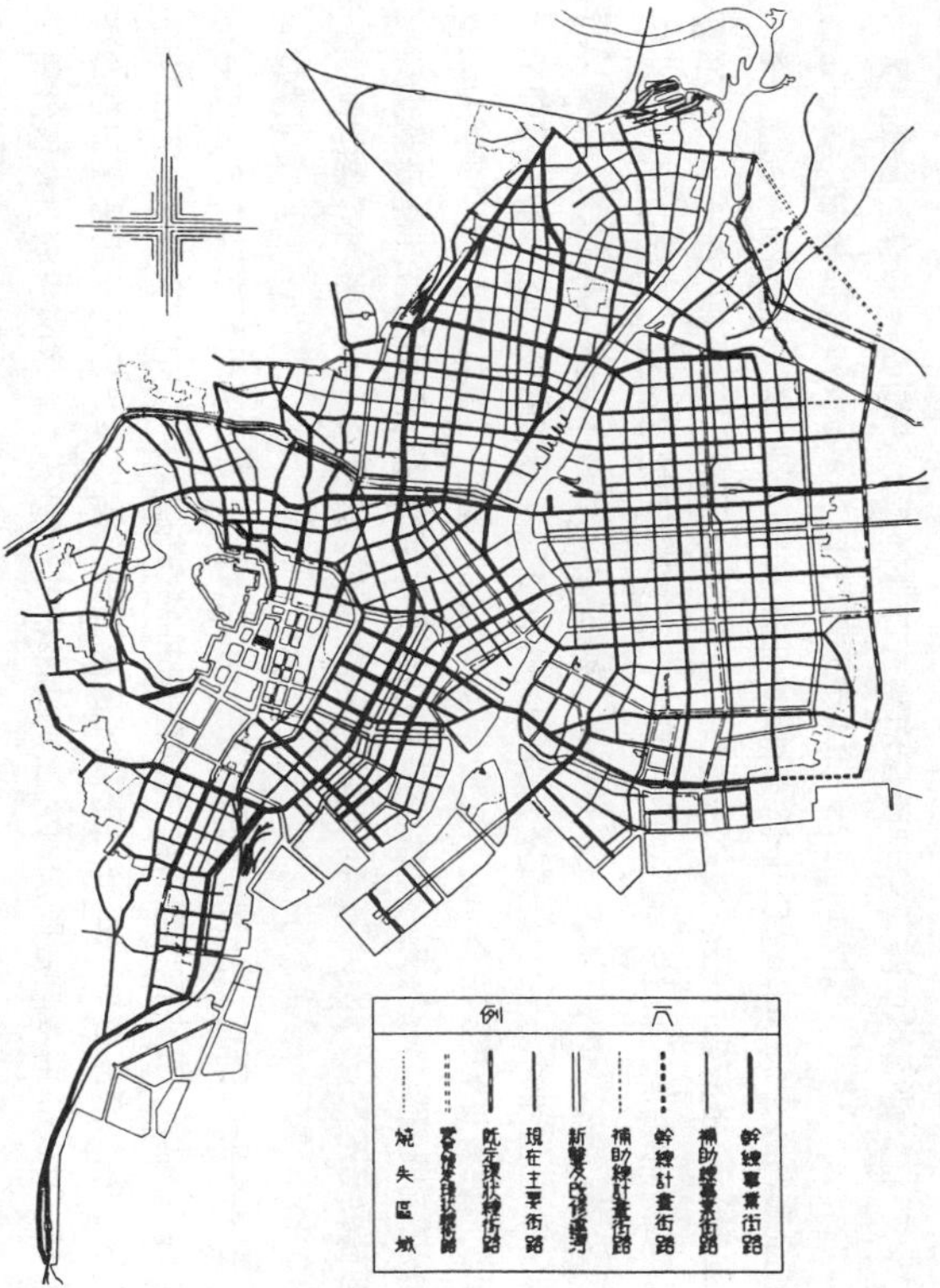

図８　帝都復興事業によって新設・拡幅された街路　丸の内，日比谷一帯を除けば都心・下町のすべての街路が帝都復興事業によって整備されたことが判る。この図面のエリアでは，その後，今日に至るまで道路の新設・拡幅は行われていない。〔越澤所蔵〕

区画整理による都市改造

震災による焼失区域一一〇〇万坪の全域に対する区画整理を断行した（図9）。これは世界の都市計画史上、例のない既成市街地の大改造である。この結果、密集市街地の裏宅地（道路に面していない宅地）や畦道のまま市街地化した地区は一掃され、いずれも幅四メートル以上の生活道路網が四通八達し、小公園も配置された。同時に上下水道、ガスも整備された。

区画整理は元来、ドイツで郊外地開発の手法として誕生したものである。帝都復興事業では既成市街地に区画整理が世界で初めて実施された（欧米では区画整理のような民意を尊重した面倒なやり方は採らずに超過収用、受益者負担により都市改造を実施している）。

帝都復興事業の区画整理の実例をみてみよう。東京都心部の代表的な市街地として木挽町（現在の東銀座）、築地一帯の復興事業の前後を示す（図10）。震災前は運河に囲まれた島のような都市形態である。復興後は南北方向に昭和通りが貫通し、東西方向に晴海通りが貫通した。また既存の狭い路地も拡幅された。また築地川と楓川を結ぶ運河（幅三三メートル）が新たに開削され、既存の築地川も航行しやすいようクランクの箇所を直している。このような復興事業によって江戸の都市形態が一新された。

区画整理の効果と恩恵について今日、都民はあまり自覚していない。しかし区画整理を実施しないまま市街化した地区（東向島、東池袋、大久保、東中野などちょうど、都電荒川線

図9　震災前の街並みと震災の被害　㊤都心の京橋一帯。２階建の木造家屋が大多数。㊦花川戸一帯。大部分の建物が焼失した。〔越澤所蔵〕

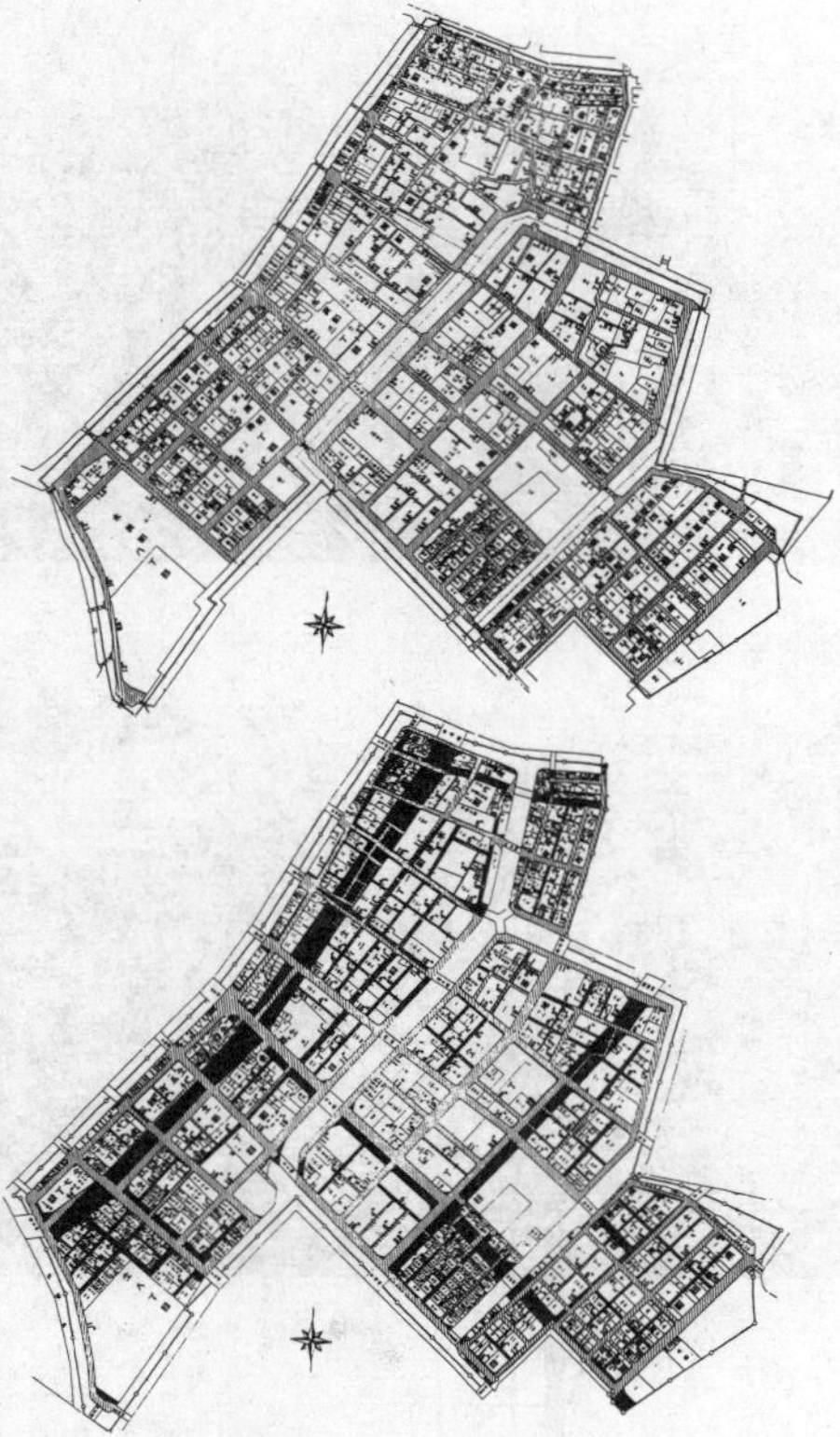

図10　区画整理の実施の前後　塗りつぶし部分が新設道路を示す。㊨木挽町（現・東銀座），築地一帯。昭和通りが新設されている。㊧吾妻橋，東駒形，本所一帯。江戸時代の計画的な市街に隣接するスプロール市街地の都市改造が実現した。

東京第四十四地區區劃整理現形圖

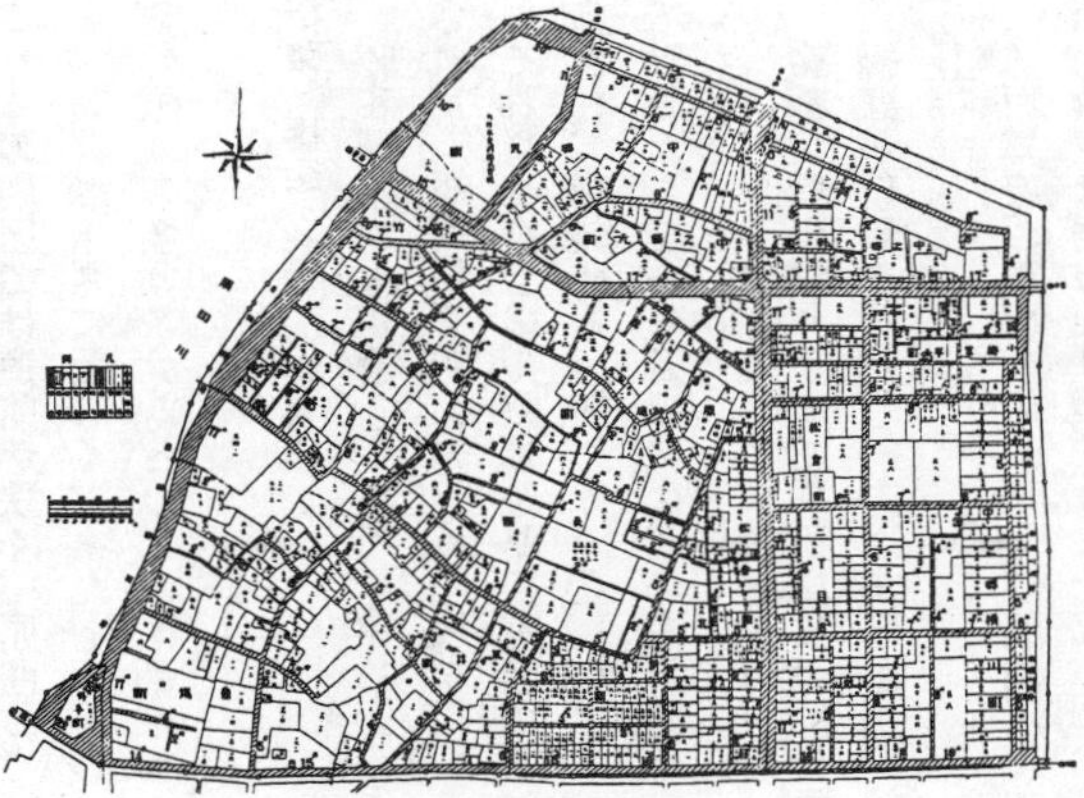

東京第四十四地區換地位置決定圖

やJR山手線の内外にベルト状に拡がっている）の現状をみるとこの点は明らかであろう。これらの地区では道路が狭く、屈曲して、救急車やタクシーの出入りにも支障があり、オープンスペースに乏しく、また老朽化した木造アパートが密集している。近い将来、老人や外国人の多いスラムとなる恐れさえある。

街路・橋梁・運河の整備

昭和通り、大正通り（現靖国通り）を東西・南北二大幹線として多数の幹線道路が新設された（蔵前橋通り、清澄通り、浅草通り、三ツ目通り、永代通りなど）。それまで東京の街路は悪路で有名であったが、帝都復興事業によって近代的な舗装が実施され、舗装技術が初めて確立した。また歩車道の分離、街路の緑化が一般化するのもこのときからである。近代街路の設計思想が日本で確立するのは帝都復興事業によってである（図11）。

帝都復興事業によって隅田川には駒形橋、蔵前橋、清洲橋など風格のあるデザインをした橋梁が新設された。一方、小名木川、築地川など河川運河は水運のため拡幅されている（図12）。

江戸幕府の軍事上の政策から隅田川に架けられた橋は両国橋、新大橋など数が少ない。明治政府は橋の架けかえはしたものの、新設を怠っていたため、関東大震災の際、住民の

図 11　復興街路の完成した姿　㊤幹線道路第一号（昭和通り）。中央分離帯が幅の広いグリーンベルトとなっている。㊥日比谷公園南側から建設中の新議院（国会議事堂）に向かう道路。㊦赤坂離宮（現・迎賓館）脇の外堀通りの街路樹の美しい樹形。

図 12　復興橋梁　㊤蔵前橋，㊦清洲橋。〔『復興事業進捗状況』復興局，1930年〕

避難ができず、死者を増やす原因となった。このため、帝都復興事業では隅田川の橋梁の新設は重視された。しかも、そのデザインは戦後の橋梁よりも格段とすぐれている。

公園の新設

明治以来の公園は日比谷公園の新設を除けば旧来の社寺境内を転用したものであった(上野公園、芝公園など)。帝都復興によって三大公園(隅田公園、錦糸公園、浜町《はまちょう》公園)と五二の小公園(小学校に隣接させる)が新設され、御料地・財閥の寄付により公園がつくられた(猿江恩賜、清澄庭園など)(図13)。

この結果、旧東京市における公園のストックは飛躍的に向上した。これは帝都復興事業が実施されなかったその外周部の市街地と比較すると明らかである。

三大公園は内務省復興局公園課が課長折下吉延《おりしもよしのぶ》の指揮により計画・施工し、五二の小公園は東京市公園課が課長井下清の指揮により計画・施工したものである。この結果、日本における公園の計画・設計・造園技術が確立し、飛躍的に向上した。

五二の小公園は小学校と一体のものとして配置され、地域コミュニティのシンボルとして整備された(図14)。

図 13　復興公園の完成した姿　㊤浜町公園の全景。㊦若宮公園（小公園の例）。

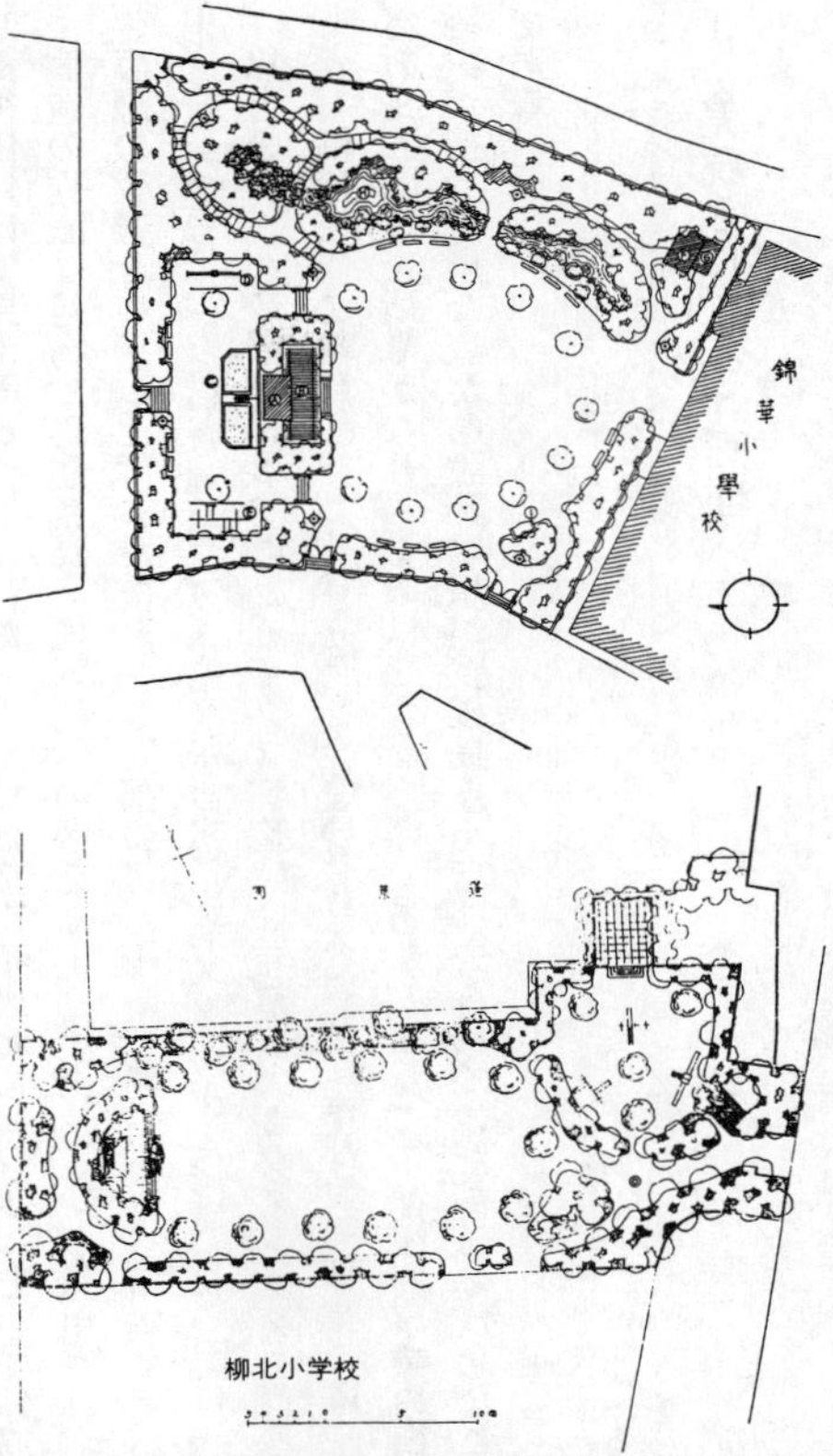

図 14　復興小公園と小学校（完成後の平面図）　㊤錦華公園（神田区裏猿楽町）。㊦柳北公園（浅草区向柳原町）。北側は松浦伯爵邸蓬萊園（現・都立忍岡高）に接しているため，公園の東北角を一段高くして，藤棚を置き，蓬萊園を望み見ることができるように設計した。〔越澤所蔵〕

公共施設の整備と不燃建築

中央卸売市場が新たに整備された。築地の海軍跡地には江戸以来の日本橋魚河岸が移転し、神田には青果市場がつくられた。小学校は都市不燃化のシンボルとして鉄筋コンクリート造の立派な建物で再建され、佐野利器の考えにより水洗トイレが採用され、市民の衛生思想の改善をめざした。またモダンな同潤会アパートも建てられ、日本にアパートメント（中層集合住宅）という建築スタイルと市民の生活スタイルを扶植した（図15）。

以上のような帝都復興事業によるインフラ整備は非常に大きなストックを現代に残した。しかし隅田公園の潰廃（詳しくは三章）に象徴されるように帝都復興事業の遺産は喰い潰されてしまった所もかなりあるのは残念な事態である。また、帝都復興事業の街路、公園、橋梁が持っていた豊かな設計思想が戦後長らく忘れ去られていたことも残念なことに事実である。

3　実現されざる計画理念

帝都復興計画の圧縮の結果、当初の意図通りには実現しなかった構想がいくつか存在する。

図 15　復興建築の例　㊤千代田小学校，㊥下谷区役所，㊦同潤会青山アパート。いずれも鉄筋コンクリート造の不燃建築であり，1930 年前後に竣工した。当時は特に意識されていなかったが，今日見るとひとつの建築文化，都市文化が花を咲かせたのである。〔建築学会『東京・横浜復興建築図集』丸善，1931 年，ほか〕

帝都復興計画の原案では非焼失区域（小石川、牛込、四谷、赤坂、麻布の各区）を含む東京全市を、都市改造の対象としていた。具体的には、近郊の私鉄電車が乗り入れ、新興の交通ターミナルとなりつつあった池袋、新宿、渋谷、目黒と都心部を連絡する幹線道路を建設し、その下に地下鉄を通そうとしたのである（図16）。

この計画は東京の副都心形成と交通計画の原型と呼べるものであったが、復興計画の縮小のため、事業の対象からは除外された。このため、戦後、今日に至るまで白山《はくさん》通り、春日通り、新宿通り、青山通り、六本木通りなどの拡幅・新設に多大な労力と費用を費やすことになる（区画整理によらずに、単独の用地買収方式の道路事業によるため）。

日本の都市には広場がないとよく言われる。明治の東京都市計画（市区改正）の主眼のひとつは官庁街の形成にあった。しかし、大正の帝都復興計画の原案では、むしろ商業地区である上野広小路と神田万世橋の一帯で大きな広場が計画されている。しかし、乙案ではすでに広場が小さくなり、消滅しかけている。

上野、神田一帯に想定された広場の構想は復興計画の縮小の犠牲となり、廃止された。しかし、復興計画の圧縮にもかかわらず、昭和通りと大正通りの交差点（和泉広場）、上野広小路《ひろこうじ》（下谷黒門町広場）、上野公園前、上野駅前などには植栽されたポケットパーク（街庭）や駅前広場がつくられた（図17）。これは当初計画の広場の発想を少しでも生かそうと苦労した結果である。

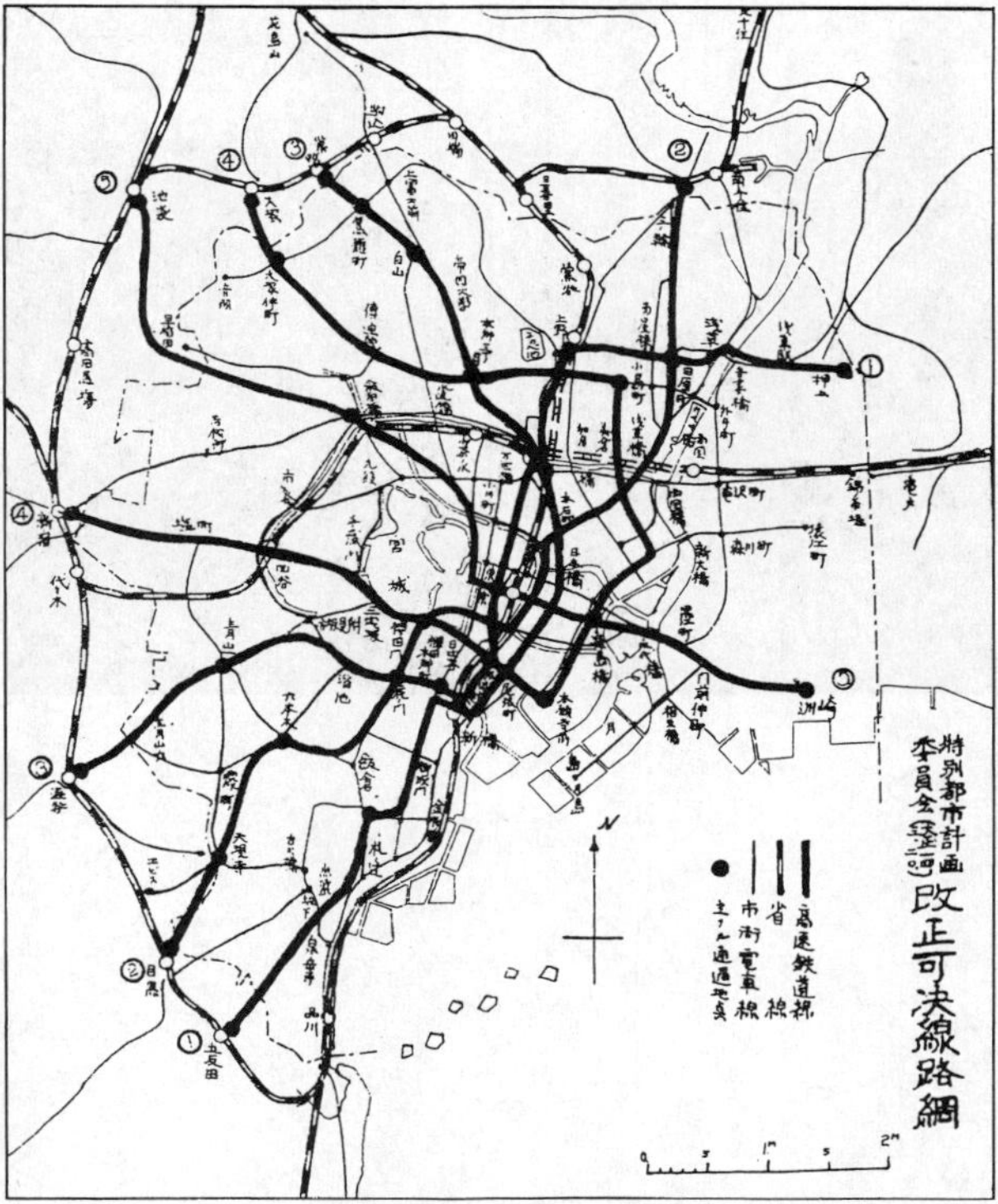

図 16　帝都復興計画における高速鉄道（地下鉄）ルート　1925 年 3 月，特別都市計画委員会で可決された路線網。

図 17　上野公園入口のポケットパーク（竣工当時）

近年、ポケットパーク、街角広場が全国各地で重視されるようになってきた。しかしこれは、何も目新しいものではなく、帝都復興で実施されていたことが、長らく忘れ去られていたのにすぎないのである。

復興計画の圧縮、事業費の消滅の過程で、どうしても死守しなければならないものではない事業は、順に復興事業の対象から除外された。築地と月島を結ぶ勝鬨《かちどき》橋も乙案では早くも削除されている。この勝鬨橋は復興事業の終了後、東京市の施行によって実現することになる。

江戸、東京の河岸《かし》はもともと、貨物の荷揚げの場所であり、臨水公園は存在しなかった。帝都復興計画では隅田川の両岸に長大なリバーサイドパークが計画された。帝都復興計画の縮小の中でリバーサイドパークの規模も縮小されたが、復興事業の三大新設公園のひとつとして隅田公園が誕生した。その浅草側の河岸には帝都名物ボートレースの見学のため、特に苑路を設けた。隅田公園は日本初のリバーサイドパークであり、同じく復興事業によって横浜に誕生した山下公園とともに初のウォーターフロントの市民利用を実現した公園である。

一九四六年（昭和二一年）の戦災復興計画では帝都復興計画の原案にあった隅田川沿いの長大な公園の構想が再度、復活している。そして浅草寺と隅田公園は緑地帯で結ばれ、総武線の両側もすべて緑地帯と計画されていた。帝都復興事業でつくられた蔵前橋通り

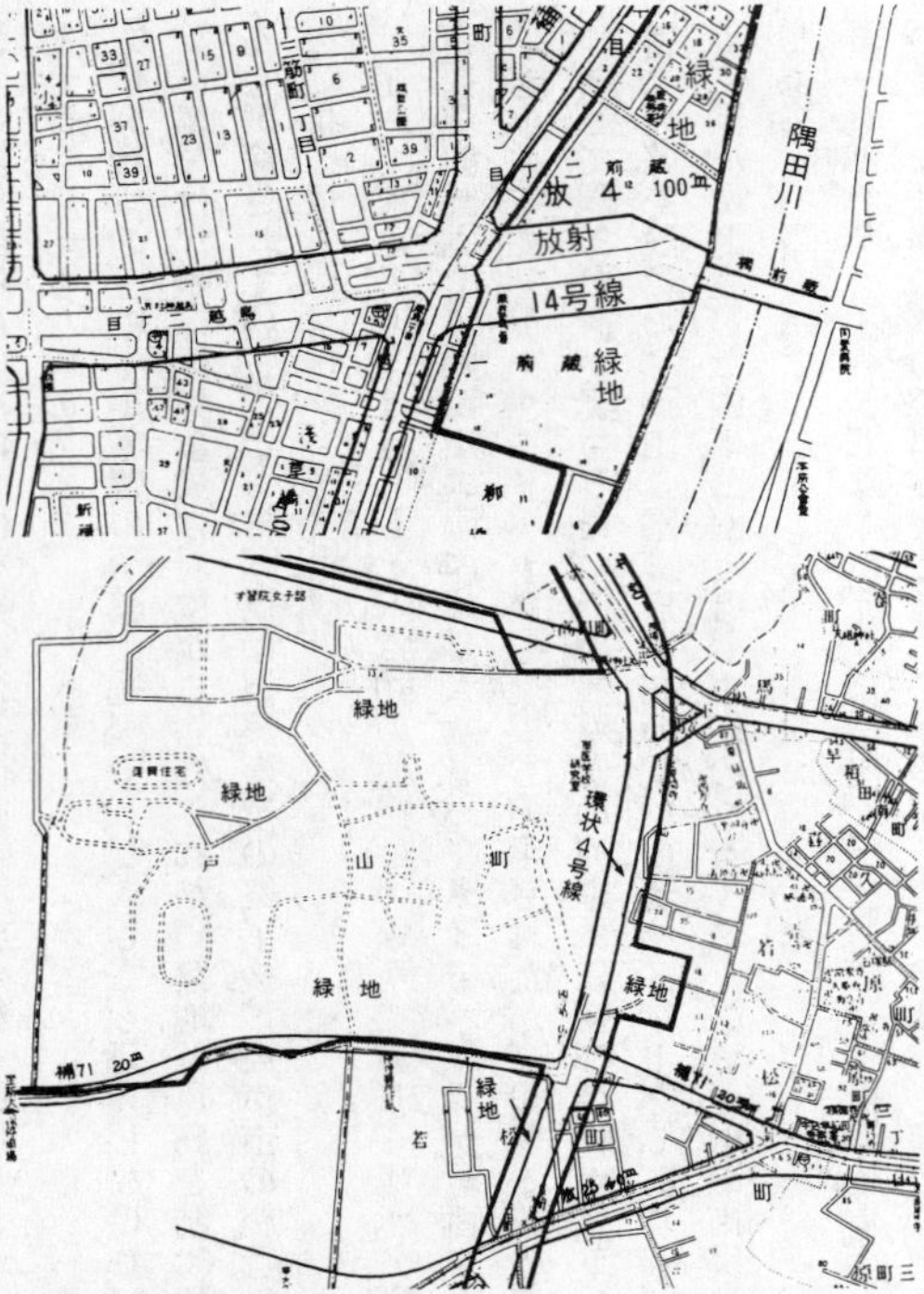

図18　東京の戦災復興計画（1946年決定）　満州国の哈爾浜，新京と同様な広幅員街路と緑地系統から成るプランを法定計画としたが，少しも実現しないまま計画が廃止された。㊤放射14号線（蔵前橋通り）は幅員100 mに拡幅。隅田公園は南北に延長され，川沿いの土地はすべて緑地帯と計画された。㊦環状4号線は幅員40 mであるが，その両側に幅30 mの緑地帯が併行して配置され，合わせて幅100 mとなる。また戸山町の国有地はすべて緑地とする計画であった。現在，環状4号線のこの区間は存在せず，戸山町も国立病院，都営住宅，早大などの用地となっている。〔いずれも越澤所蔵〕

（幅員二七メートル）を幅一〇〇メートルの公園道路に改造しようとする野心的なプランであった（図18）。一九五〇年、このような計画はドッジラインの犠牲になり、廃止された。

帝都復興計画の原案では戸山ヶ原の軍用地を大公園と想定していた。この構想は実現しなかったが、一九四六年の戦災復興計画で再度、この構想が復活する。しかしこの戸山町・大久保町の広大な軍用地は米軍ハイツ、都営住宅、早稲田大学、国立研究所の用地に取られてしまい、現在、戸山公園として確保されている区域はごく一部である。数年前に竣工した西戸山タワーホームズも一九四六年計画では公園予定地であった。同年に計画された環状四号線（幅四〇メートル）はその両側に各三〇メートルの緑地帯が並走し、合わせて幅一〇〇メートルの緑豊かな都市空間を想定していた。しかし一九五〇年、このような計画は廃止された。

以上をまとめると、第一に、非焼失区域の復興事業を取りやめたことにより、この地域のインフラ整備に今日まで悪戦苦闘することになったことである。そして第二に、広幅員街路（アヴェニュー）、広場、リバーサイドパークなどがいずれも計画圧縮の犠牲になり、この結果、都市に潤いを与え、市民生活に豊かさをもたらす質の高い都市インフラが、完成当初の昭和通り、隅田公園のような一部の局部的な例外を除けばつくり出せなかったことである。

一方、一九世紀後半の第二帝政下のパリ都市改造は広幅員街路（アヴェニュー、ブールヴアール）と広場をつくり出し、この結果、新しい都市風俗が生まれ、印象派芸術の舞台となった。

東京では復興街路、復興公園、復興したオフィスビルが美しく輝いていたのは一九三〇年前後のわずかな時期であり、やがて戦時体制に突入していく。

III 水辺のプロムナード　隅田公園

竣工後の隅田公園（1933年）
　水辺のプロムナード（遊歩道）。ベンチが置かれ，街灯も含めて，きわめてシンプルで美しいデザインとなっている。背後の言問橋のデザインも隅田公園にマッチしている。

1 水辺の復権とウォーターフロント

この四、五年、ウォーターフロントという言葉が流行語ともいえるほどに普及した。人によってこの言葉に込める意味合いは違いながらも、水辺の重要性が再認識され始めた。戦後の高度成長期、東京をはじめとする大都市の都市計画や公共事業が水辺（ウォーターフロント）の魅力に気づかず、開発を進めてきたのは紛れもない事実である。その典型が隅田川のカミソリ堤防であった。確かにこの堤防で高潮の被害は防げるのかもしれない。しかし、そのために水辺の魅力を失った代償はあまりに大きかった。

戦後の高度成長期の潤いのない都市計画や公共事業に対する批判は正しい。しかし、近代日本都市計画のすべてをそのように批判し、否定するのは誤りである。

近代日本都市計画の黎明期においては、この水辺の魅力を生かすために、都市計画が努力し、また大きな成果を挙げていたことが今日、忘れ去られているのは、誠に情けない事態である。そして、この黎明期のプロジェクト＝隅田公園の計画デザイン思想の質の高さを超えるものが今日なかなか出現しないことも同様になげかわしいことである。

2 近代都市公園の由来と帝都復興事業

一八七三年（明治六年）、太政官布達により名勝旧跡を人民遊覧の地として公園とすることができるようになった。これが日本における公園の始まりであり、東京では上野公園、深川公園、浅草公園、飛鳥山公園、芝公園が設置された。いずれも江戸以来の行楽地であり、社寺境内地が大部分を占めている。

一方、新設公園については明治時代の都市計画（東京市区改正）ではわずかに一九〇三年（明治三六年）の日比谷公園の開設が唯一といってよい成果であった。

かかる状態の中で一九二三年（大正一二年）九月一日に襲った関東大震災は東京の都市改造に絶好のチャンスを与えることになる。後藤新平が立案、指導した帝都復興計画は時の長老政治家（伊東巳代治、高橋是清）と議会多数派（政友会）の無理解と反対のため圧縮されてしまったが、帝都復興事業（一九二四〜一九三〇年）により、東京の街路、公園などは一新され、実に大きな社会資本のストックを後世に残したのである。

公園についていえば帝都復興事業によって三大公園（隅田公園、錦糸公園、浜町公園）と五二の小公園（小学校に隣接して設置される）が新設された。中でも隅田公園の新設は面積は最大で、設計思想も斬新であり、二重の意味で目玉の事業と呼べるものであった。

3 隅田公園の設計思想

隅田公園は東京にとっても、また日本の公園史上も画期的な公園であった。なぜならば隅田公園は日本で初のリバーサイドパークであり、同じく帝都復興事業で新設された横浜の山下公園とともにウォーターフロントの市民利用を初めて実現した公園であったからである。

一九二三年（大正一二年）一二月の帝都復興院理事会で決定された政府原案（議会の反対で縮小される前のもの）の中にある公園設置理由書は次のように述べている。

隅田公園（約四万坪）――隅田川上流両岸にして大体吾妻《あずま》橋付近より白鬚《しらひげ》橋付近に至る沿岸に道路公園を設定せむとす。是れ平時に在りては四時行楽の地となり一朝非常時に際しては群集の避難場たらしめんとす。殊に此処は古来史蹟に富めるが故に此等旧蹟を保存すると同時に東京唯一の臨川公園たらしむを得べし。（傍点は引用者）

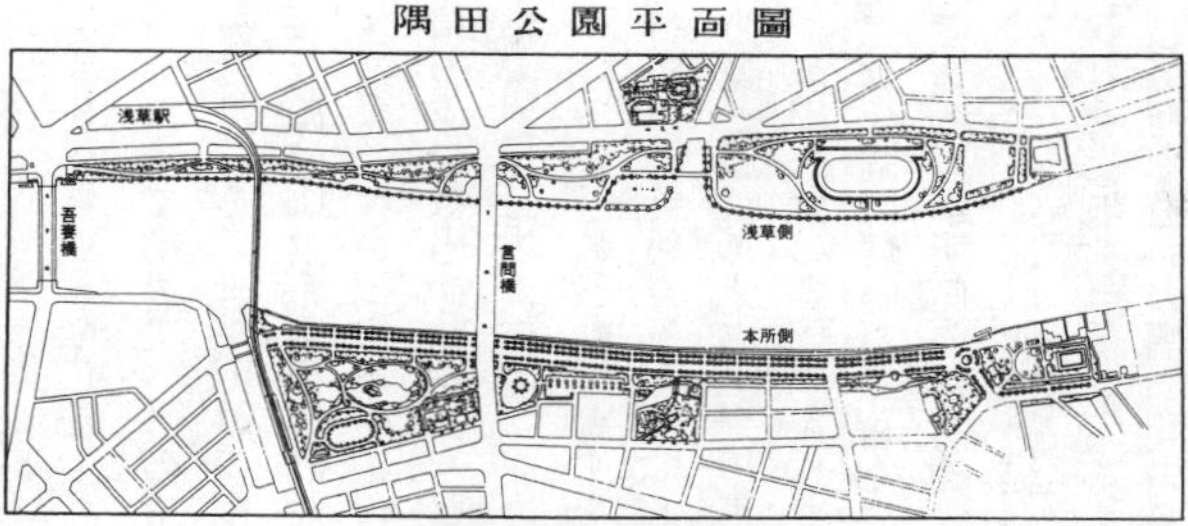

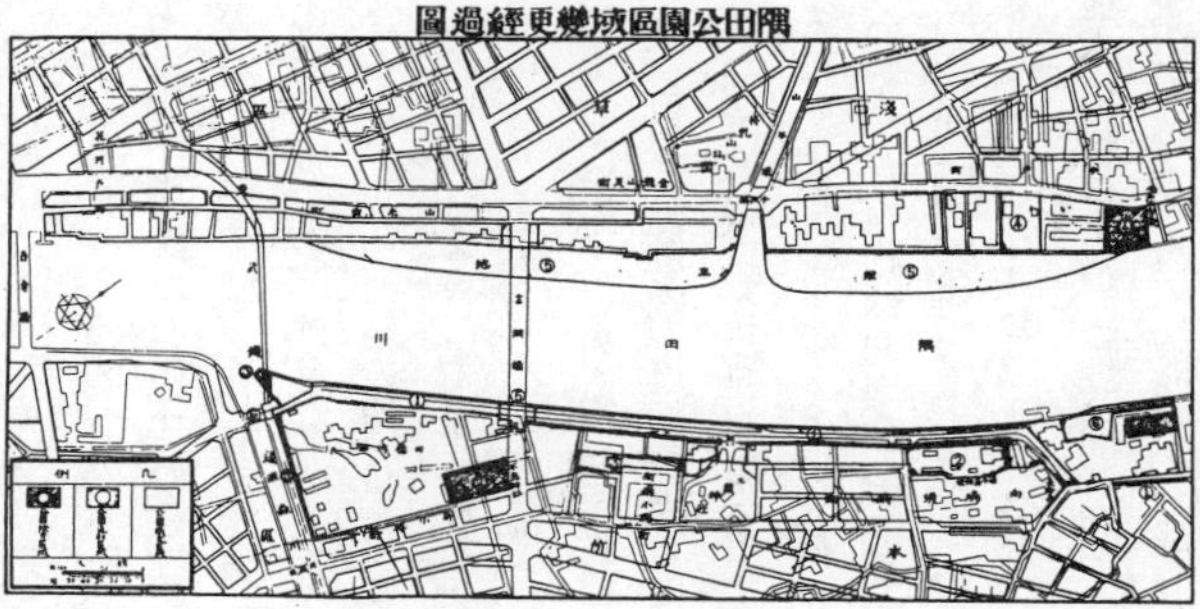

図19　隅田公園平面図　㊤1930年の完成状況。㊦隅田公園の区域変更。浅草側では河畔の建物を撤去して公園用地とし，さらにその後，河岸を埋立て，公園用地を拡張した。〔いずれも越澤所蔵〕

隅田公園の目的であり、設計思想の中核をなす道路公園、避難場、臨川公園という考え方は日本で初めてのものである。このような隅田公園のデザイン思想は今なお価値を持ち続けている。また旧跡の保存という歴史の重みに尊敬を払うことも重要なことといえよう。

隅田公園は帝都復興計画の圧縮のため、残念ながら白鬚橋の手前で終わってしまい、長さの点ではかなり縮小された。しかし、河岸の埋立てにより公園敷地が増加したため、面積の点では当初計画よりむしろ規模が大きくなり、約五万二七〇〇坪の面積で、一九三〇年（昭和五年）に完成した（図19）。

隅田公園の設計・施工を指揮した折下吉延（内務省復興局建築部公園課長）は日本の公園行政の祖といえる人物であり、東京と横浜の復興公園整備によって日本の公園・造園を担う第一世代の人々（横山信二、井本政信、太田謙吉、佐藤昌ら）が養成されている。

隅田公園は隅田川をはさんで本所区《ほんじょ》（向島）と浅草区の側に分かれている。本所側の南では公園区域がふくらんでいるが、これは徳川公爵邸（一万三〇〇〇坪）を買収したためである。本所側の延長約六〇〇間（一一〇〇メートル）の並木道路は隅田公園の根幹であった。ここは以前は墨堤（幅四間）の桜並木で有名であった所で、これを幅一八間（三三メートル）に拡げている。並木道路は車道（幅六間）が一本、歩道（幅二間半）が二本、そして河岸沿いの幅二間の遊歩道（プロムナード）から成り、その間は幅一間半の芝生帯とし、桜（染井吉野）を植樹している。縁石や手摺の柱には筑波産花崗岩を使用し、門柱などのデザインにも意匠を凝らしている。

また堤防の表法面《のりめん》にも樹木（桜か）が植栽されていることが当時の写真から判明する。このようなやり方は戦後の河川行政では禁止されてしまうが、当時は実施されていた（図20）。

遊歩道（プロムナード）を主体として、道路と公園が一体となった道路公園（公園道路を当時はこう呼んだ）は、日本で初めてのものである。近代都市計画の手法により江戸の堤、河川沿いの桜並木を復活させたという点で日本の伝統的なランドスケープ（風景）と西洋の近代的都市計画技術の合体が見事に成功した有意義な事業であった。また隅田公園のデザインは今日、日本の各地でみられる装飾過剰気味の品のない修景事業とは異なり、シンプルで、上品で、ひかえ目なものであり、デザイン思想の点で今日学ぶべき点の多いものである。

河岸のプロムナードとしてはロンドンのヴィクトリア・エンバンクメント、パリのセーヌ河畔、ニューヨークのハドソン河畔が有名である。これらの河畔に伍し、しかも日本の伝統的ランドスケープ（桜堤）の復興を近代都市計画の手法により実現させたことは大変、評価してよい。

隅田公園の浅草側は計画当初は幅が狭長であるため、施設をつくる空間的な余裕がなか

図 20　隅田公園　㊤工事中の公園道路（本所側）。㊥当時の護岸の設計に注目されたい〔越澤所蔵〕。㊦浅草側（1930 年）。品のあるシンプルな護岸，手摺，植栽のデザイン。

ったが、荒川放水路の開削によって洪水の心配がなくなったため、計画を変更し、浅草側の河岸一万二〇〇〇坪を埋立てることにした。もともと隅田川は明治初め以来、東都唯一のボートレースの場所でもあった。そこで神宮外苑は陸上スポーツのシンボルとし、これに対し隅田公園を水上スポーツのシンボルにするとの方針を立て、施設整備をした。帝大・商大と敷地を交換し、散在する艇庫を移転させ、一高・帝大の順に公園の北端に並べ、観覧席は共通に使用できるようにした。またボートレースの観覧のために、幅二間の遊歩道を河岸沿いに設けた。またプール、テニスコート、陸上競技場、児童公園などの施設を整備したのである。

隅田公園は、道路、河川の一体設計の成果である。そしてこれを可能にしたのが、都市のインフラ整備に関する部局が都市計画のもとに一元化されていたことによる。帝都復興計画の立案と事業実施は帝都復興院(その後、内務省の外局、復興局に縮小される)が計画から施工まで一元的に直営で行っており、今日のような都市計画、公園、道路、河川の縦割り行政の弊害はなかった。また風格のあるデザインとして今日、再評価されている隅田川の橋梁も復興局橋梁課が帝都復興事業の一環として一元的に計画、施工したものであり、橋梁課には建築技術者(当時は無名であった若き日の山口文象など)も職員として配属されている。

4 隅田公園の受難の戦後史

このようにすぐれたデザイン思想を有し、また社会資本の大きなストックであった隅田公園は戦後、次々と受難の歴史を迎える。特に隅田公園の設計思想の根幹である川辺の並木道、プロムナードの箇所は潰され、消滅してしまった。

受難史の第一幕は不法占拠である。一九四五年（昭和二〇年）より隅田公園には廃品回収業者が住みつき、「蟻の町」と呼ばれる集落が出現した。その生態は自ら住民の一人となった松居桃楼のルポルタージュ『蟻の街の奇蹟』に詳しい。「蟻の町」の居住者が江東区八号埋立地に移転したのは一九六〇年（昭和三五年）である。

第二幕は防潮堤、いわゆるカミソリ堤防の出現である。昭和二〇年代のキャスリン台風、キティ台風により東京の下町は大きな浸水被害を受けた。このため、伊勢湾台風級の高潮にも耐えられるようにと防潮堤が隅田川沿いに築造された。この工事は隅田公園区域では一九六一～六七年に行われている。この結果、川辺にまことに不細工な壁が出現し、川べりから隅田川が眺められない事態となった（図21）。

ここで歴史的事実を再確認しておきたいことは、今でこそ世論や自治体（区）はウォーターフロントの魅力や水辺の回復を声高に叫んでいる。しかし、一九五五年（昭和三〇年）

図 21　隅田公園（浅草側）のカミソリ堤防　公園側から川が一切見えない状態となっている。〔越澤撮影，1990 年〕

七月、江東・墨田・江戸川の各区は外郭堤防建設促進大会を開き、このカミソリ堤防の建設促進を関係方面に強く要望していたのである。このカミソリ堤防が隅田公園に決定的なダメージを与え、水辺へのパブリックアクセスが失われることの重大さを当時、誰も気づいていなかった。帝都復興計画の隅田公園の設計思想の意義を人々は忘れ去っていたのである。

第三幕は台東体育館の設置である。今、日本の大都市の公園を見回すと、公園といっても、建物（体育館、ホール、美術館、図書館など）があまりに多いことに気づかれよう。これは公共施設の用地不足のため、安易に公園用地が使用された結果である。

隅田公園でも浅草側に台東区の体育館が一九五七年（昭和三二年）に設置され、オープンスペースが減少した。また最近では仮設の名目で、木造の劇場が設置されたりしている。

第四幕は首都高速道路の建設である。一九五九年（昭和三四年）に首都高速道路六号線は隅田公園の本所側を貫通するように計画された。このため東京都公園審議会で一九六一年以来、審議が続けられた。隅田公園をつくった折下吉延は審議会で「この地域は震災時の都市計画当時、大変苦心して作った公園です。震災復興の記念物であり、……反対せざるを得ない」とこの乱暴な計画に反対したが、審議会はついに一九六七年（昭和四二年）、これを了承した。

この結果、首都高速道路が貫通する区域二万五三〇〇平方メートルは公園から除外する

図 22　首都高速道路と隅田公園　㊤プロムナードを破壊した跡を高速道路が通る。石碑に残る文字が痛々しい〔越澤撮影，1988 年〕。㊦吾妻橋より下流（隅田川緑道公園という）では首都高速道路の下部を利用して公園，遊歩道が新設されたが，実に貧困な都市空間，デザインである。

ことになり、一九七〇年（昭和四五年）にこの措置が採られ、公園面積は一六万三七〇〇平方メートルに減少した。面積の削減率は一三％にすぎないが、そこは隅田公園の最も重要な水辺の部分である。こうして日本初の水辺のプロムナードが破壊され、消滅した（図22）。

私は首都高速道路それ自体は必要不可欠のものであると考えている。しかし、ルートの選定を含めて、何とかならなかったのかという感が強い。一九八九年、完成した名古屋の若宮大通公園では一〇〇メートル道路に高速道路を通したものの、高架下は公園として整備した。首都高の隅田公園貫通ももっとやり様があったのではないだろうか。

隅田公園には近年、歩行者専用の橋（桜橋）が完成し、話題となっている。しかし、隅田公園の向島側の並木道が今、もし現存し、これと一体となったのであれば、さぞ素晴らしいものであったろうに。

桜橋の設置は隅田川のウォーターフロントの魅力の再発見の動きの一環である。しかし桜橋もよく吟味すると大きな問題がある。それは桜橋のために、かろうじて残された桜を切ってしまったことである。つまり、新しい公共空間（橋詰）のストックを追加するのではなく、既存の公共空間の中に橋をはめ込んだため、無理が生じている。これでは社会資本のストックの質的な向上とは言いがたい（図23）。

一九八九年（平成元年）五月に刊行された『向島文化――向島文化観光コースに関する

図 23　隅田公園の現在の姿　手前は桜橋，右手の建物は台東体育館。左手の首都高速は水辺のプロムナードを潰してつくられた。〔『隅田川の未来にむけて』東京都建設局，1989 年〕

調査報告書』（墨田区役所内の墨田区文化観光協会の発行、区で有償頒布中）というレポートがある。隅田川のリバーフロント実現に向けてさまざまな提言をしており、このような調査自体は街づくりに対する市民意識の向上という点で貴重である。しかし、次のような記述をみると私は歴史を知る者として情けなくなる。「現在は都道一一九号線の緩衝緑地として用いられている隅田川沿いの細長い帯状のオープンスペースも、積極的に活用するという方法のひとつとしてパーキングスペースとしての整備をはかることも考えられてよい」（三五ページ）

これを読んで私は叫びたくなった。「緩衝緑地だって！ 冗談じゃない。あそこは帝都復興事業でつくった臨川公園が破壊された残骸、〝遺跡〟なのだよ。本当にリバーフロントを考えているのなら、過去の歴史を学び、少しでも〝遺跡〟の復元を図るべきではないのかね。そうしないと、バチが当るよ」と（図24）。

東京都は一九九〇年、隅田川未来像について基本構想をまとめた。東京都は隅田川の水辺空間の回復を重要施策として打ち出している。これにもとづいて台東区はカミソリ堤防を緩傾斜型堤防、スーパー堤防に切り替える再整備計画を公表した。これは平成九年度まで一七〇億円をかけて再整備をする予定であるという。私は隅田公園の設計思想の原点に立ち戻り、再整備がなされることを希望したい。しかし、リバーピア吾妻橋（スタルク設計のオブジェで有名となったアサヒビール工場跡地の再開発）の川辺ですでに完成したテラス

図 24　隅田川堤防の歴史　東京都の刊行物では，帝都復興事業による隅田公園について言及していない。隅田川堤防の歴史上，最も意義のある事業を落としている。このような歴史認識でよいのであろうか。〔『隅田川――潤いの水辺，甦えるとき』東京都建設局河川部，1990 年〕

図 25　リバーピア吾妻橋と堤防整備　㊤駒形橋とリバーピア吾妻橋（アサヒビール工場跡地の再開発）。㊦リバーピア吾妻橋の川辺で完成した緩傾斜型堤防。〔いずれも越澤撮影，1990 年〕

状護岸のデザインをみると疑問を感じてしまう（図25）。私は戦前のシンプルなデザインの方に美を感じる（本章の扉の写真を参照）。このような考え方は都市計画のデザイン思想に関心を持つ者の単なるノスタルジーにすぎないのであろうか。

Ⅳ 神宮外苑の銀杏並木

外苑の銀杏並木（現状）〔越澤撮影，1988 年〕

1　美しいアヴェニューの条件

東京で最も美しい並木道は神宮外苑の銀杏並木である。青山通りの外苑青山口から絵画館に向かって一直線に伸びる道路。東京には珍しく四列の並木であり、一列で三四本、合計一三六本の銀杏は戦時中も伐採を免れ、堂々たる樹形の見事な大木に成長している（図26）。両側の銀杏に囲まれながら散歩する心地好さ、その爽快感。このような満足感こそ都市生活における豊かさの実感に他ならない。そして残念なことにこのような満足感を与えてくれる美しい都市空間が東京にはいかに少ないことか。

東京の代表的な並木道といえば表参道を思い浮かべる人が多いかもしれない。しかし表参道には欧州の近代都市計画に共通するアヴェニューとしての要素がひとつ欠落している。パリのシャンゼリゼ、ベルリンのウンター・デン・リンデン、ロンドンのザ・モールなどその都市を代表する並木道（アヴェニュー）には共通するひとつの都市デザインの公理がある。つまり、アヴェニューの軸線上のヴィスタにシンボリックな記念建築物が置かれ、

図 26　並木道の緑蔭（現状）〔越澤撮影，1990 年〕

街路、並木、建物の渾然一体としたレイアウトにより、一都市を代表する見事な空間がつくり出されている。日本ではこのような都市空間はほとんど実現しなかった。しかし、東京におけるただひとつの例外といえるのが、日本の近代造園、都市計画の黎明期につくられた外苑の銀杏並木なのである。

外苑の並木道の設計者は折下吉延。彼は関東大震災後の帝都復興事業において復興局建築部公園課長として東京の隅田公園、横浜の山下公園（日本初のリバーサイドパーク、ウォーターフロント公園）など六大公園の建設の指揮をする。折下吉延は日本の近代公園と公園行政の祖といえる人物であり、その出発点となったのが神宮外苑の造営であった。

2 神宮外苑の造営

明治天皇の死後、その陵墓は京都の伏見桃山と決定された。当時の東京市長阪谷芳郎を代表とする東京の有力者達は御陵地を東京とするよう運動をくり拡げていたが、伏見桃山への決定後は、明治天皇を奉祝する神宮を東京に創建するよう新たな運動を開始した。この結果、一九一三年（大正二年）二月に帝国議会貴族院で、さらに翌三月に衆議院で明治神宮建設に関する建議が議決された。こうして代々木御料地を神宮内苑として、旧青山練兵場を神宮外苑として整備することが決定された。

神宮内苑は明治神宮とその境内地であり、「御苑林泉の幽邃なる自ら神境たる趣」（一九一四年三月の原内務大臣の執奏の言葉）があるため、選定されたもので、境内の設計は、森厳幽邃たる風致を作ることを目的とした。こうして加藤清正の下屋敷跡（代々木御料地）は今日、見事な人工森林に生まれ変わった。これは世界の造園史でも特筆すべき出来事である。

これに対して神宮外苑は明治天皇の偉績を顕彰し、後世子孫に永く聖徳を感銘させるための国家的記念事業として建設されたものである。外苑の中央には明治天皇の一代を描く絵画をおさめた聖徳記念絵画館が建てられ、スポーツ施設が設置された。これは今日でも天皇杯が続いているようにスポーツも心身の鍛練を通じて明治天皇の業績を偲ぶ活動であるとみなされていたからである。

明治神宮がすべて国費で造営されたのに対して、神宮外苑は民間有志によって結成された明治神宮奉賛会が国民の寄付金により造成したもので、完成後、その建物・施設のすべてを明治神宮の外苑として奉献したものである。

この結果、四八万平方メートルという広大な敷地を持つスポーツ施設と広場、並木道を主体とした特異な神社境内地が出現した。この神宮外苑こそがその後の日本の近代造園の技術をつくりあげた記念すべき出発点であった。そして今日、冷静に、歴史的に評価を下すと、神宮外苑の建設は明治時代の日比谷公園以来、絶えてなかった東京に新設の大公園をつくるチャンスに他ならなかった。しかもそこには欧州の都市デザインの手法に則った大変、洒落た並木道がつくられたのである。

3 外苑のマスタープランと銀杏並木

神宮の造営計画と施工は一九一五年(大正四年)に内務省の外局として設立された明治神宮造営局が行った。外苑のマスタープランそのものは一九一七年、明治神宮奉賛会が任命した有力な専門家、学者から成る委員会によって策定された。ところがマスタープラン(絵画館、競技場、苑地、苑路をどう配置するかが主たるテーマとなる)については著名な三人の造園家──川瀬善太郎(東大林学科の最長老、演習林長)、本多静六《ほんだせいろく》(東大林学科教授、日比谷公園の設計者)、原熈《はらひろし》(東大農学科教授、折下吉延の師)の三人の案が対立し、紛糾してなかなかまとまらなかった。そこで建築の分野を代表して委員となっている佐野利器(当時三八歳、若くして戦前の建築界に君臨した人物、その後、後藤新平のブレーンとして帝都復興事業を推進。第I章参照)がスケッチを描き、皆が了承して、最終案となった(図27)。

神宮外苑の造営は一九一七年一〇月奉賛会より明治神宮造営局に委嘱され、造営局には外苑課が設置され、その技術的責任者に就任したのが折下吉延である。折下吉延はマスタープラン（外苑計画綱領という）にもとづき、実施計画を立案し、大正七年一二月に奉賛会の承認を得た。

一九一八年（大正七年）六月、外苑の地鎮祭がとりおこなわれ、関東大震災で一時工事が中断したものの、一九二四年（大正一三年）一〇月には陸上競技場が竣工し、さっそく内務省主催の第一回明治神宮競技大会に使用され、一九二六年一二月、神宮外苑全体が竣工している。

外苑の風致（ランドスケープ）の基調は芝生であり、周囲にいくにしたがって樹木が濃い植込みとなるようデザインされている。青山口正面より四列の植樹帯から成る直線道路が伸び、周回道路に分岐する所に噴水を置いている。そこから絵画館までの前庭は一望広潤なる芝生の広場とし、外苑の中心的な景観をつくり出している（図28）。スポーツ施設はランドスケープ上はあくまで脇役であり、外苑西部に公園的な風致景観を阻害しないよう配置されている（図29）。

銀杏並木は当初の設計（つまり佐野利器案）では二列であったが、これを四列に変更したのは折下吉延である。これには一九一九年五月～一九二〇年一月という長期間の欧米出張（神宮外苑造営の参考を目的とする）で得られた新しい知見が反映していた。折下吉延は大正期にあって日本人としては欧米都市計画の実情を見聞し、学ぶことができた数少ない

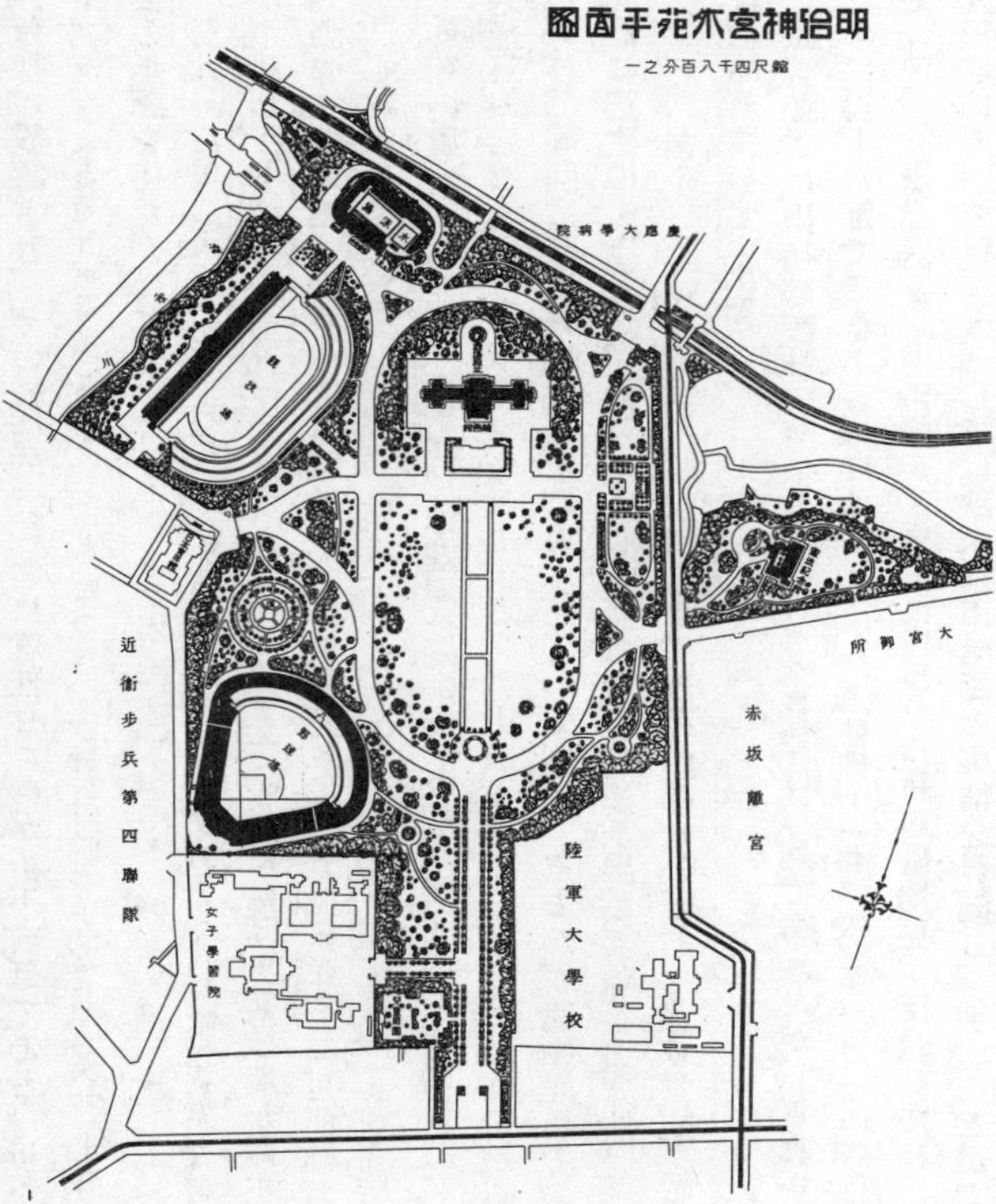

図 27　明治神宮外苑（竣工当時）　右手に細長く伸びる緑地は紙幅の関係でカットした。〔『明治神宮外苑志』明治神宮奉賛会，1937 年〕

図 28　竣工当時の明治神宮外苑　㊤青山口より聖徳記念絵画館を望む。入口の石塁は佐野利器のアイデアと設計。㊦ 4 列の並木。〔『明治神宮外苑志』〕

図 29　当時のスポーツ施設　㊤外苑（西半分）の全景。野球場の観客席は低く，ランドスケープを損ねていない。㊥相撲場。現在は第二球場となり，オープンスペースとは呼べない。㊦競技場の全景。観客席も低く，周囲は植栽され，外苑の風致に溶け込んでいる。戦後の国立競技場建設の際，外周の緑地は潰され，コンクリート造の巨大なスタジアムが出現し，外苑の風致は台無しになった。〔いずれも越澤所蔵〕

人物の一人である。日本で都市計画法が公布されたのは一九一九年（大正八年）四月であり、一九二〇年という年はようやく日本の都市計画が産声をあげた直後であった。一九二〇年、折下が日本園芸会で行った帰朝報告のテーマは「都市計画と公園」であった。このようなテーマは当時としては非常に革新的なものであった。なぜならば、当時の日本の造園界はあくまで庭園のみを扱っており、都市の中での公共造園と都市計画との関係の重要性についてはまったくといってよいほど認識されていなかったからである。

折下吉延が帰朝報告で熱っぽく説いているのは公園道路、公園系統（パークシステム）である。「公園が都市計画の心になり核になると言うてもあながち誇大な言ではない」と折下は発言している。折下はこれまで社寺境内地を転用したにすぎない日本の公園とは全く異なる公園（パーク）の本来の姿を欧米の都市生活に発見したのであった。

折下が帰朝後、行った外苑の実施計画の変更で二列植樹の並木道は四列に改められた。車道の両側に幅各二間の植樹帯を取り、そして幅二間半の歩道の外側に各二間の植樹帯を加え、樹下は芝生とした。その外側にさらに芝生地が配置されているため、実質的な並木道の幅はもっと広い。これが実に心地好い緑の空間をつくり出している。これはバッキンガム宮殿に向かって真直ぐ伸びるザ・モールの両側がグリーンパークという公園であることと同じスタイルである。

並木道の延長は二二一間（四〇二メートル）、銀杏は一九一七、八年に内苑より移して仮育成していたもので、一九二三年春に並木道の位置に植栽した。そして今日みられるような素晴らしい並木に成長した。

外苑青山口の直線道路が本格的なアヴェニューへと設計変更されると同時に裏参道も同様に本格的な公園道路（パークウェイ）へと設計変更された。

裏参道とは正式には明治神宮内外苑連絡道路といい、神宮の内苑と外苑を連絡するために現在のJR中央線沿いに配置された道路である。この裏参道は一九一四年（大正三年）六月の当初計画では幅員九間（車道六間の両側に歩道各一間半）というごく一般的な道路として考えられていた。しかし同年一一月の神社奉祀調査会で道路の性格を考え、風致を重視することになり、植樹帯を幅二間としケヤキを植え、歩道の外にさらに幅四間の植樹帯を設け、スギ、カシ等の常緑樹を植え、合計幅二〇間の道路とするよう設計変更された。これに対して実施設計を担当した折下吉延は一九二五年一月に次のような変更案を策定した。すなわち断面構成を左右均等とする考え方をあらため、幅一三間の道路（車道六間、植樹帯各一間半、歩道各二間）を南側に寄せ、北側の残余地（平均して四間、一部区間はもっと広がっている）はプロムナード（乗馬道と植樹帯）としたのである。これにより日本初の本格的な公園道路が誕生した（図30）。

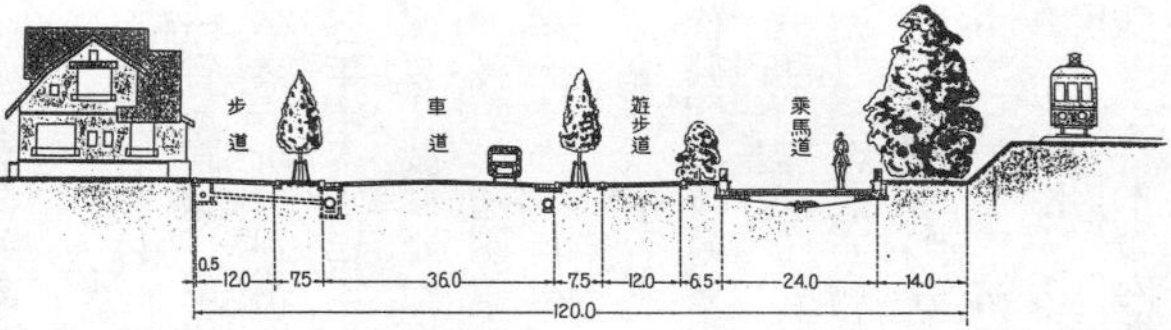

図 30　内外苑連絡道路　㊤車道と電車との間にある乗馬道は現存しない。戦後，高速道路の用地に転用された〔前掲『明治神宮外苑志』〕。㊦竣工当時。左端がJR中央線。現況は 312 ページを参照。

4 折下吉延の経歴

折下吉延は一八八一年(明治一四年)生まれ。後藤新平、佐野利器、北村徳太郎、飯沼《いいぬま》一省《かずみ》と同様、東北人である。一九〇八年(明治四一年)に東京帝国大学農科大学農学科を卒業、新宿御苑の造営に携わった後、奈良女子高等師範学校教授となっていたが、一九一五年(大正四年)に明治神宮造営局が設置されると恩師の原煕によって呼び戻された。欧米に出張した一九二〇年(大正九年)は三九歳である。外苑の造営、帝都復興事業を通じて多数の造園技術者を養成した。戦前から戦後の戦災復興にかけて活躍する日本の公園技術者、プランナーはほとんど全員が折下吉延の弟子であるといってもいいすぎではない(狩野《かのう》力、森一雄、井本政信、大屋霊城、太田謙吉、佐藤昌ら)。つまり外苑の造営が日本の近代公園の技術をつくったのである。

折下吉延は一九三〇年(昭和五年)三月、帝都復興事業の完了とともに内務省を退職した。その後、満州事変後、満鉄理事十河信二《そごうしんじ》(復興局経理部長、後藤新平のブレーン、戦後、国鉄総裁として新幹線を実現させる)の招きで渡満し、敗戦まで大連に居を構え、外地(関東州、満州国、中国大陸)の都市計画を指導した。折下吉延は北村徳太郎(内務技師)と連携して満州、中国大陸にかつての部下を多数呼び寄せた。新京、ハルピンなど当時の都市計画が日本の内地では到底、実現できないような雄大なスケールで公園緑地をつくりあげていたのは、佐藤昌、木村三郎、木村尚文、黒沢昇太郎、横山光雄、田治六郎ら折下人脈の公園プランナー達が活躍していたからである。

一九二六年(大正一五年)一〇月二二日、明治神宮外苑は竣工し、その奉献式が挙行された。一九一七年一二月に着工して以来、八三五万円の巨費(その大部分は国民の献金による)を投じた一大工事が完成した。

明治神宮奉賛会(会長は公爵徳川家達)はこのとき明治神宮宮司に対して「外苑将来の希望」という一札を入れている。この文書の説くところの内容はきわめて重要であるため、その一部を引用したい(傍点は越澤による)。

今や外苑全部を貴職に引継ぐに方り、将来御注意を請うべき条々左に申入置候

(1)外苑は明治天皇及昭憲皇太后を記念し、明治神宮崇敬の信念を深厚ならしめ、自然に国体上の精神を自覚せしむるの理念を基礎とし、一定の方針を以て設計造営せられたるものなるを以て、今後、之が管理及維持修理上に於ても常に右理想を失はざる様御注意あり度事

(2)外苑は……上野、浅草両公園の如きとは其性質を異にするを以て、今後、外苑内には明治神宮に関係なき建物の造営を遠慮すべきは勿論、広場を博覧会場等一時的使用するが如き事も無之様御注意あり度事

5 戦後の外苑の無惨な姿

なぜ、明治神宮奉賛会がわざわざこのような申入れをしたのか、その理由は不明である。しかし、今日の神宮外苑の〝惨状〟を予期していたとしたら、その卓見には脱帽せざるをえない。戦後、神宮外苑はつぎつぎと受難に遭い、当初の設計理念とはほど遠い醜い姿となってしまった。

一九四五年（昭和二〇年）九月、進駐軍は神宮外苑の各種競技場を接収し、メイジパークと改称し、米軍将兵のスポーツセンターとした。このとき芝生で美しい中央広場は球技場に変えられてしまった（一九五二年三月に接収は解除される）。

戦後の政教分離政策にもとづき一九五二年（昭和二七年）五月、宗教法人法によって明治神宮は宗教法人となり、同年九月、境内地として内苑は無償で、外苑は時価の半額で払い下げを受けた。このとき、明治記念館は宗教活動に無関係であるとして除外され、記念館自身の改築（結婚式場）により緑のオープンスペースが失われた。

続いて神宮外苑は日本政府の東京オリンピック開催という国策の犠牲となり、一九五六年一二月陸上競技場は国（文部省）に譲渡され、大スタジアム建設のために、競技場の周

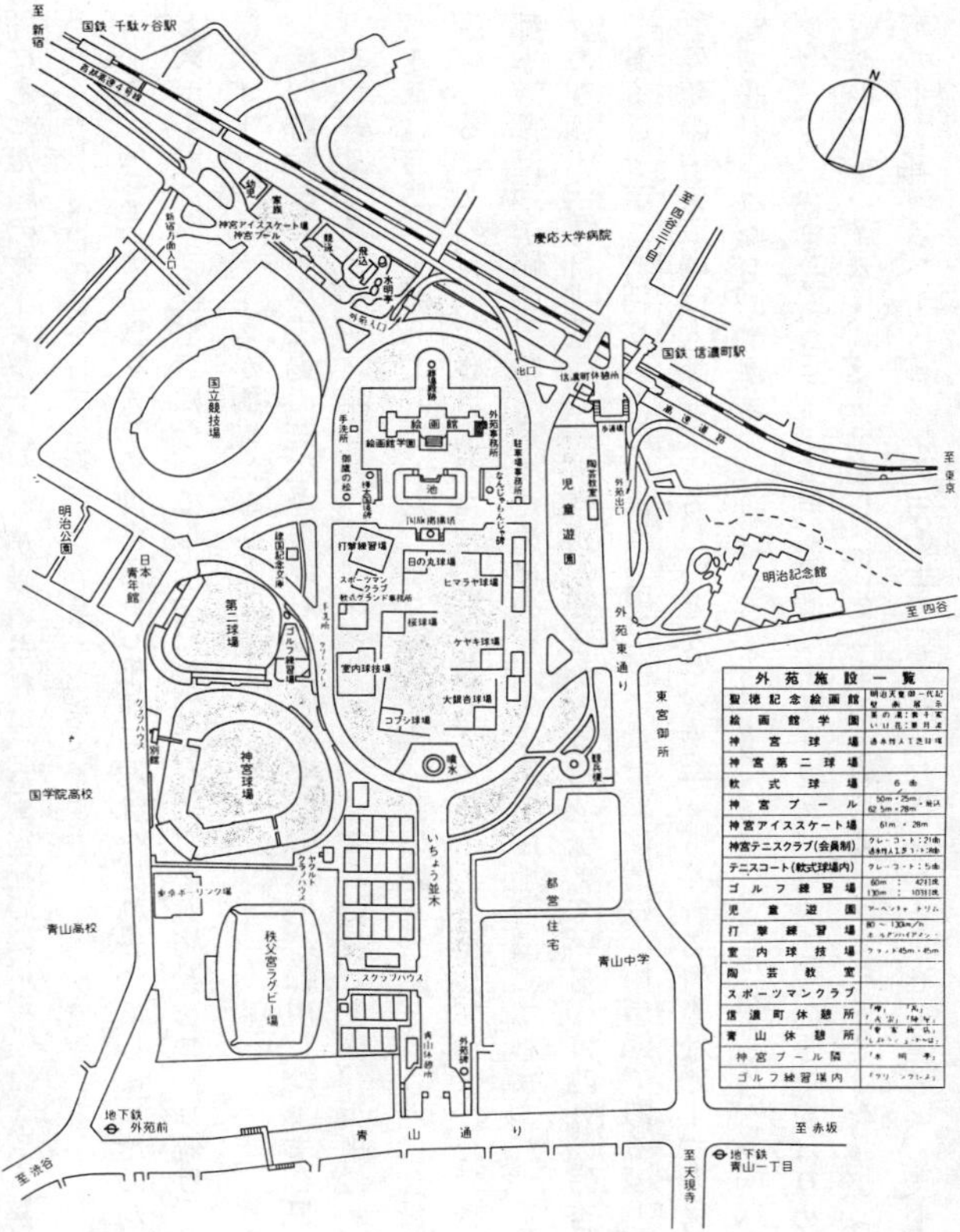

図31　外苑の現状　ありとあらゆるオープンスペースがスポーツ施設等に転用されていることが判明する。〔『明治神宮外苑写真帳』明治神宮外苑，1986年〕

囲にあった緑のオープンスペースが破壊された（造営当初の姿は逆に、緑の中に競技場が置かれており、今日の状況は主客転倒してしまった姿である）。

一方、他ならぬ宗教法人明治神宮自身も戦前の理念を忘れ去ってしまったのか、あたかもスポーツクラブ経営者になってしまったかのように次々と施設をつくり続け、この結果、緑のオープンスペースが極端に減少した。

接収解除後も中央広場の芝生を復元しようとせず、野球場に転用したまま今日に至っている。第二球場、ゴルフ練習場、神宮球場クラブハウスの新設により、西側のオープンスペースは今日、全滅してしまった。また銀杏並木の西の児童公園と植栽地は会員待ちが大量にいることで有名な会員制テニスクラブのテニスコートと化してしまった。さらに東京都も首都高速道路四号線を通すために裏参道の乗馬道用地を潰してしまった。

こうして、今日、戦前の造営当初の姿をかろうじて伝えているのは四列の銀杏並木のみであることが、お判りいただけよう（図31）。これは誠に情けない事態である。

外苑の中央広場は大都会にうるおいと安らぎを与えてくれる貴重なオープンスペースとして設計されたものである。これはニューヨークのセントラルパークの静粛な一角シープ・メドウ（Sheep Meadow）と同じ発想である。せめて中央広場の金網をはりめぐらした野球場ぐらい撤去し、芝生を中心とした本来の広場の姿に戻すべきではないか（図32）。外苑のオープンスペースとは、芝生の上で恋人同士が指をからませて語らい、腰を下ろした

図 32　外苑とニューヨーク・セントラルパーク　㊤外苑の中央広場の現状。金網で仕切られ，自由に出入りできない情けない姿である。㊦セントラルパークには静粛な一角が設けられている。その名シープ・メドウ（Sheep Meadow）は公園がつくられる前は放牧地であったことに由来する。このようなシンプルなオープンスペースこそ過密大都市では貴重である。〔いずれも越澤撮影，1990 年，1988 年〕

若妻のスカートの回りを幼児がキャッキャッとはしゃいで回り、また二四時間戦う企業戦士が静かに一時の冥想にふける——そのような静寂な都市空間として存在しなければならないのである。

V 大東京の成立と新宿新都心のルーツ

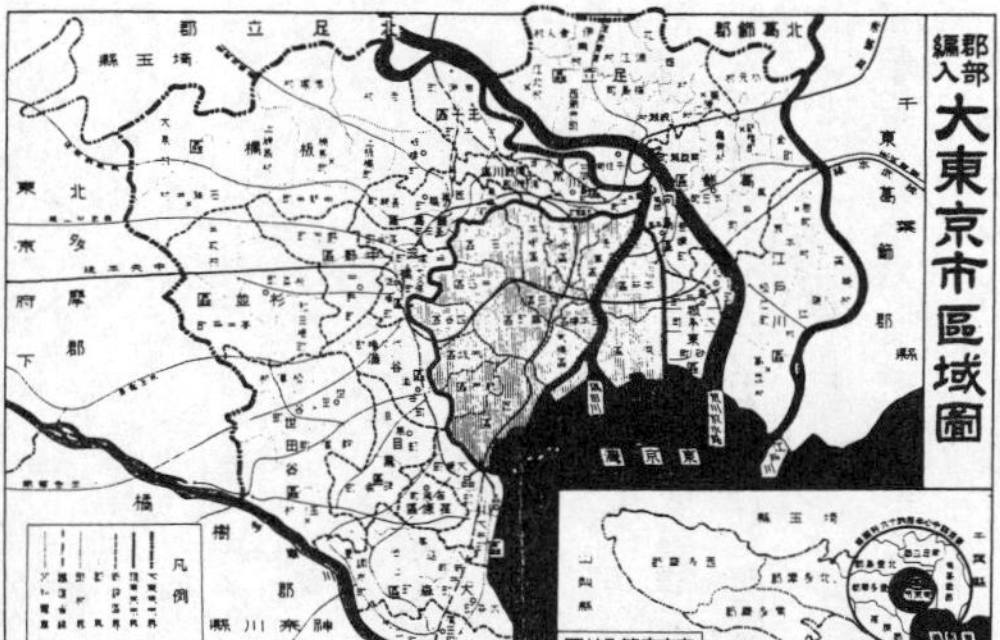

1932年に成立した大東京
〔『新東京大観』上巻，東京朝日新聞社，1932 年〕

1　大東京の成立と副都心の原型

新都心のルーツ

一九九一年（平成三年）三月、新都庁舎が竣工し、新宿は名実ともに新都心となった。新宿が戦後、渋谷、池袋とともに副都心として成長し、今日、新都心へと発展する契機となったのは、昭和戦前期に計画され、戦前に一部着手された駅前広場造成事業と淀橋浄水場の移転計画である。前者の事業は日本では珍しく超過収用の性格を帯びた区画整理によって実施され、しかも建物の高度利用を図るなど、日本の都市再開発のルーツとも言える記念すべき事業である。また戦後、実施された淀橋浄水場の移転と跡地利用によって新都心の超高層ビル群が出現することになる。

本章は巨大都市東京に二眼レフの都心構造をもたらした新宿の新都心計画の原型である戦前の新宿駅前広場計画について、その全体像と特徴を明らかにしようとするものである。

年　次	旧市部	新市部	合　計	東京市面積
1920 年	2,173	1,177	3,350	78.4
1930 年	2,070	2,899	4,970	83.6
1932 年	2,100	3,211	5,311	550.8
1936 年	2,284	3,801	6,085	577.9

①東京市の人口（単位：千人，㎢）　旧市部とは 1932 年以前の旧東京市 15 区の 83.6 ㎢の区域。新市部とは 1932 年に合併された 5 郡 82 カ村の区域 20 区をさす。〔『東京市政概要』昭和 8 年版，昭和 12 年版より作成〕

大東京の成立

関東大震災は東京の市街の膨張のきっかけとなった。都心・下町の焼失地からの移住者、地方から東京への新規転入組の多くは東京の郊外に家や土地を求めた。東京市の人口が減少・停滞している中で郊外部の人口は震災後の一〇年間で三倍に増加した①。このため、一九三二年（昭和七年）一〇月、隣接五郡八二町村が東京市に合併され、東京市の面積は一挙に六倍となった。その後、一九三六年一〇月に千歳・砧の二村が合併され、今日の東京二三区のエリアからなる東京市が成立した（当時は三五区で構成されており、町村合併を契機に「大東京《だいとうきょう》」という呼び方が使用されるようになった）。

　これ以来、今日の東京の区部全域を対象とする東京都市計画の時代が始まった。すでに帝都復興事業の実施によって江戸以来の市街地である都心・下町の都市改造が実現していた。帝都復興事業が終了した昭和初期になってようやく、将来の東京の発展を見すえて都市計画の立案と施策展開を図るという、しかも災害という非常時ではなく、平時において都市開発に取り組むという本来の都市計画のあるべき姿が、ようやく始まったのである。

街路網と交通ターミナル

帝都復興事業完了後の東京都市計画の課題はまず第一に郊外と都心を結ぶ道路の新設と交通結節点(ターミナル)の整備であり、第二に郊外の新市街地の無秩序な宅地化(スプロール)を防止し、良好な郊外住宅地を育成することであった。

この昭和初期の都市計画のビジョンとプランの担い手は後藤新平と同時代の人々ではなく、帝都復興事業を通して養成された第二世代の人々=中堅の官庁プランナーであった(例えば、後に満州国政府都市計画課長に就任した近藤謙三郎など)。

帝都復興事業も終わりに近づいた一九二七年八月、東京都市計画区域の全域(今日の二三区)に対する系統的な街路網が初めて決定された。「郊外」に幅員二二~二五メートルの幹線放射道路一六本、幹線環状道路三本(環六、環七、環八と命名)を配置し、その間に幅員一一~二二メートルの補助線道路一〇九本を決定した。また幹線放射道路を都心に接線するため「市内」に幅員一八~三六メートルの道路一六本(今日の白山通り、春日通り、靖国通り、甲州街道、中原街道など)を決定した(図33)。今日の東京都市計画街路網はこのとき決定され、ほぼそのまま継承されてきたものである。しかし、今なお未完成の区間が多く、事業化の目途が立っていないものも多い。昭和初期の人口五〇〇万人の時代に計画・設計し、しかも未完成の状態にある根幹的な都市施設（幹線街路網）を、東京圏人口が三〇〇〇万人に膨張した時代に使用している。この矛盾が、東京に潤いとゆとりに欠けた都市空間をつくり出す根本的な原因となっている。

一九二〇年代の後半（大正末期から昭和初期にかけて）、東京の都市形態と交通事情は構造的に大きな変化を遂げた。大東京の成立とともに東京市民の交通距離と一人当たりの交通量が増加した。交通機関の内訳をみると路面電車の比重は低下しており、代わって省線、郊外電車、乗合自動車（バス）の割合が急増している（図34）。

関東大震災以後、山手線以西の郊外地の開発が進み、郊外電車（私鉄）の敷設が急速に進んだ。このため、新宿駅、渋谷駅などターミナル駅の乗降客、交通量は急激に増大した。一九二九年五月の省線電車交通調査によれば、一日降客者数は東京駅、上野駅を凌駕して新宿駅が第一位となっており、渋谷、池袋という新興のターミナルが新橋、神田という旧東京市の都心部の各駅を上回るようになっている②。

駅前広場の計画

省線、市営電車、郊外電車の乗り換えターミナルとなった山手線各駅の雑踏がひどくな

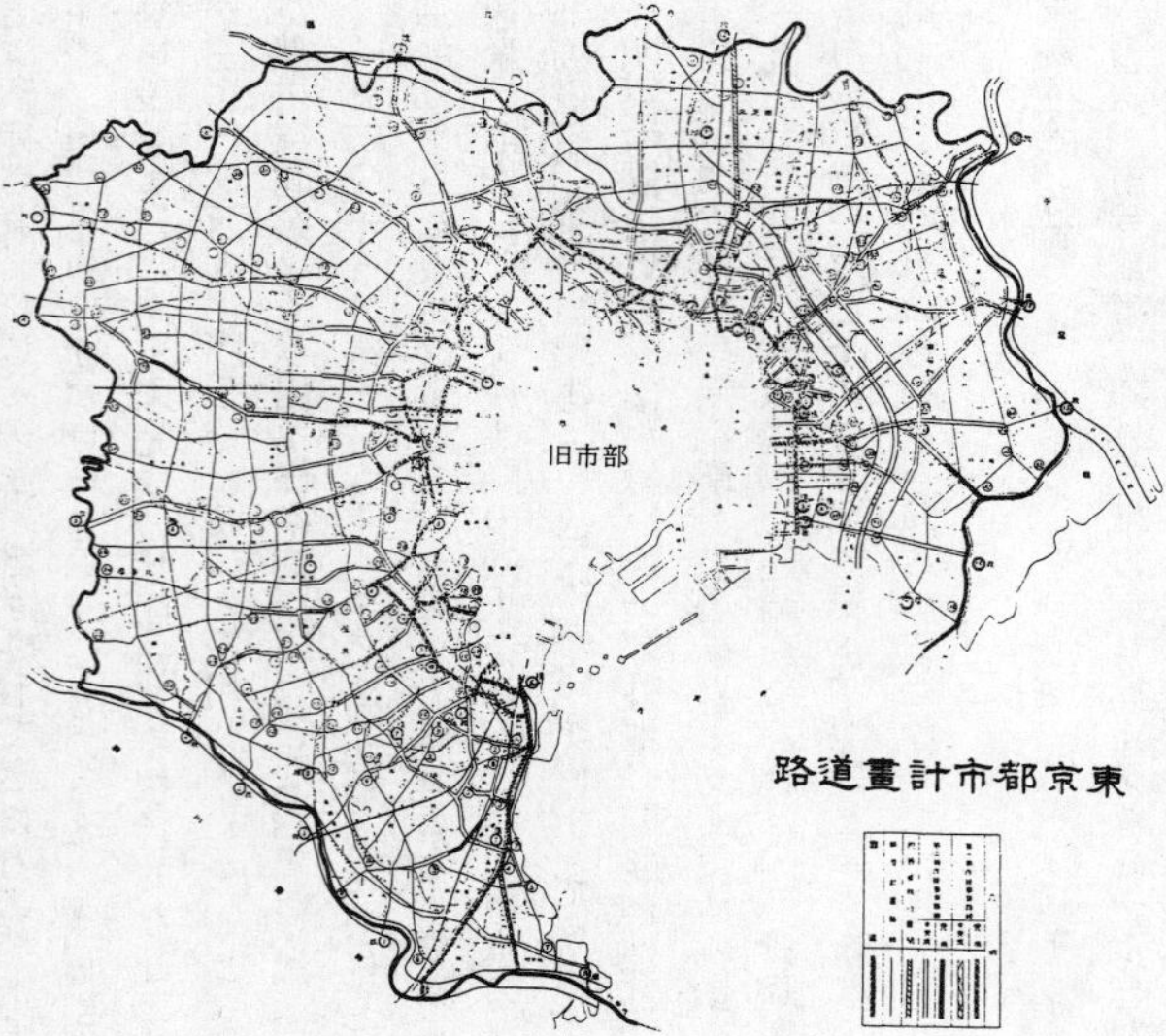

図 33　東京都市計画街路（1927 年決定）　大東京の新市街（当時は郊外農村地帯）の全域に対して都市計画街路が決定された。先手を打って都市計画上の措置が採られている。

順位	駅　　名	1日降客者数
1	新　　宿	90,321
2	東　　京	76,592
3	上　　野	62,724
4	渋　　谷	42,583
5	池　　袋	42,451
6	新　　橋	38,150
7	有 楽 町	37,866
8	神　　田	33,280
9	大 井 町	32,722
10	目　　黒	31,106
11	品　　川	30,517
12	田　　町	28,676
13	大　　森	27,330
14	横　　浜	27,046
15	高田馬場	26,865
16	御 徒 町	24,681
17	御茶ノ水	23,681
18	大　　塚	21,929
19	飯 田 橋	21,347
20	蒲　　田	21,306

②省線電車交通調査（1929年5月22日）　当時は品川，横浜の順位が低かったことが注目に値する。〔『日本地理大系 第3巻 大東京篇』改造社，1930年より作成〕

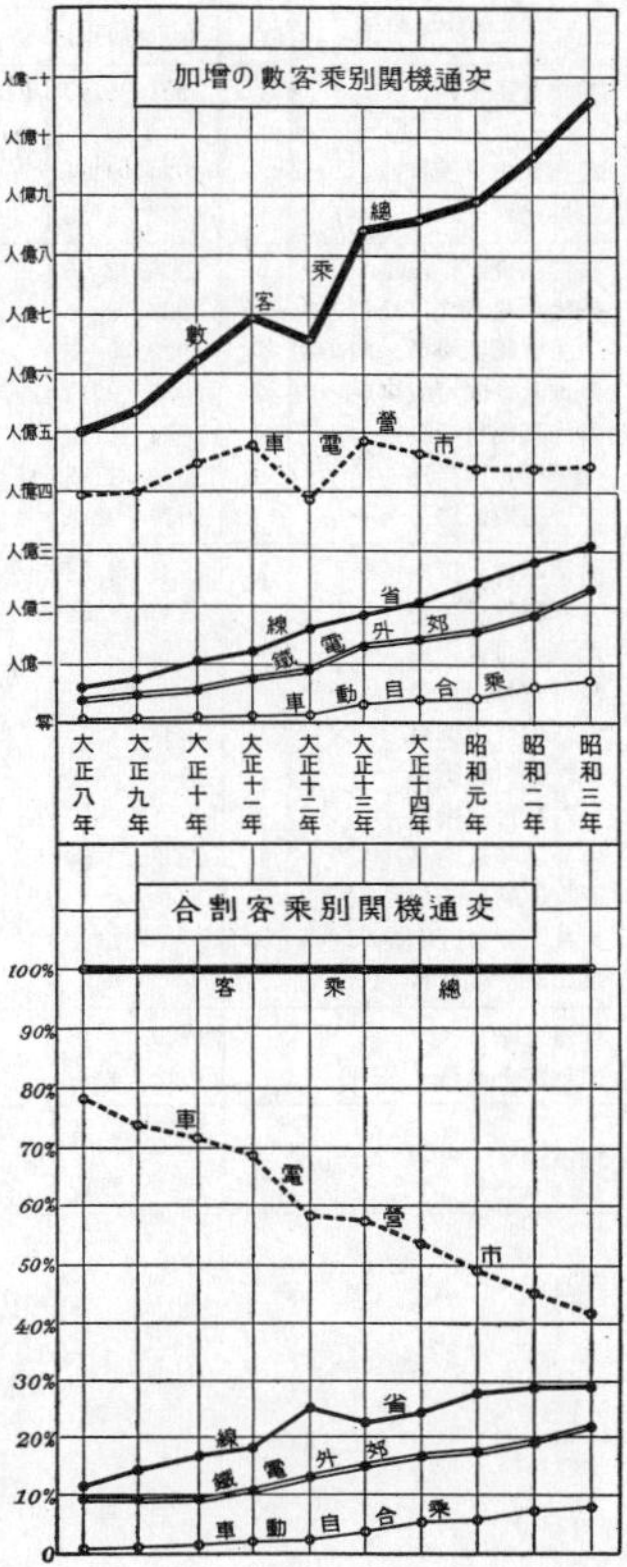

図34　東京市の交通機関別乗客数の状況（1919〜28年）〔『日本地理大系 第3巻 大東京篇』改造社，1930年〕

名　称	告示年月日	告示番号	備　考
都市計画街路	1921. 5.13	内閣公告	最初の都市計画街路網，帝都復興計画の中で全面改定。
復興都市計画街路	1924. 3.11	409	帝都復興計画として決定。
郊外道路	1927. 8.18	409	大東京の郊外部に決定。
桜田門虎ノ門街路	1926. 3. 6	22	官庁街，卸売市場の整備など特殊な目的，局部的な街路追加のために決定。
築地中央卸売市場付近街路	1927. 8. 6	397	
中央官衙建築敷地内街路	1929. 8. 6	272	
築地月島間可動橋〔勝どき橋〕	1932. 2.22	33	
青山墓地付近街路	1934.12.12	580	
大手町付近街路	1939. 1.25	28	
山手方面街路	1939. 2. 4	43	
新宿駅付近広場街路	1934. 4.18	203	駅前広場の新設と整備を目的とする決定。戦災復興計画に吸収され，改定される。
大塚駅付近街路	1936. 4.24	255	
池袋駅付近街路	〃	257	
渋谷駅付近街路	〃	259	
駒込駅付近街路	1939. 1.25	30	
巣鴨駅付近街路	〃	〃	
目白駅付近街路	〃	〃	
目黒駅付近街路	1939. 2. 4	45	
五反田駅付近街路	〃	〃	
大井町駅付近街路	〃	〃	
蒲田駅付近街路	〃	〃	
保健道路	1940. 4.18	247	河川沿いの遊歩道の計画，戦後全廃
保健防火道路	1942. 4.22	220	
細道路	1930.10.27 〜 1943. 2.17	—	旧5郡の町村（外周区部）に網の目のように決定，戦後全廃。

③戦前の東京の都市計画街路のすべて　〔山崎広編『東京都道路概要』東京都建設局道路課，1946年より作成。備考の文章は越澤による〕

り、放置できない状態になってきたため、都市計画東京地方委員会は、駅前の雑踏の防止と円滑な交通処理のために駅前広場の設置を計画した。一九三二年、新宿、池袋、渋谷、大塚の四カ所で駅前広場ならびにそれに付属する街路計画が決定され、次いで一九三九年に駒込、巣鴨、目白、目黒、五反田、大井町、蒲田の駅付近街路が決定されている③。各駅前広場の計画の内容をみると、街路(幹線の道路)、広場(広場は都市計画街路の一種として扱っている)、細道路から成っている(図35)。都市計画事業として決定されていたのは新宿(一九三四年四月決定)と渋谷・池袋・大塚(一九三六年四月決定)であり、実際に事業が着手されたのは新宿のみであった。

戦後の戦災復興土地区画整理事業は山手線および京浜東北線の主要駅を中心に実施されたため、これらの戦前の駅前広場計画は、戦後になって実現することになる。逆に言えば、戦前に計画された駅前広場の計画を実現するために、戦災復興事業の縮小の中で駅周辺だけは事業をやり通したといえる。

戦後になり、池袋、新宿、渋谷が副都心として成長していくきっかけは、戦前の駅前広場計画に端を発する。その意味で、この計画は今日の東京の都心構造に大きな影響を与えた。

図 35　大塚の駅前広場計画（1932 年決定）　市街化が進む駅周辺に切り開くようにして新たに広場を確保し，道路の新設を計画している。〔越澤所蔵〕

2　新宿駅前広場の計画

計画策定の経緯

新宿東口方面は甲州街道の宿場町（内藤新宿）以来の商業地として盛り場が形成されていた。これに対して新宿西口には商業集積は何もなく、東京地方専売局淀橋工場と淀橋浄水場が主な施設であり、これ以外には人家と学校があるにすぎなかった。

新宿の今後の繁栄のために広大な面積（三四万平方メートル）を占める淀橋浄水場（明治三一年＝一八九八年開設）の移転が地元民から要望され始めたのは大正末期の頃からである。行政当局によって淀橋浄水場の移転を含む新宿西口方面の都市改造が具体的に検討、計画されたのは一九三二年（昭和七年）からであった。

一九三二年三月、東京市会に東京市第二次水道拡張計画案（小河内ダムの建設が主な内容）が提出された。これにもとづき翌四月に策定された当局の財政計画（「水道経済収支概計」という。期間は一九三二～五一年度の二〇カ年）は淀橋浄水場の機能を境浄水場に移転させ、浄水場跡地の売却処分収入を市債（第二次水道拡張事業費のための）の償還費に充てることを明らかにしている。

都市計画東京地方委員会はこれを受けて、浄水場移転を前提とした街路計画を策定し、一九三二年九月三〇日に都市計画決定している。浄水場の東西を貫通するよう幅員二七メートルの街路が配置され、青梅街道、甲州街道、十二社方面にも連絡する街路が計画されている。浄水場中央の位置には当時、日本内地の都市計画道路としてはきわめて異例である円形の広場（半径三〇メートル、うち中央のロータリー部分は半径二五メートル、車道は幅一〇・五メートル、外周の歩道は幅四・五メートルと設計されている）が計画されていた。このバロック的広場を有する街路計画が今日の新宿新都心のもととなった最初の法的拘束力を有する計画である。

この淀橋浄水場の移転計画と時を同じくして、新宿駅西口前に大きな面積を占める大蔵省東京地方専売局淀橋工場も移転を計画した（移転の理由は震災の被害、敷地の狭隘であり、工場は実際に品川に移転した）。そこで都市計画東京地方委員会はこれを契機として新宿駅西口側の大改造を計画し、一九三二年八月に計画原案を作成した。これをもとに一九三二年一一月〜一九三三年六月、関係機関（内務省、鉄道省、東京府、警視庁、東京市、都市計画東京地方委員会）の協議会が六回開催され、計画案が取りまとめられた。

一方、東京市では一九三三年度より事業が開始できるよう、一九三三年二月の市会に「自昭和八年度至同一一年度東京都市計画事業新宿駅広場築設費継続年期及支出方法」を提案し、本案は翌三月に可決された（事業費は三八四万円、東京市長の施行）。市会提出予算で使用された〝新宿駅広場築設計画〟が新宿の都市改造の当初の名称であった。市会に提案された説明書はこのプロジェクトの趣旨を次のように記している。

> 駅前広場と之に配するに適当の街路を構築し、以て系統と経営を異にする各個鉄道、軌道相互の連絡を至便ならしむると共に、自動車交通の能力を発揮せしめ、一面交通錯綜を緩和し、且其の能率を増進し、歩行者の安全と快適とを期するに在り。而して之に併せて隣接地に於ける建築物の整備を促進し、交通機関の完備と相俟って渾然たるシヴィックセンターを形成せしめ、さらに一歩を進めて付近の一団の雑然たる街衢ならびに水道局用地を含む約一六万五千坪の区域に対し、土地区画整理を施行し、土地の開発と宅地の利用増進を計ると共に、交通の統制に資するは最も喫緊の事に属す。

以上から明らかなように、昭和戦前期に立案された新宿西口の都市改造プランは単に駅前広場の新設を意図していたのではなく、シビックセンター（Civic Center）、すなわち新都心の形成を目指していたのである。今日の新宿新都心のまさしくルーツが一九三三年の都市改造プランであったわけである。

この新宿西口の都市改造プランは一九三三年八月から都市計画決定のために都市計画東京地方委員会で審議が開始された。重要な計画であるため、特別委員会を設置して審議が行われ、翌一九三四年四月一八日に都市計画決定された（〝新宿駅付近広場及街路〟が都市計画決定上の名称である（図36））。同日、都市計画事業としても決定され、広場と街路、そ

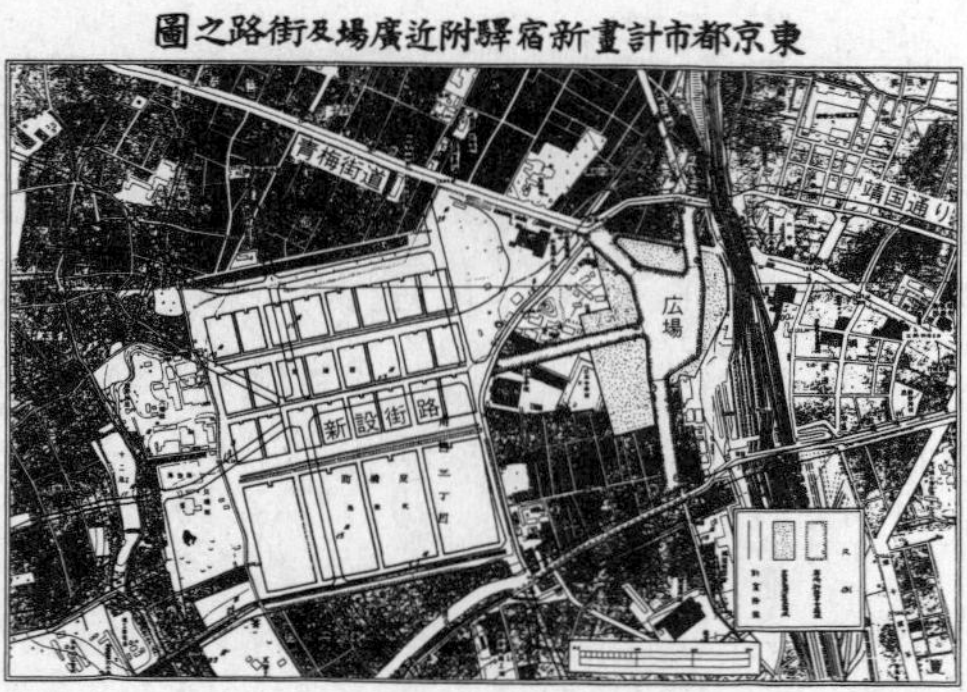

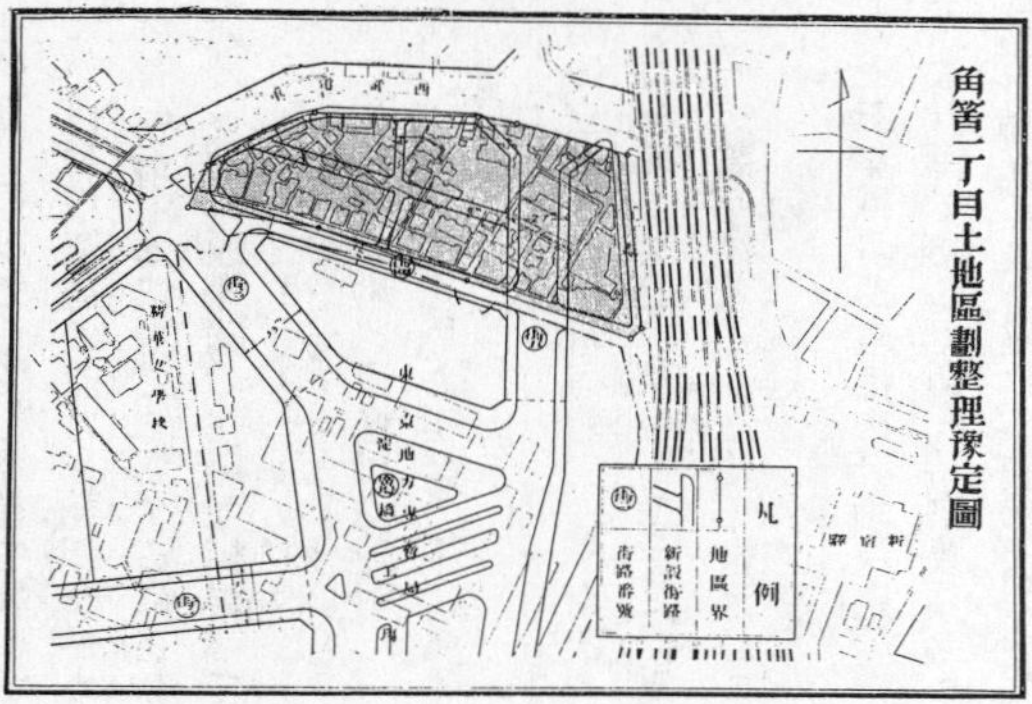

図 36　新宿駅付近広場および街路（1934 年 4 月 18 日決定）　淀橋浄水場一帯の都市計画道路は，すでに 1932 年 9 月 30 日に都市計画決定されている。〔越澤所蔵〕

図 37　角筈 1 丁目土地区画整理　新宿西口広場の北側隣接部の都市改造を計画している。〔越澤所蔵〕

して広場の周囲の建築敷地造成の事業の着手が決定された（当初、工期は一九三三〜三七年度、その後、工期は一九三四〜一九三九年度に変更され、六ヵ年事業、総額三九三万円を投じて実施された）。

工事は戦時下の資材統制、資材不足の状況を考えると不思議なほど順調に進み（資材供給の点で特別に配慮されたのであろうか？）、一九四一年には広場と街路の大部分が完成している。そして西口広場の北に隣接する角筈《つのはず》第一土地区画整理組合地区の整備もほぼ完了した（図37）。一方、一九三六年二月に〝新宿駅付近広場及街路〟の決定区域も東口地区を包含するように変更されている（この東口の整備は戦後、戦災復興事業として実現する）。しかし、淀橋浄水場の移転自体は戦後に持ち越された。

戦前の都市改造プランの特徴

一九三四年四月に決定され、一九四一年に概成した戦前の新宿西口の都市改造は次の三つの点で大きな特色を持っていると著者は考えており、近代日本都市計画史上、画期的な事業であったと見なすことができる。

(1)総合的な交通施設整備と都市計画、都市改造事業が一体化したこと。それまで鉄道と駅舎の改良や駅前広場の設置は都市計画と無関係に行われるのが一般的であった。

(2)単に街路や広場を築造するという基盤整備に終わったのではなく、基盤整備（インフラ整備）と同時に、建築物（上物）の形態規制、高度利用を行ったこと。インフラ整備と建築コントロールが一体化した日本初の都市計画、都市改造の事業であった。

(3)超過収用（地帯収用 Excess Condemnation）の方法を導入した日本では数少ない（本来の超過収用のやり方を採った例としては唯一の）都市計画、都市改造の実例であった。

この結果、開発利益の公共還元を実現した日本では稀有の都市改造プロジェクトとなった。

以上の三点についてさらに詳しく説明することにしよう。

新宿西口の都市改造の計画は当時、新市域の中枢交通ターミナルとして急激に発展しつつあった新宿駅の都市交通問題を一挙に解決しようとする、当時としては時代を先取りしたきわめて野心的なプランであった。地下の総合ターミナルの建設、歩行者の安全と利便性の確保、地上と地下の立体的な施設配置などその設計思想は今なお陳腐化していない（図38）。

またこのような基盤整備を実施した効果を高め、また開発利益を公共還元するために、都市計画法（一九一九年公布の旧法）第一六条第二項による建築敷地造成事業（超過収用の性格を帯びた土地区画整理事業）を実行し、広場（六二五〇坪）の周囲に建築敷地（九〇六五

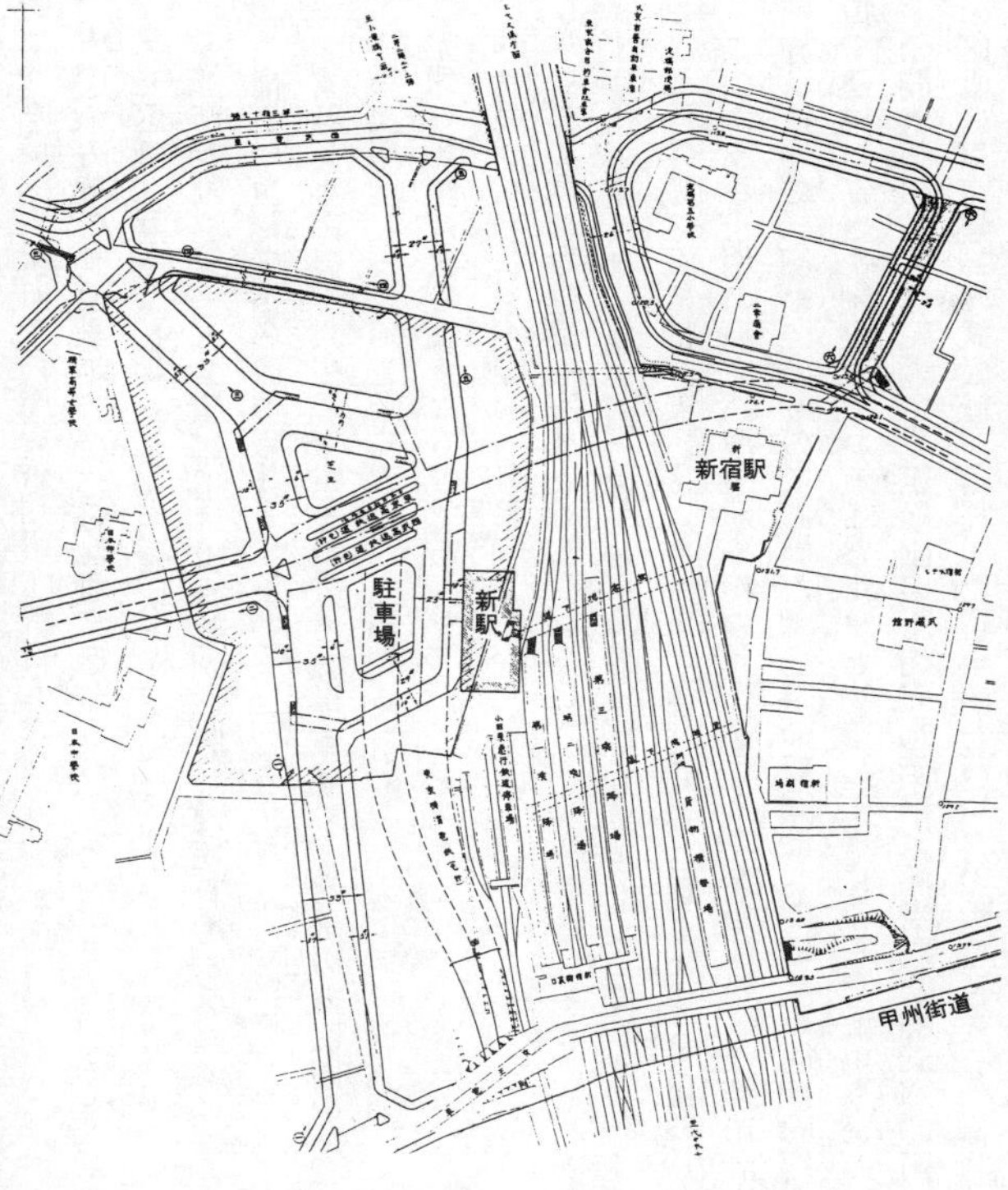

図 38　新宿駅付近広場および街路計画（詳細図，1933 年 7 月現在）　東西方向の広場中央の地上はバス乗降場，地下は東京高速鉄道と西武高速鉄道のホームが配置されている。その南には集団駐車場が配置されている。南北方向の地下には東京横浜電鉄のホームが置かれた（現在の京王線地下ホームにほぼ相当する位置）。東口にはループ状の街路が新設され，市営電車の敷設が予定されている。〔越澤所蔵〕

坪）を造成し、それを建築条件付きで売却した。

九〇六五坪の建築敷地は一六の区画に区分され、次の三つの方法で売却された。

・五区画（五五六〇坪）は一般公開入札とする。

・都市計画法第一六条第二項により強制買収した民有地六区画（二九九三坪）は、旧地権者に対して指名競争入札とする。

・省線、小田急、京王、東京高速鉄道の停車場の予定地の五区画（一二一二坪）は鉄道事業用地として随意契約により売却する。

売却の条件は次のようなものであった。

・売却後の転売、分譲は一切許可しない。

・三年以内に本建築を完成させる。

・建物の高さは広場に面する区画では軒高一七メートル（五階建を想定）以上とし、それ以外の区画は軒高一一メートル（三階建を想定）以上とする（図39）。

このような土地の高度利用、建築物のコントロールを条件とした都市計画、都市改造の実施は日本では初めてのものであった。当時の新聞は「このビル街は面白いことには、法律で建物の高さを制限していることだ」と物珍しそうに報じたという。

公開入札の結果は順調で、五区画の平均売却価格は坪当たり約五八〇円で、最高の価格の区画は東京建物株式会社が落札した現小田急ハルクの敷地（一三八一坪、坪あたり六二〇

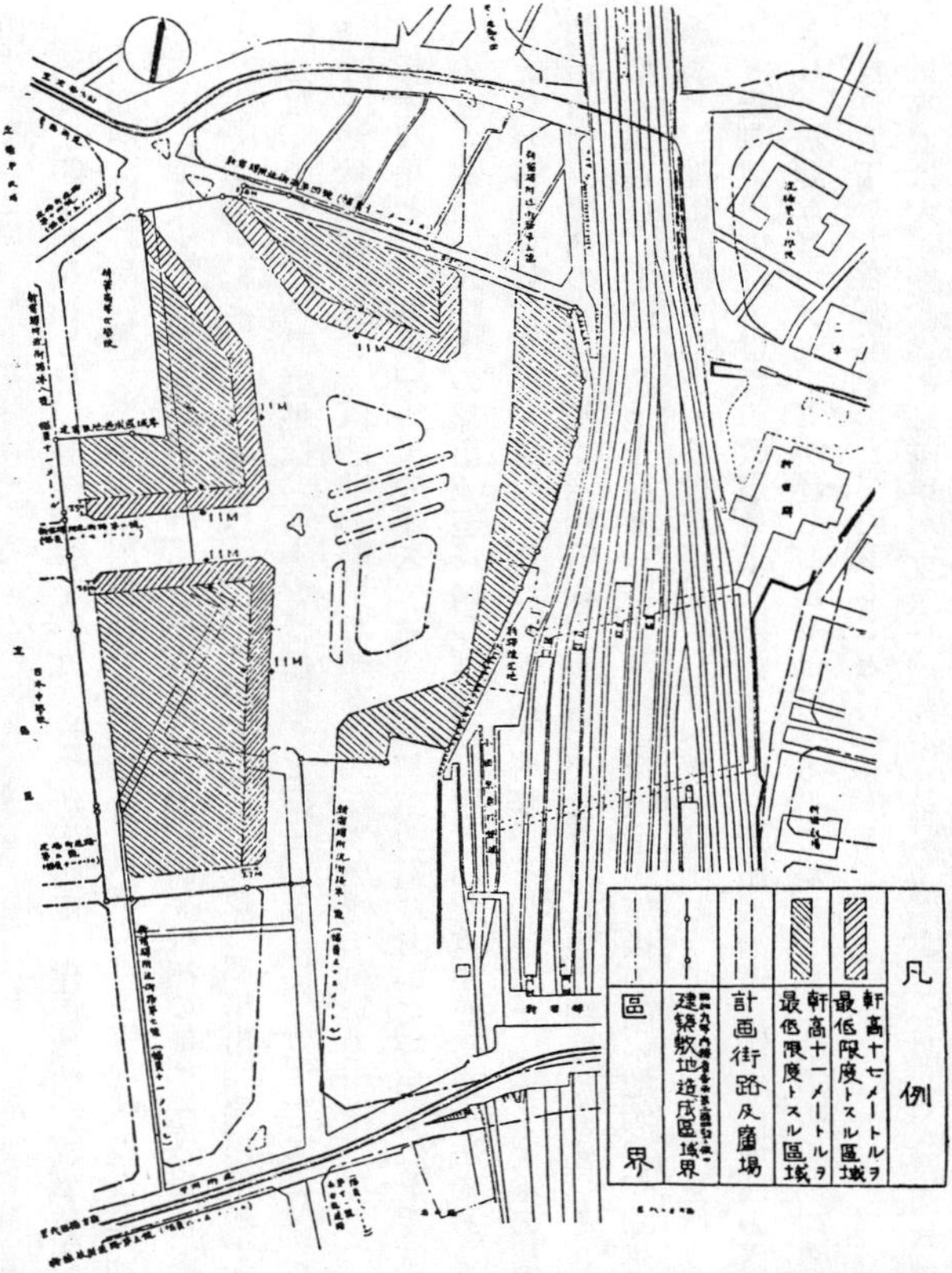

図 39　高度地区の決定（1937 年 12 月 23 日警視庁告示）　広場の周囲は建築物の高さを 17 m以上，その奥は 11 m以上と規定している。現在の小田急百貨店，小田急ハルク，スバルビル，安田生命，京王百貨店等の場所が高度地区の指定エリアである。〔越澤所蔵〕

円）であった。

一九三四年四月一二日、警視庁告示第九二号で新宿西口の建築敷地造成事業区域に対して高度地区（軒高の最低限度）が指定された。戦前の日本では高度地区の指定は四例のみである（他に、東京の皇城付近＝軒高の最高限度、大阪駅前＝軒高の最低限度、神戸のメインストリート＝軒高の最低限度）。今日、都市再開発法にもとづく都市再開発事業が実施されるときは、あらかじめ高度地区（高さの最低限度）を都市計画決定することになっているが、この手法は新宿西口と大阪駅前の戦前の事業がルーツとなっている。

超過収用とは一九世紀後半のオスマンのパリ都市改造において採用された手法であり、その後の欧州の大都市の都市改造にはしばしば採用された重要な事業手法である。超過収用とは具体的には、道路や広場を新設・拡幅する際、その道路・広場予定地の周囲までも都市改造実施前の安い地価で強制買収することができるという制度である。そして道路・広場の築造後、沿道の敷地を整備し、これを都市改造実施後の高い地価で売却処分する。つまり、都市計画を推進する行政側が自らデベロッパーとして、土地経営を行うわけである。売却処分の収入は都市改造事業の財源となり、道路の沿道や広場の周囲の区画は整理され、綺麗なビルディングが建ち並ぶことになる。しかし、都市改造実施前の裏宅地時代に居住していた住民は追いたてられることになる。

日本では大正期、都市計画法の立法時に都市計画の専門家・有識者（渡辺鋕蔵、池田宏ら）が超過収用の導入を強く要望したにもかかわらず、その条項は骨抜きとなり、わずかに都市計画法第一六条第二項に建築敷地造成事業という名称で、かろうじて超過収用の性格を不十分ながらも有する制度が盛り込まれた。新宿西口はその唯一といってよい実施例かつ成功例であった。戦後になると、この法第一六条第二項は適用が否定された（しかも、法第一六条第二項そのものは存置されながら、実施のために必要な施行令第二二条以下を削除するという奇怪な方法によって、この制度を実質的に禁止してしまったのである）。

戦前、内務省の都市計画課長に就任し、日本でも有数の都市計画の大家であった飯沼一省は、戦前の新宿西口の事業について、「あの事業は、当時、東京地方委員会に居られた西村さんの法制運用の妙と、近藤謙三郎君の技術的手腕との結合によって出来上ったものということができる」と断言している。

西村輝一は内務省切っての都市計画法制のプロであった。また近藤謙三郎は新宿西口の計画策定後、一九三三年に渡満し、満州国政府の都市計画課長に就任し、雄大で斬新かつ理想的な都市計画の立案と実施を指導した。関東軍将校に対しても妥協をしないという強直さをもって都市計画を推進した。満州国の都市計画の事業手法は新宿西口の超過収用をより徹底させたものであり、都市開発予定地の全面買収と公共側による土地経営によって、開発利益の公共還元を担保した上で、都市計画事業を実行したのである（詳しくは、拙著『満州国の首都計画』日本経済評論社、一九八八年を参照）。

3　戦後の新宿副都心計画

戦災復興事業

戦前の新宿西口の都市改造プランは戦時体制の突入によって中断してしまった。駅前広場の造成は完了したものの、戦時下の資材統制のため、ビルディングの建設は禁止され、高度地区の規制は無意味となり、広場地下の総合ターミナル駅も着工されなかった。また淀橋浄水場の移転も延期された。こうした中で一九四五年三月の東京大空襲で新宿を含む東京の全市街は焼土と化した。

敗戦後、新宿駅一帯には木造バラックの闇市が立ち並んだ。一九四八年（昭和二三年）に東京の戦災復興事業（土地区画整理事業）のうち新宿西口・東口が事業決定された。戦前の計画（新宿駅付近広場及街路、角筈土地区画整理）は廃止され、その内容は戦災復興事業に吸収された。新宿西口・東口の戦災復興事業は一九六九年、一九七〇年にそれぞれ完了（換地処分）しているが、この結果、駅周辺の区画街路と東口広場が整備された。

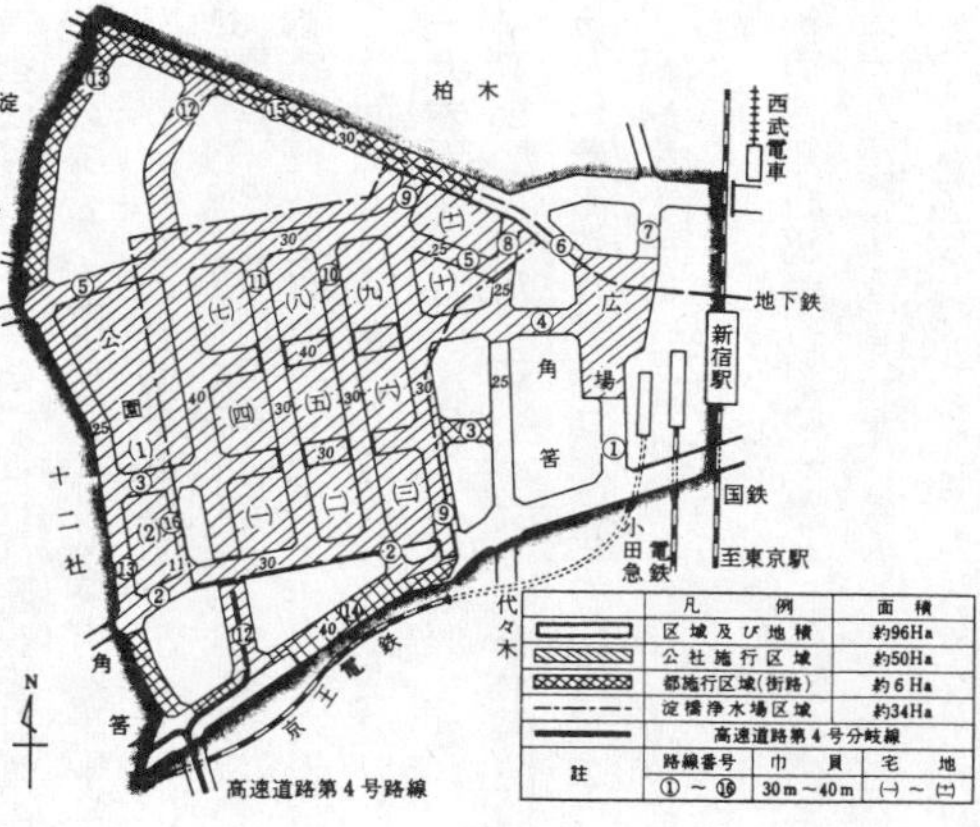

図 40　淀橋浄水場跡地と新宿副都心計画（1960 年 6 月 15 日決定）㊤新宿新都心建設前の姿（1965 年の浄水場廃止当時）〔『淀橋浄水場史』1966 年〕。㊦新宿副都心計画〔『財団法人新宿副都心建設公社事業史』1968 年〕

新宿副都心計画

一九五〇年代半ばより戦前、実現しなかった淀橋浄水場の移転問題が都議会で議論されるようになり、一九五七年四月、都議会で移転促進の請願が採択された。

一方、一九五六年四月に公布された首都圏整備法にもとづき首都圏整備計画の策定が開始された。首都圏整備委員会は都心部（丸の内、大手町）への都心機能の集中による弊害を解決するため、新宿、渋谷、池袋の三つの副都心の整備を計画した。一九六〇年一月、首都圏整備委員会は新宿副都心計画（淀橋浄水場の移転と跡地の高度利用）を決定し、同年六月、東京都市計画新宿副都心計画が都市計画決定された（図40）。

事業の執行のために一九六〇年六月、財団法人新宿副都心建設公社が設立され、民間資金を導入して公共事業が実施された。一九六五年三月、淀橋浄水場は廃止され、公社による副都心建設事業は一九六八年三月に完了した。一九六五年一一月、浄水場跡地六号地に最初の超高層ビルとして京王プラザホテルが着工され、一九八二年一〇月、二号地にNSビルが竣工し、都有地（一、四、五号地＝新都庁舎用地、三号地の二＝信託ビル用地）を除いてすべての街区で超高層ビルが完成した。

戦前の事業で整備された西口広場は新宿副都心建設事業の一環として再整備され、地上と地下の立体構造の広場が築造された（一九六四年一〇月着工、一九六六年一一月竣工）。戦前の計画にあった地下の総合鉄道ターミナルは残念ながら実現していないが、地下広場

図 41　新宿西口広場の変化　㊤ 1962 年，京王線，小田急線共に駅舎はまだ平屋である。㊦ 1970 年代，西口広場は立体化され，各交通機関の連絡は地下広場で行われるようになった。

（通路）とバスターミナルの規模は戦前の計画より大きくなっている（図41）。

浄水場跡地の宅地の利用計画、規制の内容（敷地分割不可、容積率五〇〇％以上、壁面線後退、建築物用途制限など）は時代の差もあり、戦前の規制内容（最低限高度地区）とは細部では異なるが、土地の高度利用を図り、新都心地区をつくり出そうとする目的は全く同一である。この点においても戦後の新宿副都心計画（つまり今日の新宿新都心）のルーツは戦前の計画にあるといえる。一九三〇年代初めのプランが六〇年後の今日、ようやく実を結んだのである。

VI 優美なアーバンデザイン　常盤台

クルドサック
　袋路状のロータリーで，常盤台のアーバンデザインの特徴のひとつ。〔越澤撮影，1990 年〕

1　東京の郊外地開発

一九二三年（大正一二年）の関東大震災まで東京の市街地の大きさ（市域）は江戸の市街地の大きさ（朱引内）とほぼ同一であった。関東大震災のもたらした結果のひとつは東京の市街地の膨張である。震災後、安全な地を求めて郊外への市民の避難・移住が始まり、また震災後の増加人口の多くは東京市外の新興住宅地に吸収されたのである。

一九三二年（昭和七年）一〇月、人口が急増する東京市外の五郡八二カ町村が東京市に合併され、東京市の面積は一挙に六倍となった。一九三六年一〇月に千歳・砧の二村（現在の世田谷区の西部）が合併され、ここに今日の東京の区部に相当する区域が東京市となった（当時は三五区からなり、〝大東京〟と呼ばれた）。したがって昭和初期の東京の都市化、郊外化は今日の東京の都市構造を確立した大きな意味を持つ時代である。

昭和初期の東京の郊外地開発の多くは現地の地主や中小不動産業者が行った小規模な宅地開発であり、スプロールであった。しかし、一部には私鉄資本（東急、東武など）による計画的な宅地開発、地元の有力者による全町・全村を挙げての区画整理（井荻町、玉川村）が実施された地区があり、今日の東京山の手の高級住宅地の多くはこの後者の計画開発によって誕生したものである。したがって東京山の手の市街地が良好か否かを確定したのもこの昭和初期という時代であった。

昭和初期に開発された田園調布、成城学園、常盤台《ときわだい》——これを超える高級住宅地は今日、首都圏を見渡してもなかなか存在しない。この中で都市設計、都市デザインの観点からみて最も美しく、優美にデザインされた住宅地は常盤台である。そして常盤台こそは都市計画の行政プランナーが設計をした最初で最後の民間分譲地である。つまり民間宅地開発と都市計画行政の一体協力で生まれた唯一の住宅地であり、これこそが常盤台の優美なアーバンデザインの出生の秘密なのである（図42）。

常盤台が計画・開発された一九三五年（昭和一〇年）前後は全国的にも組合施行による土地区画整理事業が盛んであった。その原因は、不景気で農作物価格が下落し、都市近郊の地主の間では小作人が手放す農地を宅地化して有効利用しようとする動きがあり、一方では、役所側は財政難で都市計画事業が進捗せず、そのため仕事がなく、その余力を区画整理の助成指導に注ぐという傾向が見られた。また一九三〇年に帝都復興事業という大事業が完了し、それに携わった区画整理の技術者は失業状態となり、全国各地の地方庁に再就職し、その区画整理の実務の指導にあたっていた。また、帝都復興事業を完了したことで内務省、都市計画東京地方委員会、警視庁建築課など首都にいる都市計画スタッフ達は災害復興の都市改造からようやく平時の都市計画（当時のメインテーマは東京の郊外地発展にいかに対処するかであった）に重点を移すことができ、また外国の都市計画の動向に対する知識の蓄積もかなり進んでいた。昭和初期というのは、そのような時代であったのである。

2　常盤台の開発経緯

二〇世紀になってからの都市開発、特に大都市の郊外地開発について日本は欧米とは異なる大きな特徴を有している。それは私鉄の沿線開発が郊外地開発にきわめて大きな役割を果たしていることである。それは駅を中心にした分譲地の開発にとどまらず、沿線への施設誘致（大学やレジャー施設）、ターミナル駅の商業センター化に及んでおり、民営鉄道を軸にした「街づくり」となっていることは世界の中でも日本に独特のものといえよう。このような私鉄資本による都市開発のやり方は阪急グループの創業者小林一三《いちぞう》が自ら考案したものであるが、それを東日本で最も大々的に展開したのが渋沢栄一、五島慶太の東急グループである。東武鉄道の常盤台も阪急、東急のやり方を見習ったものである。

東武東上《とうじょう》線は一九一四年（大正三年）に東上鉄道株式会社として開業し、一九二〇年

（大正九年）に東武鉄道株式会社に合併された。一九二七年前後、池袋駅から電車で約一〇分の距離にある荒地、畑であった上板橋村の一帯約八万坪を買収した。東武鉄道はこの土地二七・〇ヘクタールを一人施行の土地区画整理事業（一九三五〜三八年）によって宅地造成した。一九三五年（昭和一〇年）一〇月二〇日、武蔵常盤駅（後に一九五一年一〇月一日、ときわ台駅と改称する）を開設し、翌年秋から東武鉄道直営の常盤台住宅地と命名して、分譲を開始した。分譲地の総区画数は五九一（うち住宅は四三三区画、商店五八区画、学校一区画、公園三区画）であり、一九三七年春にかけて約半分の区画を売却、賃貸した。一区画の大きさは住宅地で一〇〇〜一二〇坪、商店で三〇〜四〇坪であり、分譲価格は坪当たり二〇〜三五円であった。分譲・賃貸の実績は当時の経済・社会情勢を考えるときわめて順調にいったといってよい。その意味では成功であった。

東武鉄道は常盤台住宅地を「住み易い、環境の良い」「健康住宅地」というキャッチフレーズをかかげて分譲した。また建物の販売促進キャンペーンとして一六の工事関係業者（大倉土木、大林組、清水組、鹿島組、東武鉄道建築掛など）による一六戸のモデルハウスを展示し、販売するという当時としては斬新な試みまでしている。

常盤台は東武鉄道にとって沿線開発の第一号であったが、東武鉄道の沿線開発の中では規模も大きく、その後「お屋敷町」と呼ばれるまで成熟した唯一の分譲地である。その秘密は内務省都市計画課の指導を受けた優美なアーバンデザインにあった。

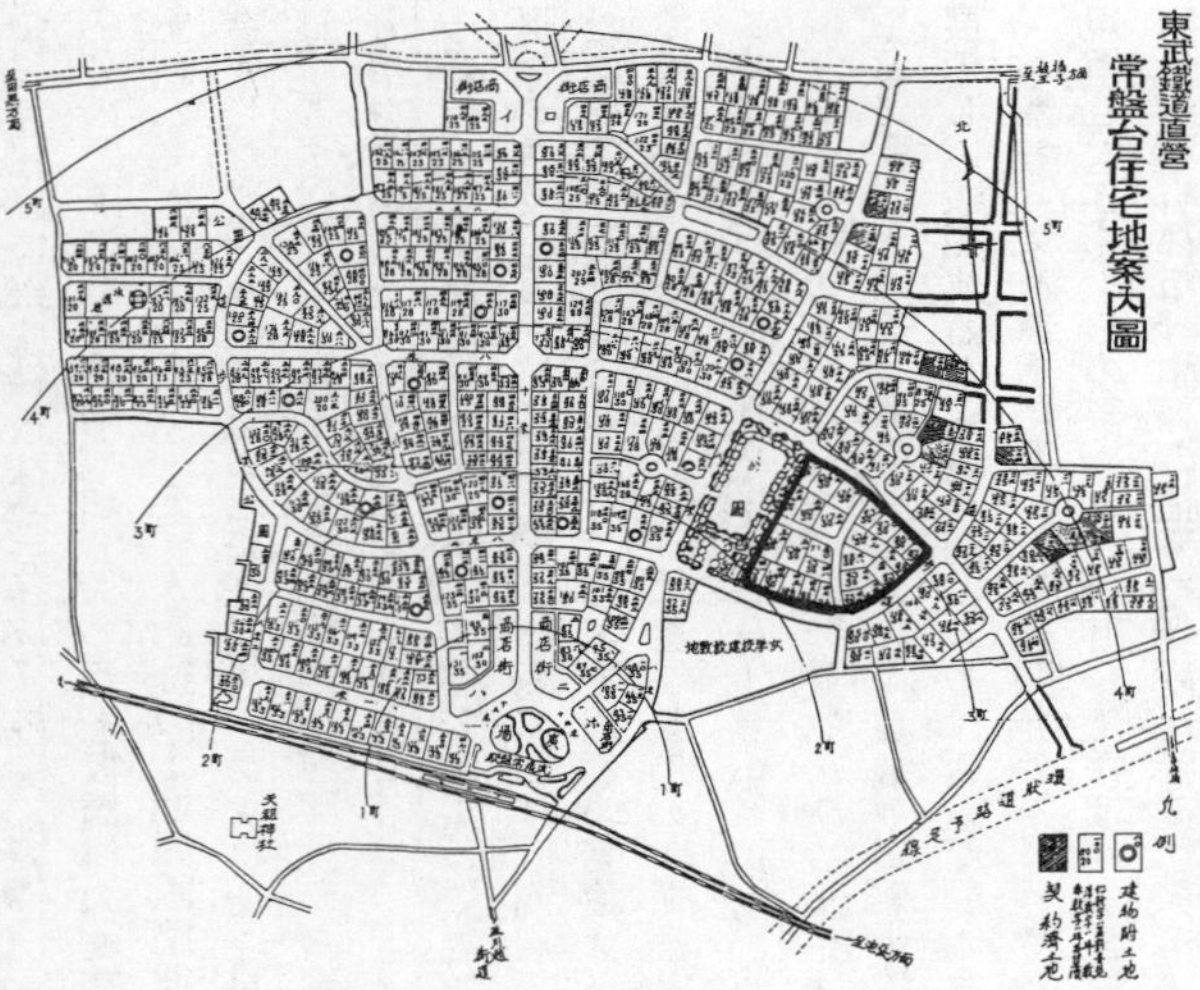

図 42　常盤台住宅平面図　駅を中心に 1 町，2 町，3 町，4 町，5 町と距離圏が記入されている（1 町＝60 間＝109 m）。図右下に記入されている環状道路予定線とは 1927 年に決定された環状七号線である。図右にハンドライティングで越澤が書き込んだ予定道路（現存せず）は小宮賢一氏の御教示に依っている。また公園の右隣の区画（太枠で囲む）も小宮氏の設計では小学校を予定していた。〔越澤所蔵。図に書込み〕

3　常盤台のアーバンデザイン誕生の経緯

常盤台の特徴はイギリス・アメリカの郊外住宅地を思わせる優美な街路網、並木、プロムナード、公園を配置したデザインの質の高さにある。このような優美なアーバンデザインは欧米の都市計画の動向を知りえる者が初めて設計できるものであり、東武鉄道にそのような専門知識をもつスタッフがいたわけではない。

常盤台の宅地開発の手法は単なる任意の土地買収と分譲という方法に依らず、都市計画法（一九一九年公布の旧法）の第一二条の規定による土地区画整理の実行という方法を採ったため、事業実施のためには地方長官（東京府知事）の認可を必要とした。常盤台では当初の設計（陳腐な碁盤目の区画割）で一部、宅地造成を開始したが、理想的な街づくりをめざす社長の意向で一旦白紙に戻し、内務省と都市計画東京地方委員会の全面的な指導の下で、設計をやり直したのである。

常盤台の設計者は一九三四年（昭和九年）に東京帝国大学建築学科を卒業し、内務省官房都市計画課第二技術掛に配属されたばかりの二十数歳の青年・小宮賢一である。小宮賢一氏はその後一貫して内務省にあって、都市計画行政の中の建築に関する部分（今の建築基準法の前身である市街地建築物法の運用、防火・防空の都市計画）を担当した。戦後は第二代目の建設省住宅局建築指導課長（一九五二〜五七年）や神奈川県建築部長を歴任し、日本の建築行政確立の中心にいた人であり、一九九〇年に死去される直前まで矍鑠《かくしゃく》として建築審査会等で活躍されていた（全国建築審査会協議会会長など）。

戦前の都市計画行政は次のような仕組みとなっている。内務省の出先機関として各道府県ごとに都市計画地方委員会が置かれていた。その地方委員会の職員は道府県庁の都市計画課の職員を兼務していた（むろん、地方庁採用の職員も大勢いた）。つまり、道府県庁の都市計画課の幹部職員は任命権が内務大臣にある国の職員であった。この都市計画地方委員会の職員が各種の都市計画の事務に携わり、本省の都市計画課と協議しながらプランを立案し、地方長官（つまり知事）を会長とする都市計画地方委員会で議決して、法定都市計画となったのである。この都市計画地方委員会のうち東京のみは首都としての重要性から中央集権的な度合がより強く、都市計画東京地方委員会の事務室は東京府庁ではなく、内務省の建物に置かれ、会長も東京府知事ではなく、内務次官であり、東京府とは全く別の組織となっていた。

都市計画東京地方委員会は職員数は約一〇〇名で、庶務、土木、建築、公園、整地の掛に分かれ、庶務の事務官が今日で言えば東京都都市計画局長に相当している。土木（街路、上下水道を担当）の主任技師（掛長に相当する）は石川栄耀《ひであき》（戦後、東京都建設局長となる）

であり、整地（つまり区画整理）の主任技師は内務省復興局出身の田中清彦であった。

一方、内務省の都市計画課では、課長は歴代事務官のポストであり、技術官は第一技術掛（土木）と第二技術掛（建築と公園）に分かれ配属されている。区画整理の認可権は地方長官（知事）にあったが、実際は認可に先立ち都市計画地方委員会を通して内務省に協議し、細かなチェックを受けることになっており、本省の都市計画課の中ではまず第二技術掛が先議し、それから第一技術掛に書類を回すことになっていた。

今日では区画整理は土木系都市計画の仕事となっているが、戦前は区画整理の設計は建築系都市計画の仕事であった。

小宮賢一が常盤台の設計を担当するようになった経緯について、小宮賢一氏自身は筆者宛の書簡の中で次のように記している。

或る日上司の本多次郎技師（建築担当、後に芝浦工大教授）から、これを好きなように書き直してみろ、と渡されたのがこの区画整理の図面でした。本多さんは、これが新駅設置に伴う住宅団地造成という滅多にない計画なのに、平凡な碁盤目割りの設計だったので、見習いの私に教材という参考案を書かせ、これを送付して再考を促そうと考えたようです。その後も何度か同じようなことがありましたが、これがその第一号でした。

それで私は第二技術掛の三人の上司（主任技師の菱田厚介氏、公園の北村徳太郎氏、建築の本多氏）の指導助言を受けながら図面を書いたのですが、私が関与したのはそこまでで、後になってこの案がそのまま実現したことを知ってびっくりしました。おそらく上司達も啓蒙のための参考案ぐらいの軽い気持ちだったと思います。憶測すると、これを示された東武鉄道側が進んで採用したのではないでしょうか。

当時、都市計画東京地方委員会で区画整理を担当していたのは田中清彦という復興局出身〔つまり関東大震災後の復興事業の経験者——越澤注〕の技師で、ずっと後で、君の図面のおかげで曲線道路には苦労したよ、と言われたことがありました。

このように小宮賢一がすぐれたデザインの案を作成したこと、それを内務省の上司たちがそのまま受け入れ、さらに東武鉄道が都市計画東京地方委員会の指導に従ったことから常盤台の優美なデザインが誕生したのである。

4　常盤台のアーバンデザインの特徴と設計思想

常盤台のアーバンデザインの特徴はいかなる設計思想のもとによっているのか、この点についての記述は東武鉄道の社史にはただの一行も記述されていない。私の質問に対して小宮賢一氏が回答して下さった内容をもとに、このテーマについて述べることにする。

全体の開発構想

常盤台のデザインにあたって小宮賢一は手もとにあった外国の都市計画の本や雑誌を参照したものの、特にモデルとしたニュータウンや住宅地が存在したわけではない。全体の開発構想、開発条件については本多次郎が指示した次の事項によっている。

・宅地の規模は一戸当たり一〇〇坪程度とし、別に店舗用地を二ヵ所ほど取ること。

・地区内を一巡する散歩道(プロムナード)を考え、地区総面積の三%に相当する公園用地、他に学校用地をその散歩道の沿線に取ること。

・道路率は二〇%程度に納めること。

「後は君の好きなようにやれ」というのが本多次郎の指示であり、小宮賢一が設計している間、時々三人の上司がのぞきに来て、いろいろと助言をしてくれたという。

一宅地の大きさ一〇〇坪は地価高騰の今日では都内ではお屋敷の部類に入るであろう。しかし、戦前ではこれは中級クラスの住宅地の大きさであり、常盤台は中上級サラリーマン向けの住宅地として開発されたものであり、決して富豪の邸宅地をねらったものではなかった。

地区内を一周するプロムナードは常盤台のアーバンデザインの一大特徴である。そのレ

組合名	面積(A)	事業費(B)	B/A	設立認可年月～換地処分年月	公共用地率		
					道路	公園	その他
常盤台(板橋区)	27.0	146	5.4	昭10. 6～13. 5	20.7	2.6	0.6
志村第三(〃)	96.0	162	1.7	昭 9. 5～19.12	13.4	1.8	1.3
成増(〃)	45.2	283		昭16.11～35. 2	12.8	—	3.5
永福町第一(杉並区)	15.7	31	2.0	昭 9.12～15.12	19.6	1.6	0.4
中新井町第三(練馬区)	54.0	116	2.1	昭10. 3～16. 7	20.9	2.0	0.9
練馬第一(〃)	96.7	350		昭14. 3～27. 1	15.6	—	0.3
目黒町第一(目黒区)	27.6	206	7.5	昭 8. 2～19.11	14.7	1.4	1.4
駒沢町深沢(世田谷区)	165.8	464	2.8	昭11. 9～20.10	14.7	0.7	1.1
弦巻(〃)	69.1	493		昭14. 9～26. 1	15.2	—	1.5

④戦前の東京の土地区画整理の事例（単位：ha，千円，％） B／Aは換地処分が戦後に及ぶものは算出しない。目黒町第一は組合解散が戦後で，戦後インフレの影響が出ていると思われる。〔『土地区画整理事業資料集 1988』（東京都都市計画局，1988年）より作成〕

イアウトそのものは小宮賢一案であるが、プロムナードの設置そのものを決めたのは当時の内務省都市計画課第二技術掛の幹部技術者たちであったわけである（図42）。

三％の公園用地の確保は今日に至るまで区画整理の一大原則となっているが、その発案者は北村徳太郎（日本の公園行政を確立した人、後に東京大学教授）であり、一九三三年（昭和八年）七月の内務次官通牒「都市計画調査資料及計画標準ニ関スル件」の土地区画整理設計標準で初めて定式化された。それまで耕地整理による宅地開発では公園用地が確保されることは全くなく、都市計画法による区画整理でも公園用地はなかなか三％まで確保されにくかった④。

表④をみると昭和戦前期の東京の区画整理の事業費は一ヘクタール当たり二〇〇〇～三

○○○円であるが、これに対して常盤台は五四○○円と倍以上の事業費を投じている。つまりインフラ整備にそれだけ金をかけている。また公共用地率も高い方であり、戦後に事業が完了した別の地区にいたっては公園がゼロとなっている。つまり、宅地開発の水準が落ちてしまった。デザインという質的評価以前にインフラ整備水準の量的評価において常盤台以降の東京の宅地開発は水準が低いものが多かったわけである。

常盤台において小学校用地は公共減歩による確保はせず、将来、東京市の買収を期待する保留地として児童公園の隣に計画したが、これは実現せず、小学校予定地は宅地分譲された（図42で太線で囲んだ地区が小学校用地）。小学校と小公園を隣接させるやり方は帝都復興事業において考案された方式であり、帝都復興の五二の小公園はすべて小学校に隣り合い、小学校の校庭と一体となった広場の役割を果たしている。

区画整理の地区外で児童公園・小学校予定地の南に隣接する土地は東武鉄道が私立の女学校（帝都学園、幼稚園〜中学校）に賃貸したが、戦後、板橋区の申し出により区立小学校の用地として売却している（帝都幼稚園は残る）。これが現在の常盤台小学校である。

街路パターンと魅力ある道

常盤台の特徴は曲線を多用した街路パターンである。これは日本の宅地開発の中ではきわめて珍しい事例である。常盤台の西隣にはすでに一九二七年（昭和二年）、環状七号線

（環七通り）が都市計画決定されており、常盤台の一帯でも都市計画細道路網（生活道路まで戦前の東京では都市計画決定していた。戦後は廃止される）の予定線が十文字に走っていた。「この予定線には捉われなくてよい」との上司の指示にしたがい、南北方向の地区内幹線道路（幅一一メートル）はこの細道路予定線を採用し、東西方向の地区内幹線道路（幅八メートル）は法線の形が良くないため、これを弓なりに曲げて、環七に繋いだ。常盤台の地区外の箇所はやや窪地となっており、ここに地区内の下水を集めることを想定したが、常盤台の地区外ではその後、無計画、無統制に宅地化が進んだため、わずか延長四五メートルの地区外の区間ではこの幅八メートルの道路が実現せず、今日に至っている。常盤台は自己の地区内のみで自己完結する街路パターンとはせず、周囲の将来の宅地化を想定して整合するよう街路網を計画していたが、周囲の接続街路は全然、実現しなかった。このことはかえって今日、環七、富士見街道（常盤台の北端を東西にかすめる道路）よりの通過交通が常盤台に走り込まず、住環境が守られるという皮肉な良い結果をもたらしている（図42）。

常盤台の地区内には一周するよう（正確に言えばごく一部は地区外を通るよう設計していたため、未完成のまま）環状の遊歩道（プロムナード）が配置されている。この幅八・二メートルのプロムナードは道路中央に街路樹が植え込まれるという独特の断面を有している。道路中央に並木を置いた理由は幅員が狭く、両側に並木を置く二列植樹が当時の街路構造令

図 43　常盤台の幹線道路　㊤駅前広場と南北方向の幹線道路。1936 年住宅展覧会が開催されたときの写真〔越澤所蔵〕。㊥南北の幹線道路の現状。植栽の手入れはゆき届いている〔越澤撮影，1990 年。現況の写真は以下同様〕。㊦プロムナード。通勤，通学時は歩行者専用道路となっている。

では無理であるため考え出した「窮余の策」（小宮賢一氏の言葉）であった。しかし、今日このプロムナードは貨物車両通行が禁止され、歩行者にとって実に気持ちの良い道となっている。このプロムナードの存在は常盤台の最大の魅力といって過言でない。そしてこのような魅力のある道こそが、日本の大都市に欠けているものなのである（図43）。

幅八メートルの道路に中央植樹帯をつくることは今日の道路構造令からすれば、とんでもないことだ、と許されない。このため、常盤台のプロムナードのようなアメニティの高い道が出現しないのである。

クルドサックとロードベイ

常盤台のアーバンデザインの今ひとつの特徴はクルドサック（cul-de-sac、袋路）、ロードベイ（road bay、張出道路＝道路沿いの修景緑地）を使用した日本ではきわめて稀な住宅地であることである。二〇世紀初め、欧米で田園都市運動が開始されると従来の建築条例（by-law）にもとづく単調な住宅敷地割に対する反省から欧米のニュータウン、郊外住宅地のデザインにはさまざまな工夫が凝らされるようになった。レイモンド・アンウィン（Sir Raymond Unwin）設計の住宅地に代表されるその重要な手法が曲線状街路、クルドサック、ロードベイ、小緑地（オープンスペース）、広場であった（図44）。

当時、東京帝国大学建築学科では内田祥三教授の下で岸田日出刀《ひでとう》教授、高山英華《えいか》助教授

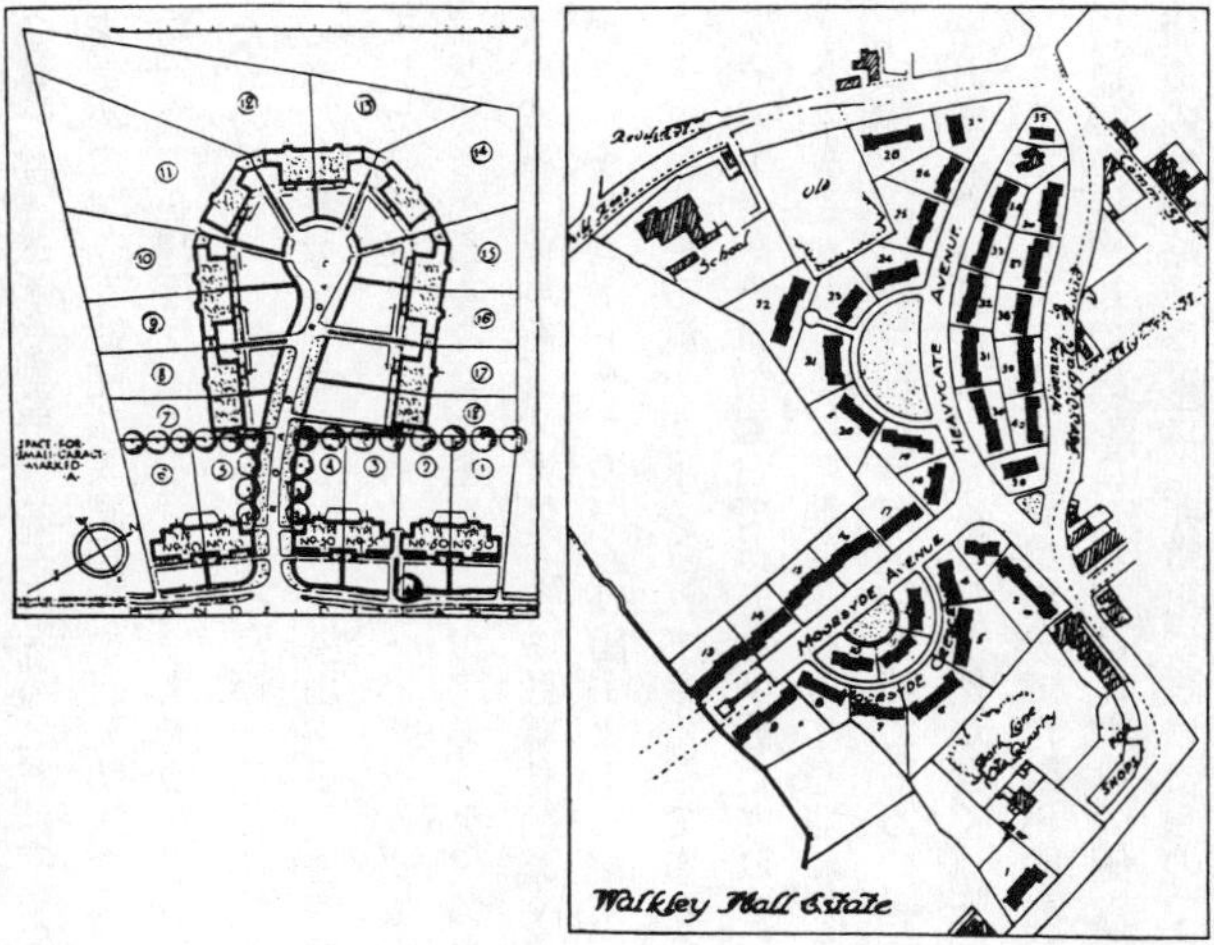

図 44　英国の住宅地計画の技法　㊧田園都市ウェルウィンにおけるクルドサックの例。㊨シェフィールド市におけるロードベイ（半円形のオープンスペース）と道路分岐点の植栽地の例。〔『外国に於ける住宅敷地割類例集』同潤会，1936 年〕

（戦後、都市工学科創設など都市計画の発展に大きな功績を挙げる）が外国の住宅地計画の研究を進めており、財団法人同潤会の研究助成を得て一九三六年に『外国に於ける住宅敷地割類例集』を刊行している。これは欧米の住宅地計画の状況を初めて体系的に日本に紹介したものである。東大で学んだ小宮賢一には当然、欧米の住宅地計画に関する知識があった。クルドサックやロードベイを採用すると住宅地に緑のオープンスペースが増加し、通過交通が入り込まない閑静なセミ・パブリックな空間が生まれる。

しかし、日本では住宅地全体のアメニティの良さには価値感を見出さない風潮があり、また求積・換地設計の面倒さから曲線状街路やクルドサックはほとんど採用されてこなかった。またロードベイのつくり出すオープンスペースは無駄な空間であるとみなし、むしろ公共減歩率の減少が求められてきたのである。

クルドサックは常盤台では五カ所設定されている。一九三三年の土地区画整理設計標準では「袋道を設くるは空地に富める住宅地に限ること、此の場合に在りては終端部に相当の広場を設け、且別に避難通路を設くるものとす」とあり、クルドサックそのものは認められていた。しかし、日本では前例がなく、転回広場の大きさについてのデータやマニュアルもないため、小宮賢一は自分で自動車販売会社からカタログを取り寄せ、車の転回時の軌跡を作図して決めた。当時は自動車の個人保有がきわめて例外であった時代である。袋道の奥の路地は災害の非常用に設けたものであり、二カ所の商店街の裏路地は勝手口用

図 45　クルドサックから表通りに抜ける路地　両側の家から樹木が伸びて緑のトンネルとなっていて，歩行者専用道の役割をしている。

である（この後者の事例は区画整理としては日本初である）。路地を都市計画として取り入れ、設計した住宅地は日本でもきわめて稀であった。クルドサックの広場とその植栽、路地は常盤台の魅力のひとつとなっており、このようなアーバンデザイン上の繊細な配慮が住宅地のアメニティに実に大きな効果をもたらしている（図45）。

ロードベイは欧米の住宅地のような本格的なスタイルのものはつくられず、プロムナードの北側区間に一カ所、設けられている。ロードベイによってつくり出された小緑地のオープンスペースは都市施設の管理上は幼児公園として取り扱っている。

今日、このロードベイの思想によってつくられた小さな公園は面積は小さいものの、実に価値の高いオープンスペースとなっている。ただし、惜しむらくは、公園として管理しているため、道路との境界にフェンスをめぐらしていることである。これは日本の縦割り行政のもたらした悪い見本であり、道路は道路、公園は公園と別々に考えて施設の整備と管理をしているからである。

本来、この場所はプロムナード沿いのロードベイとして設計されたものである。現在ある不細工で頑丈なフェンスは撤去し、プロムナードと公園が一体となるよう、公園を再整備し、空間の融合（フュージョン）を図るべきである。常盤台のロードベイの現状をみると戦後の建設行政の縦割りの歪みがあらわれている（図46）。

図 46　プロムナードとロードベイ（幼児公園）　㊤道路と公園を隔てるフェンスが，ロードベイの思想を台無しにしている。㊥ロードベイとして設計された幼児公園の現状は誠に陳腐である。本来は芝生を主体とすべきである。
図 47　街庭　植栽の位置と樹種が間違っている。また街灯も撤去し，道路の両側に移設すべきである。そうすれば実に良いアクセントを持った空間に生まれ変わる。

この外、公園西側を通る準幹線道路は駅の手前で二又に分かれるが、そこには小緑地（街庭、ポケットパーク）が配置されるなど、心にくいデザインがなされている。今日、その場所の植栽の状況をみるとその位置、樹種ともに今一つであり、ランドマーク、ヴィスタとしての価値を生かしているとは言い難い。つまり、当初のデザイン思想のせっかくの配慮が忘れ去られている（図47）。

公園の配置

公園については本多次郎、北村徳太郎の指導で小学校の隣に児童公園、その他幼児公園を三カ所、プロムナード沿いに配置し、プロムナードと公園の相乗効果、つまり空間の融合をねらっている。幼児公園のうち地区の西端に配置された公園は現在、宅地化されている。その間の事情は不明であるが、都や板橋区が戦後、公園の引き受けをしなかったのであろうか。

児童公園は面積五六八九平方メートルで、常盤台公園と命名され、東京市の設計・施工により一九三七年（昭和一二年）六月二八日に開園した。用地は区画整理により、地権者（東武鉄道）より東京市に無償提供されたものである。開設当時の常盤台公園は西、北、南の三方がプロムナードの緑陰並木で囲まれており、公園の北半分は自由広場、南半分は休養、児童の遊び場としていた。

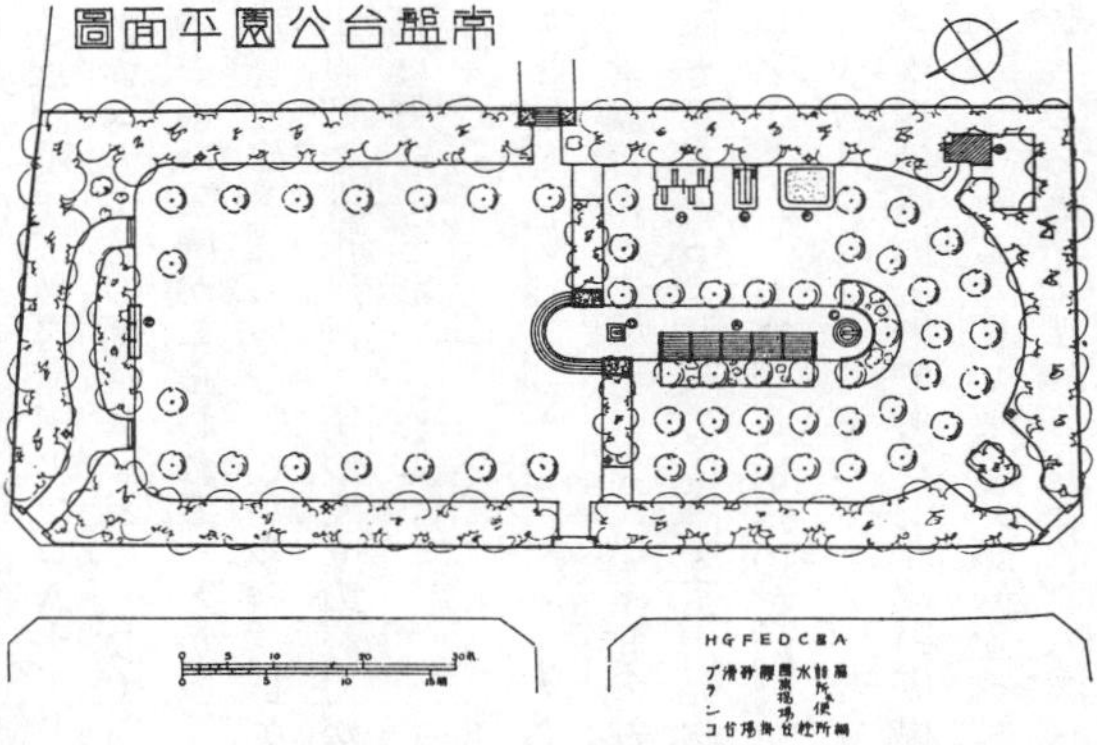

図 48　常盤台公園の竣工時の平面図と現況　㊤竣工当時は広場と樹木が主体となっており，シンプルで良い設計となっている。右半分の敷地は現在，図書館用地と化してしまった。㊦図書館脇のプロムナードが駐輪場に転用されている。これは戦前のストックの喰い潰しである。

戦後、常盤台公園の南半分は板橋区立中央図書館が建てられ、実質的な公園面積は半減した。現在、図書館南のプロムナードは図書館利用者の自転車があふれて放置されており、プロムナードの価値がほとんどなくなっている。日本ではさまざまな公共施設の用地として安易に公園がねらわれることが多く、公園の本来の要素である樹木と広場の価値がないがしろにされていることが多い。しかし、常盤台公園を図書館用地に転用したことは過去の良好な都市計画、街づくりの努力が残してくれた遺産、ストックの喰いつぶしであり、私は賛成できない（図48）。

広場

常盤台には広場が二カ所、南北の幹線道路の両端に配置され、それを囲んで商店街が計画されている。北端の広場を富士見街道から常盤台に入るときのゲートとして設計されている。しかし、富士見街道の拡幅は実現せず、常盤台住宅案内図（図42）にあるようなロータリーの形とはならなかった。

南端は駅前広場であり、北端の広場が道路側からのゲートであるのに対して鉄道側からのゲートとなっている。東武東上線に限らず、西武鉄道、小田急、京王、東急東横線の現在をみると駅前広場がほとんどなく、バスやタクシーの乗り入れも満足にいかないのが現状である。私鉄沿線のきれいな駅前広場といえば田園調布、常盤台であり、いずれも計画

図 49　ときわ台駅と駅前広場　㊤田園調布駅，原宿駅と共に都内の駅建築の名品である。その後，付け加えられた雨よけの屋根のデザインがあまり良くない。駅裏の看板が不快感を与える。㊦常盤台には女子学生の姿が似合う。防火水槽の看板は何とかならないものか。

的な住宅地開発の際、当初から設計され、確保されたものである。しかも両者ともに駅舎のデザインも品が良く、広場の効果を挙げている。

小宮賢一は、現地の地形が駅からプロムナードにかけて二メートルの緩やかな上り坂になっていたため、車寄せのような感じの広場にしようと考えて、駅前広場を設計した。その形状は不整形な卵形となっており、常盤台の曲線状街路パターンにマッチしている。

大都市の駅前広場は一般にバスやタクシー乗場として使用され、殺風景であったり、駅前商業地としてケバケバしい場所であることが多い。しかし、常盤台は当初の植栽地を主体とした広場の設計思想が今日でも良く維持されている。通勤の帰り道、駅舎を出て広場に足を向けるとホッと安堵感を覚えるなかなか雰囲気の良い空間となっている（図49）。

建築規約

良好な住環境を創造、維持するためには街路、公園、広場などインフラ整備に関するデザインの質ばかりでなく、敷地に建てられた住宅のデザインに対するコントロールが必要である。

常盤台では現行の建築基準法の建築協定の前身に相当する建築規約を実行したため、雰囲気の良い住宅地となった。

建築規約は法律上は根拠がない任意の紳士協定、申し合わせである。東武鉄道が宅地分譲の際、分譲購入者に対して次のような申し入れをしていた。
・住宅以外の用途の建物を建ててはいけない（建物用途のコントロール）
・ゆとりのある二階建住宅地とし、二階壁面は後退
・道路に面した敷地境界は生け垣とし、前庭を設ける（緑あふれた街並みとする）
・住宅を建てるにあたって東武鉄道のチェックを受けること
このような建物のデザインコントロールは管見では東急の田園調布が最初であり、まとまった住宅地としては常盤台はそれに次ぐものであろう。

この建築規約は東武鉄道が自ら発案したものではなく、当時、東京の建築行政を所管していた警視庁建築課の建築線係主任伊東五郎のアイデアによるものであった。伊東五郎はその後、内務省の本多次郎技師の後任となり、戦後は初代の建設省建築局長・住宅局長（一九四八～五一年）となって、戦後の建築基準法制定の中心にあった人である。

当時、警視庁は指定建築線の運用により、郊外地の健全な宅地造成を指導しようとしていたが、伊東五郎は宅地造成にとどまらず、造成後の建物のあり方について地主達を指導して建築規約を結ばせていた。これはすでに東急が自ら実施していた田園調布の経験にも学んだものと思われる。

一九三七年に伊東五郎が内務省に配属となり、小宮賢一の上司となった。ある日伊東五郎から、「板橋に建築規約に準拠したモデル分譲住宅が建ったので見に行こう」と誘われ

て現地に行ったところ、それは何と常盤台であった。小宮賢一氏は「この時初めて私の書いた図面通りに出来ていたことを知って驚きました」と私宛の書簡で記している。

以上の事実が示すことは、常盤台のアーバンデザインは小宮賢一の原案を内務省、都市計画東京地方委員会、警視庁建築課、東武鉄道と関係者が次々にフォローアップしたからこそ、実現したものであるということである。単に一人の建築家が欧米の田園都市風のスケッチをかけば、アーバンデザインが達成されるというような単純なことではない。しばしば、日本の都市の街並みが美しくないのは、建築家が都市計画に参画しないからだ、と単純化する人がいるが、物事はそのような簡単なことではないのである。

戦後、まもなく伊東五郎は戦災復興院建築局監督課長に就任し、一九四七年（昭和二二年）にそれまでの市街地建築物法に代わる建築法草案の起草作業を指示し、小宮賢一がそれを担当した。その際、戦前行っていた建築規約を立法化できないかという話となり、前田光嘉（後の建設省都市局長、建設次官）が建築協定という名称で法文化した。これがもとになり、一九五〇年の建築基準法制定の際、正式に法制化され、建築協定となったのである。その意味では、常盤台は建築協定の生みの親であり、日本の住宅地のデザインコントロールのルーツとなったという実に大きな意味を持つ住宅地開発であった。

5　アーバンデザインの実効性

東京の郊外地開発が開始された昭和初期には、常盤台のようにすぐれたアーバンデザインの住宅地がつくられていながら、その後、このような水準の高い住宅地がほとんどつくられなかったという情けない現実を一体どのように考えたらよいのだろうか。

本来、中級サラリーマン向けの住宅地がお屋敷町と化してしまうのは戦後の宅地開発指導の貧困さを証明するものである。また、後世にストックを残すという責任感と良心が今日のデベロッパー、地主に欠けていることを物語る悲しむべき出来事である。

しかし、常盤台が今日、環境の良い住宅地として熟成した事実は反面、アーバンデザインの実効性と重要性を証明し、都市計画的コントロールがいかに大事であるかを物語っている。今こそ、改めて常盤台のアーバンデザインの設計思想とそれを実現させた都市計画・街づくりの仕組みを再評価し、その今日的意味を真剣に考えるべきであろう。

（付記）　この数年の東京の地価高騰により常盤台でも相続時の敷地分割、転売などの問題が顕在化してきた。近年、新築された「豪邸」には、常盤台の建設当時の理念が忘れ去られ、敷地前面をタイル貼りでおおうなどの例が出現し始めている（図50）。板橋区都市整備部では一九九〇年三月に「常盤台一、二丁目地区まちづくりニュース」を刊行し、常盤台一、二丁目（旧東武分譲地の区域）の住環

常盤台一、二丁目地区
まちづくりニュース 第３号

平成３年５月 発行　板橋区都市整備部地区整備課

まちづくり計画の具体化に向けて

“ときわだいまちづくりニュース” は今回で第３号を迎えました。第１号を発行してから約１年、常盤台一、二丁目地区は、まちづくり計画の具体化に向けて動き始めています。

昨年11月、第２号でお知らせした「まちづくり構想案」に対する皆さんのご意見をお伺いするため、「第１回まちづくり懇談会」を開催しました。

本年３月には、大田区田園調布地区でまちづくり見学会を実施しました。田園調布地区では現在、良好な住環境を守るため地元と区が一緒になって、地区計画制度を活用したまちづくりが進められています。

本号では、これらのまちづくり懇談会、まちづくり見学会の様子を中心にお伝えします。また、常盤台の分譲当時、東武鉄道㈱によって設けられた「常盤台住宅地建築内規」も紹介します。

これらを参考に今後のまちづくりの進め方を皆さんとともに考えてみたいと思います。

常盤台と田園調布の街区図

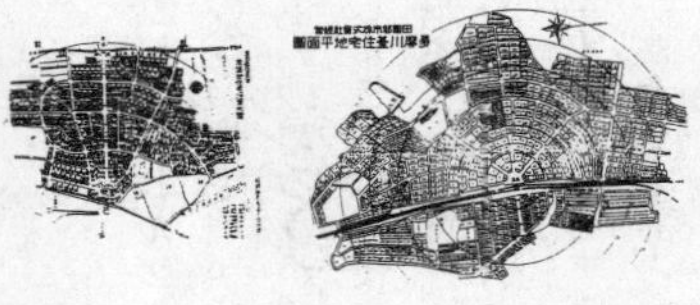

田園調布は常盤台より10年余早く、分譲が開始されたまちで、駅を中心に放射状の道路と環状の道路が回行している街区形態など、常盤台と共通した点が多く見受けられます。

図 50　最近の高級住宅　タイル貼で塀をはりめぐらし，緑の生垣は皆無である。この結果，緑に乏しい街へと変わってしまう。
図 51　常盤台一，二丁目地区まちづくりニュース　〔板橋区都市整備部発行〕

境の整備・保全のプラン（まちづくりのルール）の検討を開始した。このニュースはほぼ半年ごとに刊行されているが、その第二号は本章の初出である拙稿を引用して、常盤台の都市デザインの特色について紹介している。都市計画史研究が現実のまちづくりの計画、運動にインパクトを与えたわけである（図51）。

Ⅶ

山の手の形成　区画整理と風致地区

郷土開発にかけた情熱

善福寺風致地区
　井荻土地区画整理組合の施行地区では，風致景観の保全と住宅開発（本文参照）が調和していた。〔『皇都勝景』東京府風致協会連合会，1942 年より。越澤所蔵〕

1　山の手の街並み形成の秘密

東京の山の手を特徴づける風景——それは碁盤目に一直線に伸び、ゆるやかにアップダウンする細目の道路、そして大谷石と生け垣の植栽に縁どられた静かな住宅、また湧水（今日では枯れてしまったものが多いが）の池とその周囲の雑木林の拡がりである。目黒区、世田谷区、杉並区などでは、近年、地価高騰で宅地の細分化が進行し、店舗やマンションが侵食するように介在し始めたとはいえ、このような閑静な住宅地が珍しくなかった（目黒区碑文谷《ひもんや》・柿の木坂・緑が丘、大田区久が原・南千束、世田谷区奥沢・等々力《とどろき》・上用賀、杉並区上井草・善福寺・南荻窪など）（図52）。

田園調布や成城学園のような高級住宅地とは称されていないが、しっとりとした落ち着きのある街並み、このような住宅地はいつ、どのようにして形成されたのであろうか。

大正末期まで目黒区、世田谷区、杉並区の大部分は武蔵野の雑木林と田畑でおおわれた郊外農村であった。関東大震災以後、東京の郊外地において次々と住宅が建てられていく

図 52　駒沢町，碑衾町，玉川村，田園調布一帯の市街化の状況（1929 年測図）
目蒲線，池上線沿線では耕地整理・区画整理が進行し，碁盤目状に宅地造成が行われている。駒沢，柿の木坂，深沢，等々力方面ではまだ宅地造成が開始されていない。この図で示したエリアは現在，都内でも有数の高級住宅地となっている。

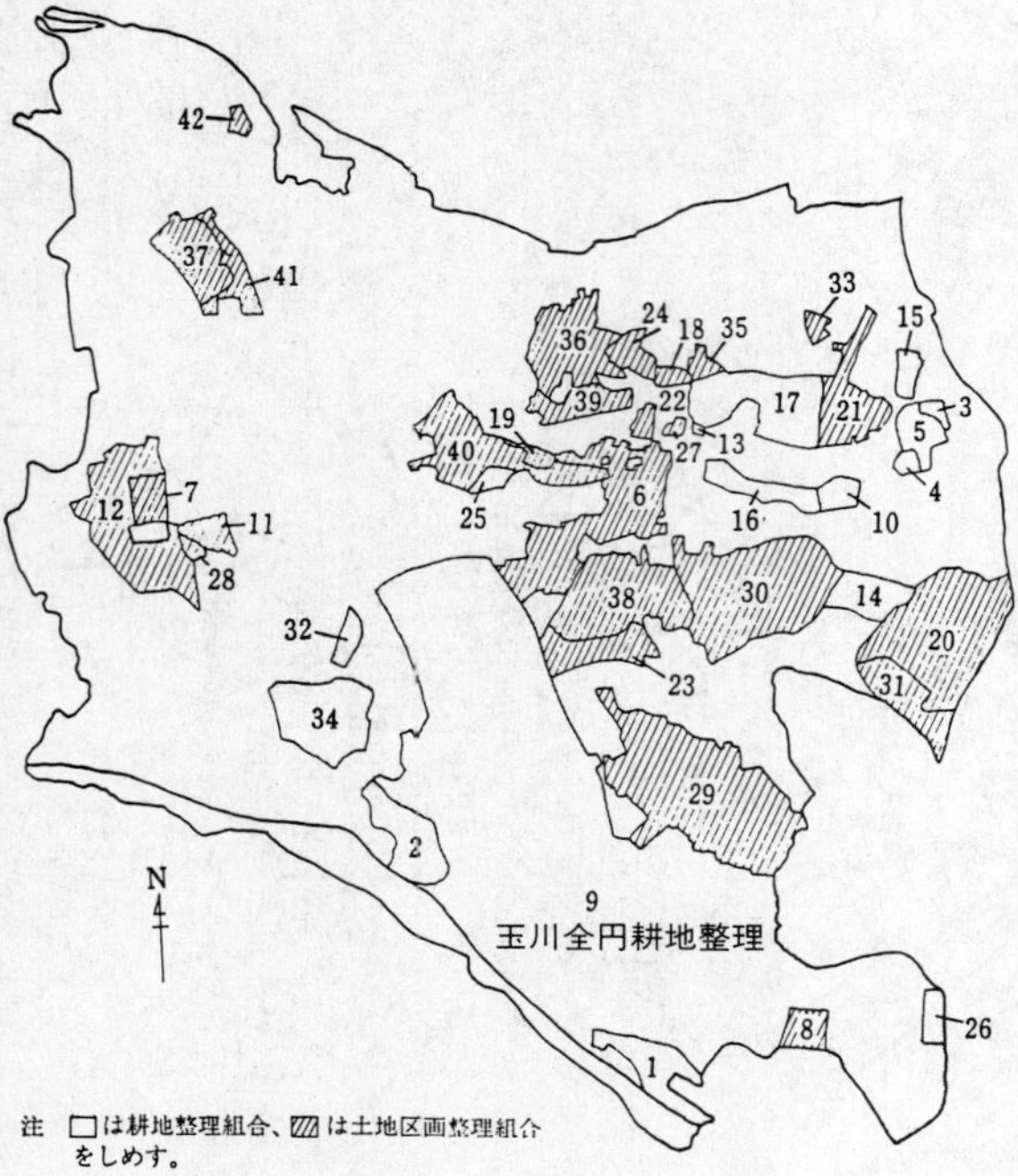

図 53 世田谷区における区画整理・耕地整理の施行状況 玉川全円耕地整理の区域がずば抜けて大きいことが判明する。〔『世田谷近・現代史』世田谷区, 1976 年〕

姿をみて地元の一部の先見性のある開明的な地主は耕地整理・区画整理組合をつくり、共同で宅地開発を行った。

今日、山の手に存在する閑静な高級住宅地・良好住宅地はいずれも大正末期から昭和初期にかけて着手された耕地整理・区画整理によって出来上がった街である。その代表例が玉川村（現世田谷区東南部）、井荻町（現杉並区西部）において全村・全町にわたって実施された耕地整理・区画整理である（図53）。両者は共に村長豊田《とよた》正治《しょうじ》、町長内田秀五郎の強烈なリーダーシップと不屈の信念によって達成されたという点でも共通している。また面積の点でもそれぞれ約一〇〇〇ヘクタール、約九〇〇ヘクタールという広大なものであり、これだけの規模の街づくりを地元の力でやり遂げたということは、今日ふりかえってみると、近代日本都市計画史上、特筆すべき壮挙であった。

2　豊田正治と玉川全円耕地整理

一九三二年（昭和七年）一〇月、東京市外の五郡八二町村が東京市に合併され、このとき、世田谷町、松沢村、玉川村、駒沢村の四町村によって世田谷区がつくられた（一九三六年一〇月に千歳村、砧村が合併され、今日の世田谷区ができあがる）。玉川村は今日の世田谷区の西南部の区域である。旧玉川村の面積一二九九ヘクタールは世田谷区総面積の二一％に相当し、また合併された八二町村中第二位の大きさであり、一村だけで品川区、淀橋区、荒川区、向島区、城東区の面積を上回っていた（一九三三年の区界による）。

豊田正治は玉川村等々力の旧家の長男として一八八二年（明治一五年）に生まれる。父周治は二七歳で府会議員となり、三〇年余り東京府政に携わる。一九二三年（大正一二年）一月、豊田正治は四〇歳で玉川村第七代村長に推薦され、三期勤めた。一九三二年の市域拡張の際、市会議員に転じたが、一期で辞し、玉川全円耕地整理の完遂に組合長として全力を注いだ。

一九二三年一月玉川村会は、豊田正治の村長就任後初の予算編成を審議した。豊田正治は土地開発事業費約三〇〇〇円を予算計上し、村長のいだく遠大なビジョンを察知しえない村会はこれを全会一致で承認した。豊田正治のビジョンとは全村約一〇〇〇町歩を一括して耕地整理しようとする破天荒なものであり、土地開発事業費とは実は、耕地整理の設計調査費（土地基本測量と基本計画の策定を行う）に他ならなかった。

豊田正治は各大字の有力者に根回しを進め、一七人の発起人を人選し、同年五月の村会で耕地整理実施の考えを公表し、賛同を得た。翌六月、耕地整理事業の実施主体となる組合の設立準備を開始する一方、耕地整理の設計・計画の経験が豊かな元東京府農業技手の高屋直弘（当時耕地整理コンサルタントの個人事務所を自営、これ以後、玉川全円耕地整理の仕事に専従）に基本計画の設計を委託した。

ところが、基本設計図が出来あがり、計画の全容が明らかになると、純朴な農村にとってはあまりに革新的で破天荒な内容に全村が賛否入り乱れて騒然とした状態となった。耕地整理とは元来、農業生産力の向上のために田畑の区画・形状を整理し、畦道・水路を整備するものである。ところが、豊田正治の構想は全村を宅地開発するニュータウン計画であった。耕地整理の名称「全円耕地整理」には村民一丸の協力という意味のほかに、全村を開発するという意図が込められていた。

当時、耕地整理によってつくり出される道路は一般に数メートル未満であった。ところが、玉川全円耕地整理の基本設計では東西に全村を貫通する幅一二間（二二メートル）の幹線道路の新設が計画され、さらに護龍公園（浄真寺の周りの水田を池に変え、境内を中心に公園とする）、不動公園（等々力不動を中心とする）、玉川公園（身延山別院を中心とする）、渓美公園（姫の滝を中心とする）を新設し、その公園を道路（パークウェイに相当）で結ぶという先進的なプランであった。また幹線道路には村営電車の敷設も構想されていたという。

帝都復興事業でようやく東京都心・下町の幹線道路が幅二二メートルに整備される前に人口七五九一人（一九二〇年現在）の村でこのように野心的な都市づくりのプランが公表されたわけである。「村長は頭がおかしいんではないか」「村会も夢みてえなものをよく承認した」と村は騒然となった（図54）。

図 54　道玄坂と環八通り　㊤昭和初期の渋谷道玄坂。渋谷のメインストリートでさえ，歩車道の区分や街路樹もなかった。㊦玉川全円耕地整理によって施行地区内では桜並木（環八通り）が完成した。〔『世田谷近・現代史』〕

豊田正治の開発構想は、渋沢栄一の田園都市株式会社(一九一八年九月設立、現在の東急電鉄の前身であるデベロッパー)による宅地開発、電車敷設の動きに影響、触発されたことは間違いない。

「空気清澄なる郊外」に「中流階級人士」のための宅地造成を目的に設立された田園都市株式会社は分譲地購入者の足の便のために、鉄道の敷設・経営も併せて行った(後に田園都市株式会社の鉄道部門が会社の本業となるが、設立当初は逆であった)。田園都市株式会社は池上村(洗足池一帯)、碑衾村・馬込村(大岡山一帯)、調布村・玉川村(多摩川台=田園調布の一帯)を開発適地として一九二一年(大正一〇年)までに合計四八万坪の買収を終えている。一九二二年六月には田園都市株式会社の最初の分譲が洗足で行われ、翌年三月には目蒲線(目黒・丸子多摩川間)が開通している。玉川村の東部では開発工事が進行している真最中に豊田正治は村長に就任した。

豊田正治は、「わが郷土の開発はわれわれ共同の力によって行うべきである」という固い信念をもっていた(一九三一年、帝都復興事業完了後、東京市には都市計画課が設置されたが、その初代整地掛長となった阿部喜之丞《きのじよう》の文章による)。豊田正治は玉川村の宅地化は早晩、不可避であると感じ、それならばデベロッパーの土地買収に受動的に応じるのではなく、地主自らの手で計画的な住宅地づくりを行うべきであるというのが豊田正治の考えであった。また、彼自身のパーソナリティとして「村長をやるからには何か大きなことをやりたい」と当時、語っていたという。

戦前、田園都市株式会社の鉄道（東横線、目蒲線、池上線、大井町線）沿線において、田園都市株式会社に伍して、自ら開発構想を推進しようとする先見性と実行力を持つ有力者は豊田正治だけであり、他の町村からはそのようなリーダーは出現しなかった。

一村全体の宅地開発となると当然、反対や消極的な考えを持つ地主も少なくなかった。田園都市株式会社の開発地に近い奥沢・尾山（玉川村東部）の地主は賛成したのに対して、用賀・瀬田（玉川村西部）の地主には反対が多かった。また年輩者、土地所有の少ない者、小作農には反対者が多かった。村長をはじめとする早期実行派と反対派の対立はしだいに激化し、村の寄合いで双方がつかみ合いを演じたり、鎮守祭礼が出来なくなり、本家・分家の絶縁という事態まで生じたという。

さらには、豊田正治のもとにヤクザが訪れ、「殺してしまえ」と切りつけ、耳に刃傷を負うという事件まで生じ、村長には常に賛成派村民の護衛がつくという状態の中で、計画公表以来一年一〇カ月にわたる抗争に結着をつけるべく、一九二六年（大正一五年）三月、玉川小学校で玉川全円耕地整理組合の創立総会が開かれた。

反対派は総会の議事を潰すために弁護士に村内の土地を分け、組合員資格者とした上で総会に臨んだ。一九〇三名が出席した総会は緊迫したやりとりが続く。

一〇二七番（山科定全） 瀬田、用賀の大多数は府知事へ除外の申請を致しました故に
この際、退場したし
（必要なしと叫ぶもの多数）
議長 この退場を必要なしと認められる方は起立を願います
（起立多数）
議長 起立多数と認めます、退場を許しませぬ
……………
一三九〇番（池田清秋） 本事業の施行を五カ年延期せられたしと提案し、これが理由
を述ぶる処あり
（賛成と叫ぶものあり）
議長 只今一三九〇番より本事業の施行を延期したしと緊急動議を提出せられましたが、
賛成の方は起立を願います
（起立少数）
議長 議長起立少数と認めます、したがってこの動議は成立いたしませぬ
一三九〇番（池田清秋） 採決に異議があります（議場騒然） 採決を明瞭にせられたし
議長 更に延期説に賛成の方は挙手を願います
（挙手少数）

議長　挙手少数と認めます

議長　更に延期説に反対の方挙手を願います

（挙手多数）

議長　延期説に反対を多数と認めます、したがってこの動議は成立いたしませぬ

一〇二七番（山科定全）　その区（組合の工区をさす――越澤）の決議に依り延期ができる御説明なるも除外もまたできうるや

議長　区の専属工事は延期ができますが、地区の一部除外はできませぬ

議長　本案に御異議はありませぬか

（異議なしと叫ぶもの多数）

議長　御異議なしと認めます。したがって本案は原案通り可決されました

こうして議長をつとめる組合創立委員長豊田正治の断固たる議事進行で組合創立が承認された（組合長には豊田正治が就任）。

しかし、根強い反対運動があるため、毛利博一（組合副長）の発案で全村を一七に分けた工区ごとに自主性をもたせる方針（工区ごとに独立採算制の費用負担とする、工区ごとの施工は全体設計に従う、工区ごとに着工時期は任せ、強制しない）を採用することで事態を収拾することにした。また道路幅員の縮小、広大な公園計画の廃止により、減歩率（公共用地

として無償提供する割合）の緩和を図ることにした。こうして一九二七年（昭和二年）一二月の奥沢東区を皮切りに工事が着工され、一九三五年前後には玉川村東部（奥沢、等々力、下野毛、上野毛）で造成工事が完了した。この頃、玉川村西部（用賀、瀬田、野良田）でも工事が着工され、終戦前の一九四四年一二月に全工区の工事が完了している。

工事完了後の精算、登記が全工区で完了したのは一九五四年（昭和二九年）七月であり、ここに三一年間にわたる大事業が完成した。

「われわれは土地を手放してはいかん。玉川村は将来、住宅地になる、他人の手を借りず、自分たちの手で、最良の住宅地をつくりあげようではないか」と強烈なリーダーシップで組合をリードしてきた豊田正治は事業完成を見ずに一九四八年に死去した。大事業の完成後、組合員は玉川神社境内に次の三つの記念碑を建立した。それは整地記念碑、豊田組合長頌徳碑、高屋技師留魂碑である。

3　防災まちづくりと生活道路

玉川村の全域は玉川全円耕地整理を完遂したことにより今日、都内でも有数の閑静な住宅地となった。確かに道路幅員の縮小、広大な公園の廃止は残念であったが、それでもこれだけの広大で良好な市街地のインフラをつくりあげた功績は称賛に値する（環状八号線も旧玉川村では戦前、完成していた（図54））。

一方、世田谷区の他の地域では豊田正治のような人物は出現しなかった。このため、小規模な区画整理・耕地整理はかなり実施されているが、一方、無秩序な市街化も進行していった。そのため今日、地域によっては細い路地に木賃アパートが建ち並び、公園やオープンスペースが欠如し、緊急車両の出入りにも困難を生じる防災上、危険な市街地ができあがってしまった。その代表例が北沢と太子堂であり、世田谷区では一九八〇年から「まちづくり」の計画策定と修復型の事業（通り抜け路の整備、隅切の整備、遊び場の整備などを開始した（事業の内容はきわめてささやかなものであるが、多大な労苦を必要とする）。

奥沢・用賀と北沢・太子堂は八〇年前は同じ条件の郊外農村であった。大正期から昭和初期にかけて地元が郷土の開発に取り組んだかどうかが、今日、前者を高級住宅地に、後者を危険市街地に変えた分かれ道となったのである。

無秩序な市街地の拡大を防止し、宅地開発を誘導するため、つまり〝郊外地統制〟のために、戦前、内務省と都市計画東京地方委員会は先手を打って都市計画上の施策を打ち出している。一九二七年（昭和二年）八月、新市域を対象として都市計画道路（幹線一九本、補助線一〇九本）を決定し、今日の東京都市計画道路網の原型をつくりあげた（環六、環七、環八の幹線環状道路はこのときの決定である）。続いて一九三〇年（昭和五年）の駒沢町、野

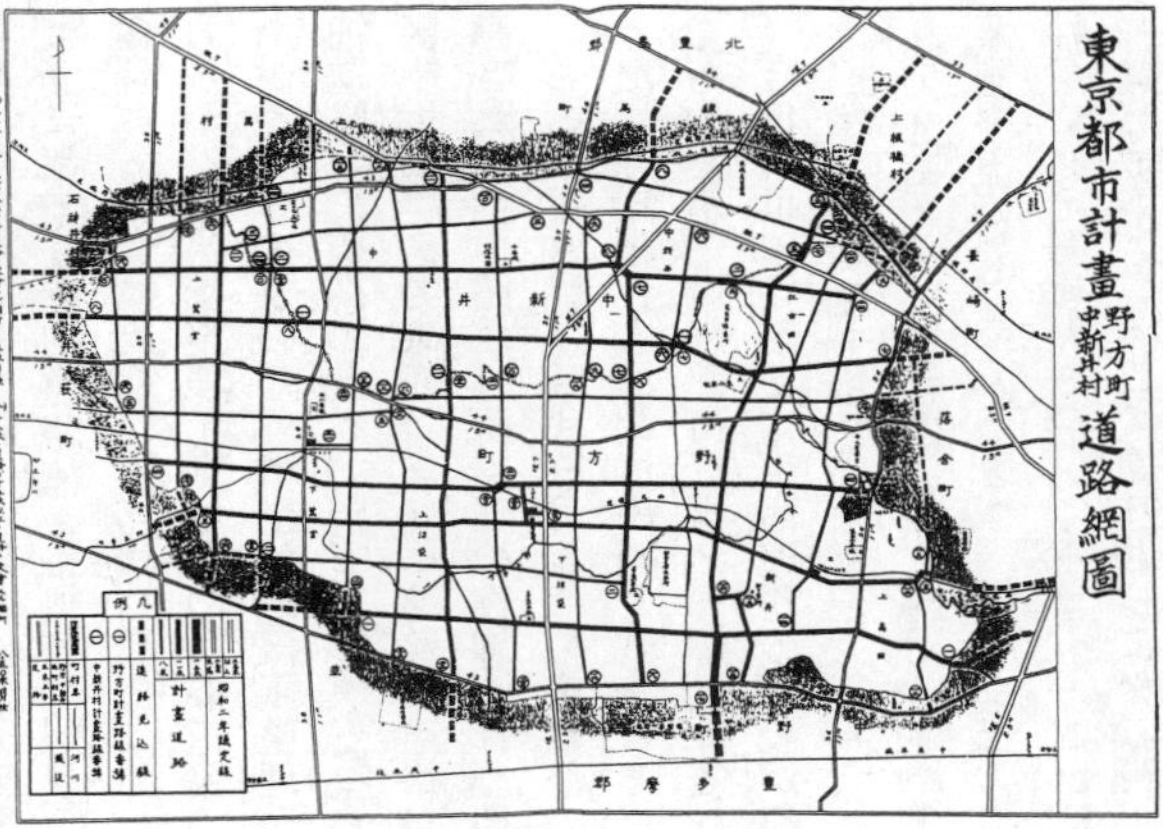

図55　中新井村，野方町で都市計画決定された細道路　中新井村（現練馬区）は土地区画整理が実施されたため，細道路網がかなり実現した。しかし野方町（現中野区）は土地区画整理が実施されなかった区域が多く，細道路網は実現せず，今日でも道路が未整備の場所となっている。〔越澤所蔵〕

方町、中新井村を手始めとして、一九四三年の江戸川区に至るまで新市域全体に網の目のように都市計画細道路網（路線数一〇四六本、総延長一四六二キロ）を張りめぐらしている（図55）。この細道路とは今日の言葉で言えば生活道路であり、区画整理の実施に備えて、あらかじめ区画整理予定地区の主要道路の基準線を都市計画決定しておいたのである。したがって、東京の郊外地全域の区画整理がもし実現していれば、現在東京では幹線道路と細道路（生活道路）の二段階の道路が完成し、四通八達していたはずである。今日、練馬区や世田谷区で東西、南北に準幹線道路が途切れ途切れに走っているが、これは戦前に計画された細道路が区画整理の実施された地区に限って完成したことから生じた事態である。

この細道路網は昭和三〇年代の東京都の都市計画街路の見直しの中で、全廃されてしまった。宅地化と人口増加の続く戦後こそ、この細道路網の計画はより重要性を高めるはずであったが、東京都市計画の思想は戦後むしろ後退した。

今日、世田谷区では生活道路の建設が都市整備の最重要課題となっているが、その実現を担保する制度や法定計画が存在しないため、生活道路網の実現はきわめて困難である（都市計画と無関係に用地買収を進める道路単独主義の方式である。都市計画道路でないため、建築制限をかけることができず、道路予定地にコンクリート造建物が建つことを防ぐ手だてもない）。幅員にしてわずか一〇メートル、一二メートルの道路の整備に目下、世田谷区当局は悪戦苦闘している（図56）。繰り返しになるが、昭和初期に区画整理を実施できなかったツケが

せたがや 12.15 No.583

区のおしらせ

区役所の代表電話は☎412−1111
交換手に課・係名等をお伝えください。

生活道路整備計画が策定されました

今年10月、区は、議会や専門家の方々のご意見をうかがいながら、世田谷の生活道路づくりの整備指針となる「生活道路整備計画」を定めました。

これは、今年4月に定められた「都市整備方針」に基づき、21世紀を展望したみちづくりの方向を、総合的、体系的に示したもので、内容は具体的な面にわたっています。

また、この計画は、今までの車中心の道路整備に対する反省に立って、人と車が共存する、安全性や快適性などを配慮したみちづくりを進めていくうえで、重要な柱となるものです。

本号では、この計画のあらましをご紹介します。

なお、「生活道路整備計画」(主要生活道路)の概要版(パンフレット)を、都市計画課(第1庁舎4階)で無料配布しています。

問合先＝都市計画課

生活道路とは

道路は、都市計画道路として位置づけられている、環状8号線や世田谷通りなどの幹線道路(注1)・地区幹線道路(注2)のほか、これらの道路に囲まれた区域で区民の日常生活に密接にかかわる地先道路(注3)・地区内集散道路(注4)などによって構成されています。

この地先道路と地区内集散道路を、「生活道路」と呼んでいます。生活道路は、通勤、地域交通にかかわる本来の道路機能を部分的には持っていますが、基本的には沿道に住む人々の語らいの場であったり、コミュニティ活動の場であったりする機能を持っているものです。

主要生活道路の選定

主要生活道路の位置づけ

整備の進めかた

図 56　世田谷区の生活道路整備計画　〔『区のおしらせ』583 号，世田谷区，1985 年〕

今、重く伸し掛かっている。

4　内田秀五郎と井荻土地区画整理

戦前の東京新市域（山の手）において、玉川全円耕地整理と並ぶ大事業が井荻土地区画整理である。井荻土地区画整理は井荻町の全域八八八ヘクタールに及ぶ大規模な宅地開発であり、組合長としてそのすべてを指揮したのが井荻町長内田秀五郎である。

内田秀五郎は一八七六年（明治九年）、上井草村の豪農の長男として生まれた。内田家は地元の農業経営を指導してきた篤農家として知られ、内田秀五郎自身も雇人よりも長時間、働くのが常であった。一八八九年（明治二二年）、町村制が施行され、上下の井草村、上下の荻窪村の計四村が合併し、井荻村となった。一九〇五年（明治三八年）、村の長老達の推薦により二九歳の若さで内田秀五郎は井荻村の収入役に就任した。その仕事ぶりが評価され、一九〇七年、三〇歳六カ月の若さで井荻村長に就任した。これは当時、全国の町村長の中で最年少である（町村長は三〇歳以上でなければ就任資格がない）。以後、一九二八年（昭和三年）に至るまで二一年間、内田秀五郎は村長（町制施行後は町長）をつとめた。一九二四年に東京府会議員に当選し、一九三二年から市会議員を兼ね、一九四三年の都制実施以後は都議会議員となり、一九四七年までつとめた。この間、府会副議長、市会土木委員長、都議会議長(二期)となり、東京府制・市制の重鎮として活躍し、東京府農会副会長、東京都農業会長、全国農業委員会協議会長を歴任するなど、東京の郊外地を代表する有力政治家であった。そして、このような農政を背景としたキャリアの人物が都市計画、街づくりを強力に推進したことは、都市計画史上、特筆しなければならない。

内田秀五郎は村長就任後、村のインフラ整備に次々に取り組んだ。西荻窪駅の設置(一九二二年)、近隣町村に先立つ電灯の敷設(一九二一年)などを実現させ、行政手腕を発揮した。

関東大震災発生の二年前の一九二一年(大正一〇年)当時、井荻村は戸数六七二戸、人口四四四三名の城西の一農村にすぎなかった。しかし、関東大震災以後の郊外地の人口増加の状況をみて、内田秀五郎は村の発展のために区画整理の断行を決意した。

当時、井荻村のインフラ整備として最も苦慮していたのは道路である。満足な道路がないため、農作物の搬出にも支障をきたしていた。村内を通過する青梅街道など三本の府県道でさえ路面はほとんど補修されたことがなく、雨期や豪雨の際は泥まみれとなり、文字通り、膝を没し、車両が埋まるという状態であった。府県道でさえこの有様であり、ましてや里道にいたってはその荒廃ぶりは目をおおうものであった。内田秀五郎は村長就任後、砂利代金の半分補助(残りは地元の寄付)、工事は地元の夫役とする方式で道路の改良につとめて面目を一新したが、元来、幅が狭い農道であり、曲がりくねった急坂も多く、根本的な改良にはほど遠い状態であった。

西荻窪駅開設に伴い駅に通じる道路の新設のため、関係地主と協議を重ねたうえで、内田秀五郎は一九二二年一〇月、耕地整理組合を設立し、四年間かけて西荻窪駅西北方に一二万二〇〇〇坪の宅地造成を実施した。この結果、道路網が整備され、震災後、市内から移り住む人の受皿となり、地域の発展に対する区画整理（耕地整理）の効果が実証された。

このようなテストケースを踏まえて、全町の区画整理が計画されたのである。

一九二五年（大正一四年）九月、内田秀五郎を組合長とし、面積八八八ヘクタールの井荻土地区画整理組合の設立が認可され、早くも一九三五年（昭和一〇年）三月に事業を完了している（先の耕地整理の区域も区画整理区域に編入した）（図57）。

井荻土地区画整理に関しては玉川全円耕地整理のような激しい反対はなく、短期間で組合が設立され、事業が完成している。その理由は、内田秀五郎の卓越したリーダーシップもさることながら村長（町長）としての実績と公平無私な仕事ぶり、篤農家として模範的な農業経営の様子が村（町）民誰しも認めるところであったからである。「私心なき実行家」――これが内田秀五郎を一言で表現するに相応しい言葉である。

むろん、町内には区画整理に消極的な地主もいた。そこで全町を八工区に分け、一九二五年（大正一四年）は第七、第八工区を除外し、全六工区で事業を開始した。工事が進行

図 57　井荻土地区画整理の完成状況　1925 年 9 月認可，35 年 3 月完了。面積 888 ha。都市デザインとしては平凡な設計であるが，これだけ広大な区域の計画開発をやり遂げたことは称賛に値する。

し、区画が整然とし、上水道、ガス、電気等の敷設される様子を見て、第七工区、第八工区の地主も区画整理の実施に賛同し、一九二八年九月、追加編入したのである。また、すでに実施されていた井荻村第一耕地整理事業の成果が地主に対して実物教育になっており、区画整理に対する抵抗感が少なくなっていたことも区画整理実現の背景のひとつであったと考えられる（図58）。

全町におよぶ区画整理を断行した結果、区域内の二大幹線道路（府県道の青梅街道と環状八号線）の拡幅・改良が区画整理事業の一環として達成された。この結果、旧東京市や帝都復興事業の街路に匹敵するコンクリート舗装の立派な路面が完成した。しかも区画整理で幹線道路整備を行ったため、町内の地主の負担が公平になった。これは戦前、幹線道路の整備を行うにあたって受益者負担金を徴収するのが一般的であり、特に沿道の小地主にとってはその負担が苦しいものであったからである。

一九四〇年、区画整理事業の完成を記念して刊行された事業誌に寄せた東京府知事横山助成の巻頭言は井荻土地区画整理の意義を的確に述べているので、その大部分を引用することにしたい。

顧念《かえりおも》うに帝都の中心地帯は、曩に復興の巨業を終え、近代文明の粋を聚めて美観を中外に誇るに至りしと雖《いえども》、一歩足跡を新市域に投ぜんか、道路は迂余《ママ》狭隘にして轂を摩し軌

図 58　井荻土地区画整理の竣工直後の状況　㊤第 2 工区（南荻窪），㊦第 3 工区（善福寺）。〔『事業誌』井荻町土地区画整理組合，1940 年〕

を没し、下水は横溢して途を壅き、混濫陋雑の状容易に済《すく》うべくもあらず、轉た将来の大修正を思わしむ。

旧井荻町に於ける土地関係者は、大震災を画する郊外膨脹の趨向と中央線に沿う地の利とに稽え、相図りて、大正十四年九月土地区画整理事業を起し、爾来《じらい》工を督し、事務に励み、途上幾多の盤根錯節《ばんこんさくせつ》を排して進み、今や昔日の田園壠圃を変して区画整斉大小の道路を縦横に配し、湿地を埋め、高台を剪り、水路を治め、遂に絶好の宅地を造成し、更に町名を革め、地番を正し、以て大東京の建設に貢献する所頗る大なるものあり。

蓋《けだ》し斯くの如きは、組合長の率先挺進して毀誉《きよ》褒貶《ほうへん》を問わず、終始一貫熱誠を傾倒して不撓不屈の努力を捧げられたると、関係者諸氏が亦能く小異を顧みずして大功を標的とし、著々として協力戮力の實を収められたとの賜に外ならずと謂うべし。後年、全国土地区画整理事業史を編むの時あらば、地区の濶大にして用意の周到なる、且つ進程の速かなりしこと、本組合に於けるが如きは宜しく特筆して、光輝ある其の成果を表彰すべきなり。

5　内田秀五郎と風致地区にかけた情熱

内田秀五郎が東京都市計画に果たした大きな功績は区画整理のほかにもう一点、存在する。それは風致地区の維持管理を率先して行い、東京の山の手の風致景観の保全に中心的な役割を果たしたことである。内田秀五郎は大規模な宅地造成を実行する一方、都市の緑の保全に全力を尽くした。内田にとってはこの二つの事柄は全く矛盾しておらず、いずれも山の手の郷土の発展、まちづくりのための二本柱の施策であった。

東京の山の手の地形は意外なほど起伏に富んでいる。これは武蔵野台地が山の手の外周（現二三区と多摩地区のほぼ境界）、旧東京市と新市域の境界（ほぼ山手線のルート）で段丘（崖線《がいせん》と呼ぶ）となり、段丘面には湧水とせせらぎがあり、そこから流れ出る河川（白子川、石神井川、妙正寺川、善福寺川、神田上水、目黒川、呑川、野川など）の水源地となっている（富士見池、三宝寺池、善福寺池、井之頭池、洗足池など）。このような池とその周囲の雑木林は山の手における最も貴重な都市景観（ランドスケープ）である。

一九一九年（大正八年）に公布された都市計画法には風致地区という制度が定められている。これは一九六六年（昭和四一年）に、古都における歴史的風土の保存に関する特別措置法、首都圏近郊緑地保全法が公布されるまでは唯一の緑地保全・景観保全に関する法規制であった。

日本で初の風致地区は一九二六年（大正一五年）九月に指定された明治神宮風致地区（表参道と内外苑連絡道路の沿道に指定）であった。その後、東京においては一九三〇年五月、洗足、善福寺、石神井、江戸川の四地区が指定され、次いで一九三三年一月、多摩川、和田堀、野方、大泉の四地区の風致地区が指定された。この八地区の風致地区は明治神宮とは指定の趣旨が異なり、武蔵野の郷土景観を保全することを目的としていた。指定された風致地区の多くは、湧水、河川とその周辺の樹林を中心に指定されていた（図59）。

風致地区に指定されると建築行為、宅地造成、樹木伐採等が制限を受け、府知事の許可が必要となる。たとえ風致地区に指定されたとしても、文字通りその地区の風致景観が保持され、向上するかどうかは指定地区内の地主・地権者が風致地区の指定を理解し、良識ある態度をとるかどうかにかかっている。また風致地区に遊覧に来る一般住民の良識にかかっている。

東京にあって風致地区の環境保全、施設設備、住民参加の団体の育成等にリーダーシップを発揮し、先頭に立って行動し、全力を注いだのが東京府会の有力者、内田秀五郎であった。一九六三年、内田秀五郎の米寿記念刊行物において佐藤保雄（東京都西部公園緑地事務所長）は「東京都風致保存の守護神内田秀五郎翁」とその功績を称えている。

東京では一九三二〜三五年、明治神宮風致地区を除く八風致地区においてそれぞれ風致協会を設立し、風致地区の保全・整備の調査研究、風致地区内の建築・造成・伐採に対す

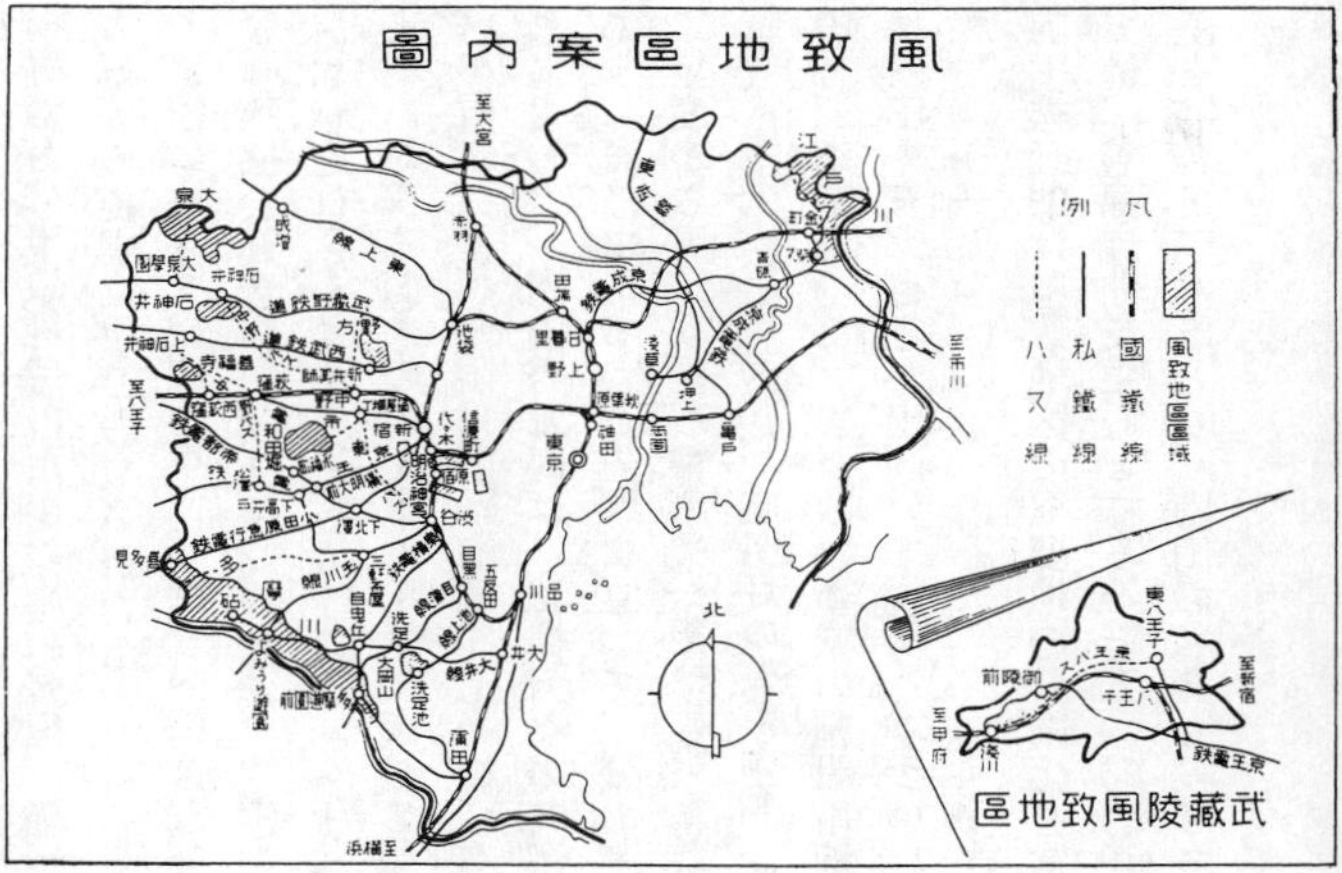

図 59　東京における風致地区の指定状況（1942 年現在）〔越澤所蔵〕

る指導助言、風致維持のための施設整備、講習会、座談会の開催などを行った。これは内田秀五郎の提唱により設立されたもので、行政と地主・住民の間に立って風致地区の保全・整備に大きな役割を果たした。内田秀五郎は地元の善福寺風致協会の会長のほか、東京府風致協会連合会の副会長（会長は府知事）に就任し、協会活動を先頭に立って行った（後に都制施行により東京都風致協会連合会となり、内田が会長に就任）（図60）。

土地に対する個人の権利意識が戦後ほどではなかった当時でさえ、有識者の中には風致地区の規制、権利制限は明治憲法二七条の所有権の侵害であるという主張をする者がいた。これに対して、内田秀五郎は「法律云々の問題より、郷土の風景を守ることが私達の義務であり、責任である」と先頭に立って、公の席で熱心に説いたのである。東京府では一九三二年度から風致地区改善事業（観桜施設、夏季納涼施設、水泳場、ボート場、逍遥道路などの整備、樹木、花卉の植栽、照明灯の整備など）を実施したが、その予算化に尽力したのも内田秀五郎であった。また改善事業の施設用地の使用については、同意をしない地主のもとに内田秀五郎自身が出向いて説得し、ついに無償使用の承諾を得るということも再三あったという。

内田秀五郎は風致地区の枢要地の公園化を常日頃、強調し、地元の善福寺風致地区においては、善福寺池を中心とする一万五〇〇〇坪の区域の風景を永久に保全するため、関係地主を訪ねて了承をとり、内田の私費も投じてついに中枢部分一万坪の土地を東京都に寄

図60　風致地区の姿（1940年頃）　㊤善福寺風致地区内の住宅，㊥石神井風致地区のボート池，㊦江戸川風致地区の江戸川堤の桜。〔いずれも越澤所蔵〕

付した。

今日、東京や神奈川では戦前、指定された風致地区については規制緩和を求める声が多く、その対応に苦慮している。しかし、戦前は、私費を投じてまで風致景観の恒久的保全を図る人がいたことを忘れてはならない。

内田秀五郎は風致地区の中枢部の保全措置を図るほか、風致地区内の下水道整備、私有地（無償使用を承認した土地に対して）の免税措置、地区内特別景観地の伐採禁止に対する補償制度と次々に政策を立案し、実行に移した。しかし、一九四三年（昭和一八年）一二月、都市計画法戦時特例の公布により、用途地域と同様、風致地区も取締りが停止されてしまい、終戦前後、風致地区は非常に荒廃した（戦争末期、防空壕資材、橋梁修理用材、木棺墓標用材として樹木が伐採された）。

敗戦直後、内田秀五郎は各風致協会に次のように呼びかけた。

我々は家も衣類も食糧も奪われたが、我々には唯一得がたい宝が残されている。他ではない、いわゆる風致地区である。混乱時代においてこそ、じっと失ってはならないこの宝をどんな苦しい中にも持ち続けていくことこそ肝要なことではなかろうか。まして、今日、日本国の進むべき唯一の途は文化国家として往くべく明示されているではありませんか。

されば、日本国民が保持すべき日本特有の文化とは、……自然景観の愛護精神に外ありません。

何卒、風致地区関係の皆様にはこの点をよく心に入れて風致地区の再興に努められたい。

一九四六年一〇月、内田秀五郎は風致地区協会連合会内に風致地区相談所を設け、自ら相談所長となり、自費を投じて、風致地区の現況調査（残存樹木や土地利用の状況の把握）をし、当局に提出して、風致地区の復興のための予算計上に努力するとともに、各地区の風致景観の復興の陣頭指揮をした。

一九五二年、善福寺風致地区内に内田秀五郎の功績を称えて銅像が建立された。郷土の開発と郷土景観の保全に自ら先頭に立って全力を注ぎ、私財を投じてまで遂行する私心なきその情熱と徳の高さ。このような政治家、有力者はその後、東京の山の手からは出現していない。

内田秀五郎のような人があと一人、二人いれば、東京郊外の街づくりは随分と様相が違っていたはずである。今日、街づくりのビジョンを示さず、ただ市街化区域内農地の宅地並み課税に反対するなど個別利害を主張することに汲々とする東京山の手の地主、農家に対して、内田秀五郎であれば一体、何と説くであろうか。

Ⅷ

宮城外苑
シビック・ランドスケープの思想

皇居外苑と丸の内・大手町の現況
明治初期までこの３地区は同じ土地利用であったとは今日，信じられないほどである。〔『都立公園ガイド』東京都建設局公園緑地部，1990年〕

1　一国を代表する都市景観とは

一国を代表する都市景観、都市のランドスケープとはどのようなものであろうか。それはやはり、旧王城・宮殿に由来する広場、公園、並木道といった都心のオープンスペースの造形（シビック・ランドスケープ）であろう。過去の権力の集中と富の集積が遺産として残した都心部の公共空間をどのように扱い、どのように維持管理してきたのか――このことに各国国民の都市景観に対する姿勢、都市のランドスケープに対する美意識が示され、また試される。

イギリスを例にとれば、ロンドンを代表する都市景観はバッキンガム宮殿とその前庭として展開するセント・ジェームズ公園、そして宮殿とトラファルガー広場を一直線に結ぶザ・モール（並木道）である。

これに対して、日本を代表する都市景観は皇居外苑であろう。芝生の中に疎らに植栽された黒松、公園施設や遊具・建物をすべて排除したシンプルで美しい大苑地、旧江戸城の遺構である石塁の造形美と濠の静かな水面、苑地からながめると深い緑におおわれて見え隠れする櫓《やぐら》――これこそが日本人が誇りとしてよい都市景観である。

皇居外苑（戦前は宮城《きゅうじょう》外苑と呼ばれた）は明治維新以後、何度か改良の手が加えられ、一九四〇年（昭和一五年）の整備計画によって最終的に今日の姿となった。本章は宮城外苑整備の経緯、また東京都市計画との関係について取りまとめたものである（本章では戦前の時期を扱っているため、戦前の名称である宮城外苑を以下、使用する）。

2　宮城前広場の成立

江戸時代、今の宮城外苑の地は〝西丸下〟（〝西の御丸下〟とも言う）と呼ばれ、大名屋敷が置かれていた。大火後の都市改造、大名の改易・国替のため、江戸の武家地の屋敷割はしばしば変更されている。しかし、西丸下は城内に近い枢要の地であるため、江戸中期以降は老中、若年寄の役屋敷と会津藩・忍藩の両松平家の屋敷が置かれ、その区画も大きく、幕末まで一切変化がなかった。

明治維新後、大名屋敷の多くは官有地となり、官庁、兵営、大官邸、軍需工場、大学等に転用された。明治初期、新政府は都心部に相当数の兵力を駐屯させており、旧西丸下、

明治5年の町名	文久元年（1861年）	明治11年（1878年）	明治20年（1887年）
祝田町	老中久世大和守 若年寄堀出雲守	近衛騎兵営	皇居御造営工作場
	〃　酒井右京亮	元老院	元老院
	〃　諏訪因幡守 諏訪部弥三郎預の幕府厩	警視局練兵場	皇居御造営工作場
宝田町	老中安藤対馬家	警視局用地	皇居御造営工作場
	〃　内藤紀伊守	外務省	華族会館，皇居御造営工作場
	松平下総守	岩倉邸	―
元千代田町	松平肥後守	陸軍調馬厩	衛戍主衛，陸軍大学校
	〃　御預地	陸軍調馬分厩	千代田文庫

⑤西丸下の土地利用の変化　〔東京市『宮城外苑沿革』1939年より作成〕

旧大名小路（丸の内）、日比谷一帯は軍施設が集中している。旧西丸下は公家関係（元老院、岩倉邸など）と軍・警察関係の施設に使用されている⑤。

その後、明治政府は伊藤博文の主張により旧西丸下郭内に一切の建造物を設けないという方針を採用し、軍・警察施設や政府庁舎の移転にともない、順次、オープンスペース化を図った（図61）。

明治初期、旧西丸下と同様の土地利用がされていた大手町、丸の内の今日の姿と比較すると、伊藤博文の主張とされている旧西丸下の苑地化という政策決定がきわめて重要な意味を持っていたことが判る。

伊藤博文の苑地化方針のきっかけは旧西丸下を使用している岩倉具視の死（一八八三年＝明治一六年）と元老院の廃止（一八九〇年）に関係があるのではないかと筆者は推定しているが、詳しいことは不明である。

ほどなく元千代田町の帝室林野局（衛戍主衛跡）

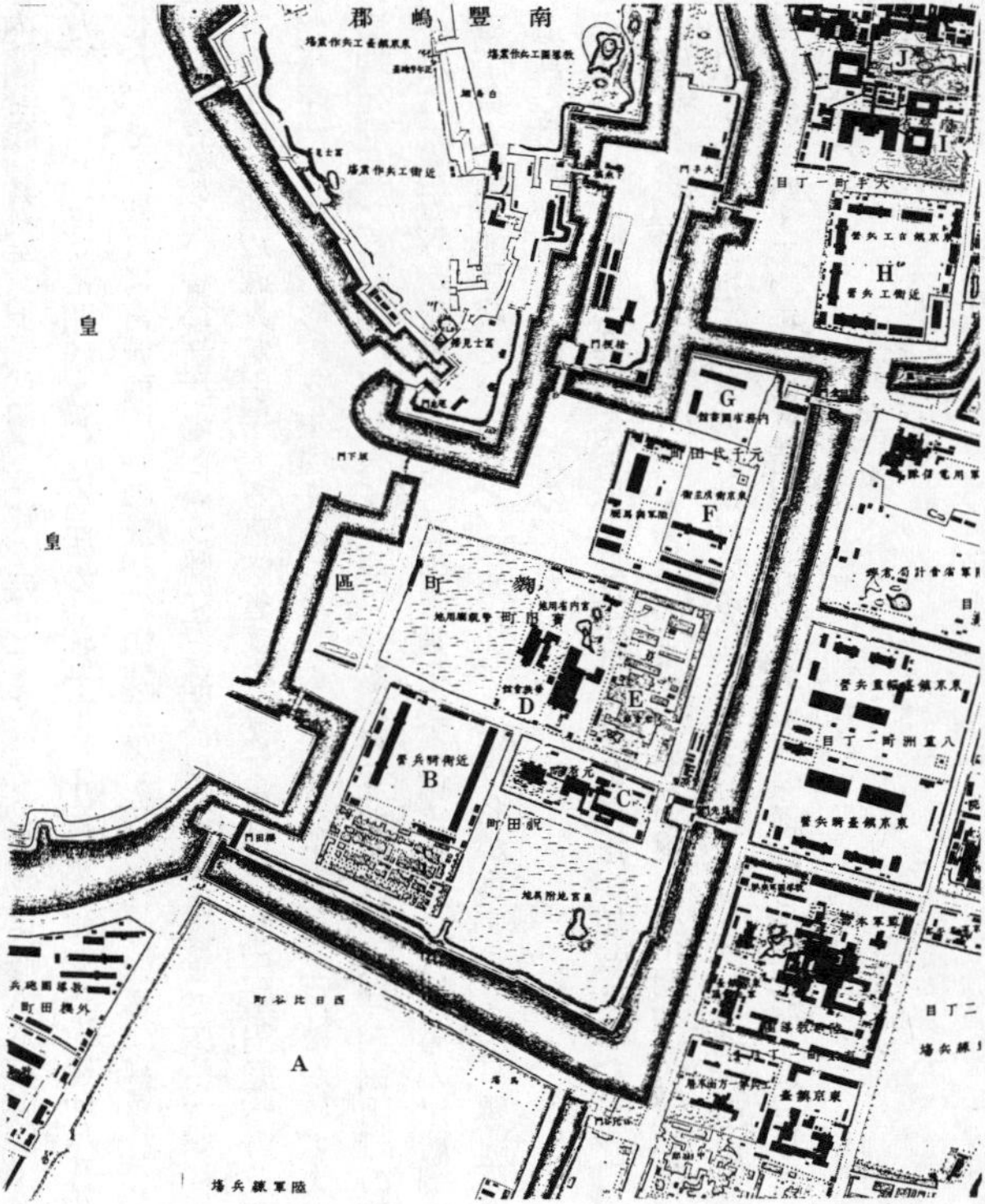

図61　旧西丸下一帯の状況（1883年）　A：陸軍練兵場，B：近衛騎兵営，C：元老院，D：華族会館，E：岩倉邸，F：東京衛戍主衛，G：内務省図書館（千代田文庫），H：近衛工兵営，I：内務省，J：大蔵省。

と内閣記録課分室（旧千代田文庫）を残してすべての建物は撤去され、広大な空地が出現した。一八八三年に開始された皇居の造営工事（江戸城旧西丸跡）は一八八八年五月に完成した。その翌月に宮城前広場の最初の植栽工事が行われている（宮城外苑という名称は大正期以降のもので、宮城前広場という呼び方は明治以降敗戦直後まで広く一般に使用された）。元宮内庁技師池辺武人が引用する宮内省工事録によれば「祝田町円庭へ野芝張立、面積六六九八坪」という円形の芝生地であった。これに続いて翌年三月にかけて大手門・坂下門の濠端苑地三一六〇坪、現在大イチョウがある野芝地四九三八坪、宝田町の馬場先門寄り芝生地六九六五坪が整備された。この整備事業の担当官庁は宮内省の皇居御造営残業掛、工事請負人は菊池喜蔵であった。〝残業掛〟という名が示すように宮城前広場の整備は皇居造営の付属物として始まったのである。

一八八九年（明治二二年）四月、大芝生地に初めて松が植栽された。今日まで続いている宮城外苑の植栽の基調はこのときに始まる。その後、大正期、原凞（東京大学農学科教授、日本の造園学の祖）は外苑の疎林は黒松がふさわしいとし、宮内大臣波多野敬直（就任時期は一九一四〜二〇年）に外苑のランドスケープ保護について強く進言したという。

3 東京市区改正事業と凱旋道路

東京市区改正

一八八九年五月、東京市区改正設計が告示され、東京の都市改造が開始された。東京市区改正設計は一九〇五年(明治三八年)三月に計画内容を縮小し、事業は一九一八年(大正七年)まで実施された(主な成果は都心部の道路拡幅、上水道の整備、日比谷公園の新設)。この新旧両設計(プラン)には宮城外苑の地は含まれていない。

一九〇四年(明治三七年)二月、日露戦争が開始された。同年五月八日、九連城陥落の祝勝行列が馬場先門に入ろうとしたとき、多数の群衆が狭い城門に押し寄せたため、死傷者が出るという惨事が生じた。そこで政府は事故の再発を防ぐため、宮城前広場を公園式に改め、桜田、馬場先、大手の三カ所の濠を一部埋立て、南北・東西に二本道路を開設することにした。この結果、宮城外苑は宮城の前庭としての閉鎖的な苑地から東京市民に公開された都心の広場へと姿を変えたのである。

二本の道路開設は市区改正事業の一環として実施された。事業に先立つ、東京市区改正委員会の審議の様子を検証すると、宮城外苑一帯の風致景観の死命を左右するきわめて重大な問題が審議されていることが判明した。それは内濠埋立・石塁撤去プランであった(この埋立問題について既往文献は何も言及しておらず、筆者が始めて明らかにするものである)。

宮城前広場の改造問題は東京市区改正委員会において一九〇四年八月から翌年四月にかけて五回、審議されている。一九〇四年八月一八日、委員会に提出された当初案は次のような内容であった(図62)。

[東京市区改正設計の追加]

(1)道路の部

第一等道路第一類第八　二重橋外から馬場先門外に至る　幅員三〇間

第一等道路第一類第九　大手門外より元千代田町を貫き日比谷公園北側に至る　幅員二〇間〔越澤注――第一等第一類は道路のランクを示し、その他の八、九番目の路線として位置づけられた〕

(2)河川の部

内濠　桜田門外より馬場先橋、和田倉橋を経て元千代田文庫裏に至るの「湟池は埋築し」、「湟池沿ひの堤塘は之を除去するものとす」

この当初案は二本の道路新設と同時に土手・石垣を取り壊し、濠を埋立ててしまうことを提案していたのである。委員会の審議では当然のことながら、埋立ての必要性、理由について疑義が出された。

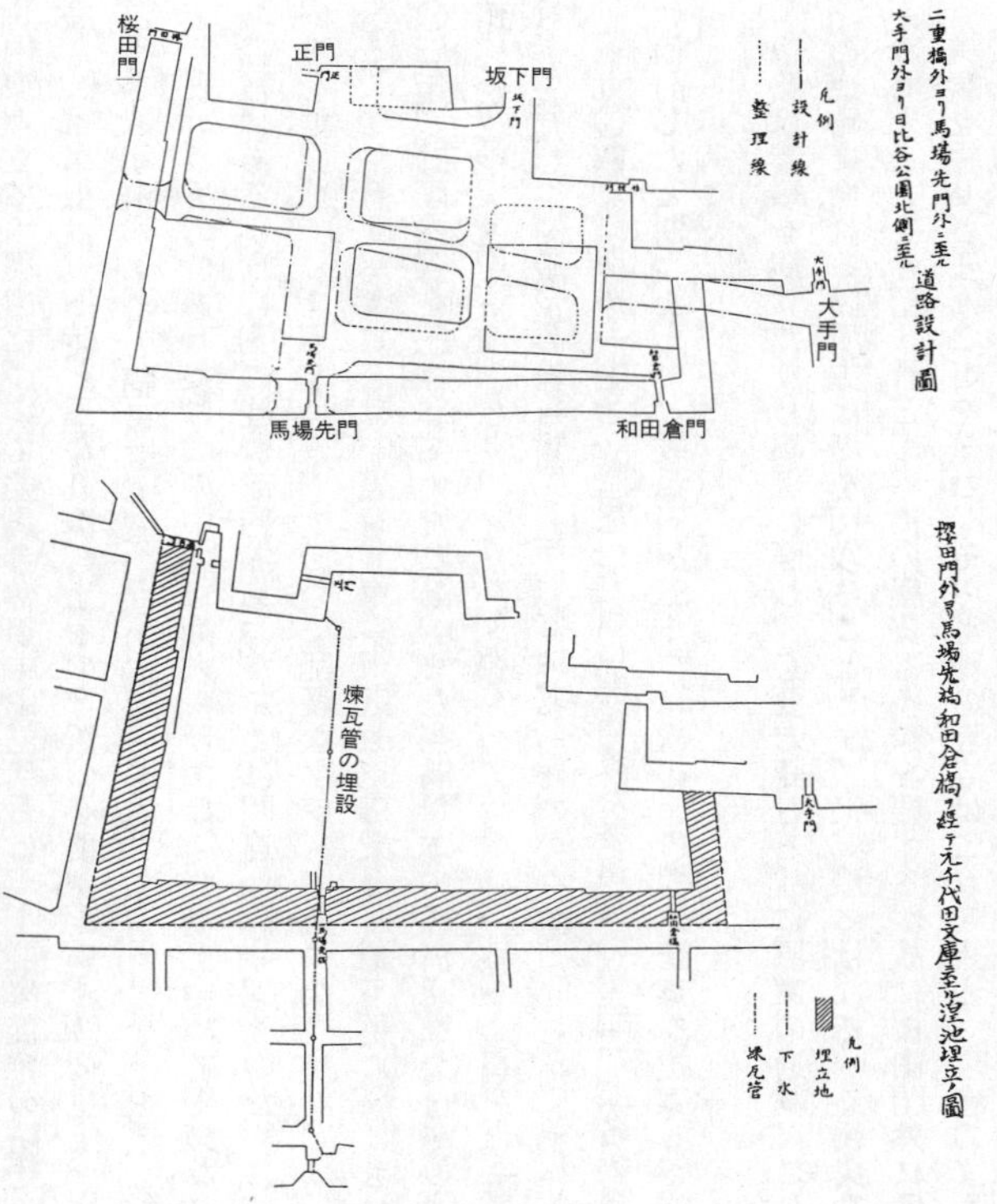

図62　1904年の東京市区改正設計案　㊤道路新設計画の最終案。当初案に比べると二重橋・馬場先門間の道路の幅員が30間から40間に拡大した。実線は1904年当時の芝生地の位置を示す。㊦当初案にあった内濠埋立計画。斜線を記した濠を埋立てることを計画した。そして排水のため煉瓦管を外濠まで埋設する予定となっている。

内濠埋立ての理由について委員会幹事中山巳代蔵は、⑴群衆混雑の防止のため障害物除去、⑵軍事上は、旧時と異なり濠、土手の存置の必要がない、⑶衛生上、一日も早く埋立るべき、⑷濠があると幅員二、三〇間の橋梁を架設しなければならず、経費が大となる――というものであった。この中でも最大の理由は「経済上極めて得策なり」と中山幹事の発言にあるように⑷の経費節約であったことは間違いなく、そのためについでに一気に内濠を埋立ててしまうという、きわめて乱暴なプランであった。

　ここで注意すべきことは、当時、東京市区改正事業は財源不足に悩まされ、すでに一九〇三年、計画内容を圧縮していたこと、また当時日本の経済水準では橋梁の材料費（鉄の値段）が高いものであったということである（逆に言えば、濠と土塁がつくり出す都市景観に対する評価が市区改正の担当官庁ではいかに低かったのかということを示している）。一九〇四年（明治三七年）八月二五日に開かれた委員会の冒頭で、各委員の意見をもとに検討したと断った上で、委員石黒五十二は次のような修正案を提案した（傍点は越澤）。

　道路は惨事を演じたりし事例に照し、必要と認むる故に原案の通り、これを新設し、その道路に当れる箇所丈は堤を切取ることとす。又、濠にはなるべく橋梁を架設し美観をなせんことを希望すれども、その経費も多額を要するが故に桜田門外に倣い、修築し、美観を損せざらんことを望む。その池濠の埋立はこれを止め、現在のまま これを存せんとす。

石黒案は道路部分に限って濠を埋立るという修正案であり、賛成者多数で可決された（その後、南北方向の道路の幅員が宮内省の注文により四〇間＝七二・七メートルに拡大された）。市区改正委員会の審議では何が都市の美観か、何が経済効率性かという価値観が衝突している点が大変興味深い。

八月二五日の審議をみると、委員丸山名政一人が希望条件を述べた上で、石黒五十二の修正案に賛成している。その発言をみると、当時は「公園」と「広場」という言葉に込められた整備イメージが現代とは異なっていたもようである。丸山委員は、濠の埋立てを取り止め、道路の新設のみに終わるのであれば、郭内は単なる広場であって、「公園的施設を為す」という今回の宮城前広場改良案の当初の目的にそぐわないので、「他日、該広場を公園的に改良せんことを望む」という発言をした。この発言をどう理解すべきであるか？

凱旋道路

一九〇五年（明治三八年）三月一三日に開かれた委員会では、明治三八年度に施行すべき東京市区改正追加事業として二本の道路新設、三カ所の濠埋立ての事業が可決された。

図 63　明治末期の宮城外苑　㊤馬場先門跡一帯。鋳鉄製高欄が見てとれる。新設道路には歩車道分離や並木はない。㊦楠公銅像，二重橋一帯。当時の芝生地と松の植栽の状況が判明する。〔越澤所蔵〕

事業費一七万八〇九〇円のうち、七万円は御下賜金、一〇万八〇九〇円は東京市負担であった。事業費のうち一五万五三七三円は道路改正費、一万七七七円は郭内整備費（つまり造園工事費）であり、これを契機に郭内（宮城外苑）は再整備されたのである（図63）。

市区改正事業の決定は今日の都市計画事業の認可の内容とは異なり、工事の仕様まで詳細に指示していることが特徴である。埋立てに使用する基礎の丸太の材質・太さに始まり、埋立地の左右は間知石によって土留石垣とすること、鋳鉄製高さ三尺の高欄を設けることまで規定している。

一九〇五年九月、日露戦争講和条約が締結され、翌一九〇六年四月三〇日の凱旋大観兵式に間に合わせるべく工事が急がれた。このため、南北方向の幅四〇間の新設道路は「凱旋道路」と命名された（今日の内堀通りの皇居外苑内の区間をさす）。

今日、宮城外苑、丸の内、京橋・銀座の三地区はきわめて対照的な土地利用の姿となっている。旧西丸下の広大な区域を公共的なオープンスペースとして確保できたことの意義はきわめて大きいものであった（図64）。

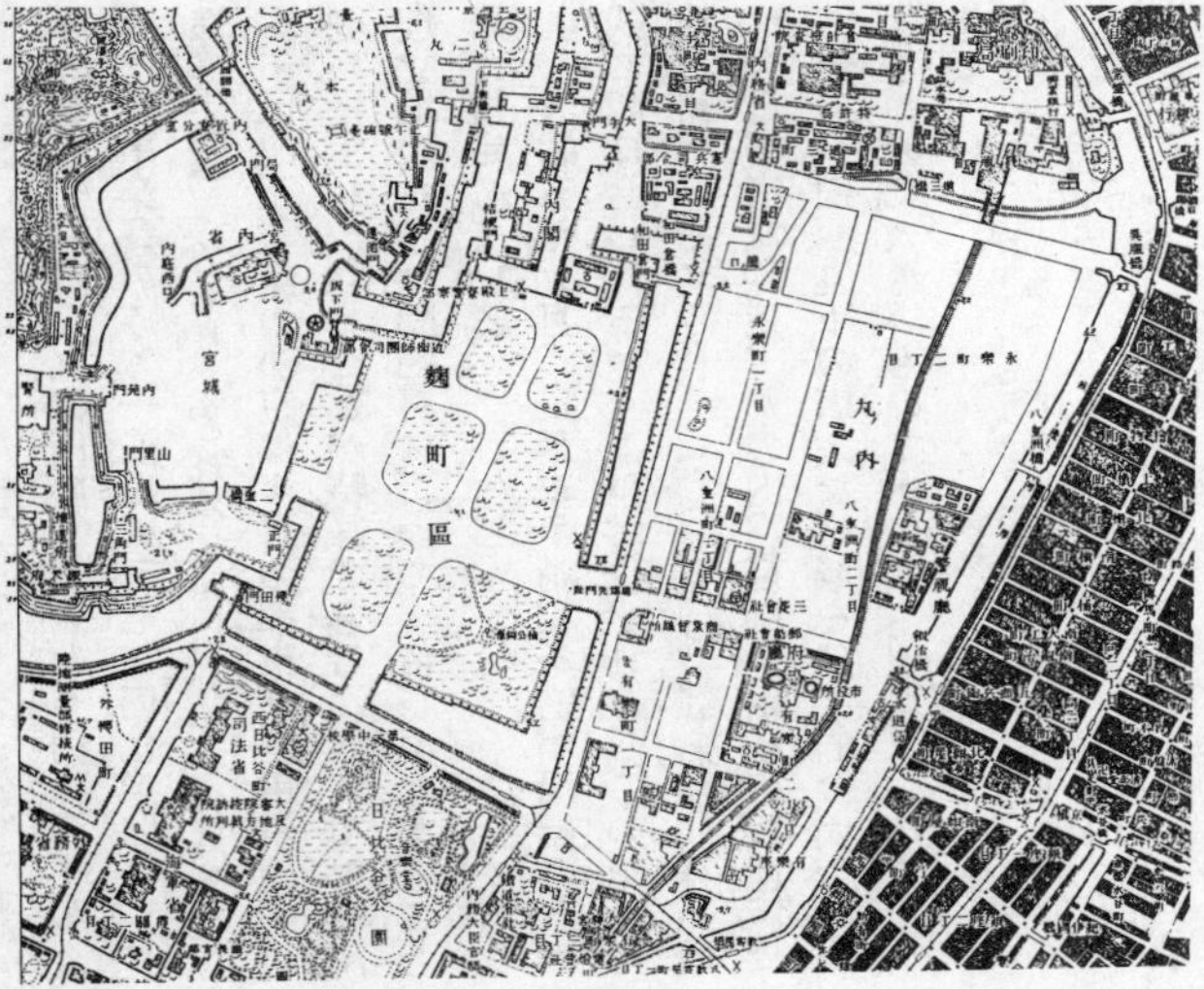

図 64　宮城外苑，丸の内，日比谷一帯の状況（1909 年）　1906 年 4 月の日露戦争の凱旋大観兵式に間に合わせるよう，凱旋道路など 3 本の道路が新設され，外苑として整備された。本図はこの整備後間もない 1909 年に測図されている。丸の内一帯はまだ空地が多く，東京駅も完成していない。京橋・銀座の一帯は家屋が密集し，宮城外苑と対照的な姿である。

4　帝都復興事業と行幸道路

一九二三年（大正一二年）九月一日、関東大震災が発生し、東京の都心・下町の市街はすべて焼失した。震災の翌月、成立した山本権兵衛内閣の内務大臣に就任した後藤新平のリーダーシップと情熱によって帝都復興事業（一九二四〜三〇年）が実施され、長年の課題であった東京の都市改造が達成された。

宮城外苑においては帝都復興事業の一環として東京駅から一直線に外苑にむかって幅員七三メートルの幹線街路第八号（行幸《ぎょうこう》道路）が整備された。当時、東京駅の完成に伴い、お濠端までは震災前に道路が出来あがっていたが、帝都復興事業として宮城外苑内の区間が新設された（凱旋道路と同様に道路幅相当分だけ内濠を埋立て、石塁を撤去した）（図65）。

帝都復興事業によって、歩車道の分離、街路樹の植栽が日本の都市に初めて本格的に導入された。このため、行幸道路は復興街路の中で最大幅員であり、四列の銀杏並木と植樹帯の設置が実行され、街灯のデザインにも注意が払われた。またお濠端の道路両側には品のある石貼りの四阿《あずまや》が設けられ、埋立区間の法面の処理にも注意を払っている。つまり、市区改正事業の時代とは異なり、帝都復興事業になると明らかに街路の景観設計、ランドスケープ・デザインの思想が生まれていたことを示している（図66）。

行幸道路は帝都復興計画の多数の街路のうちで唯一、シンボリックな性格を持つアヴェ

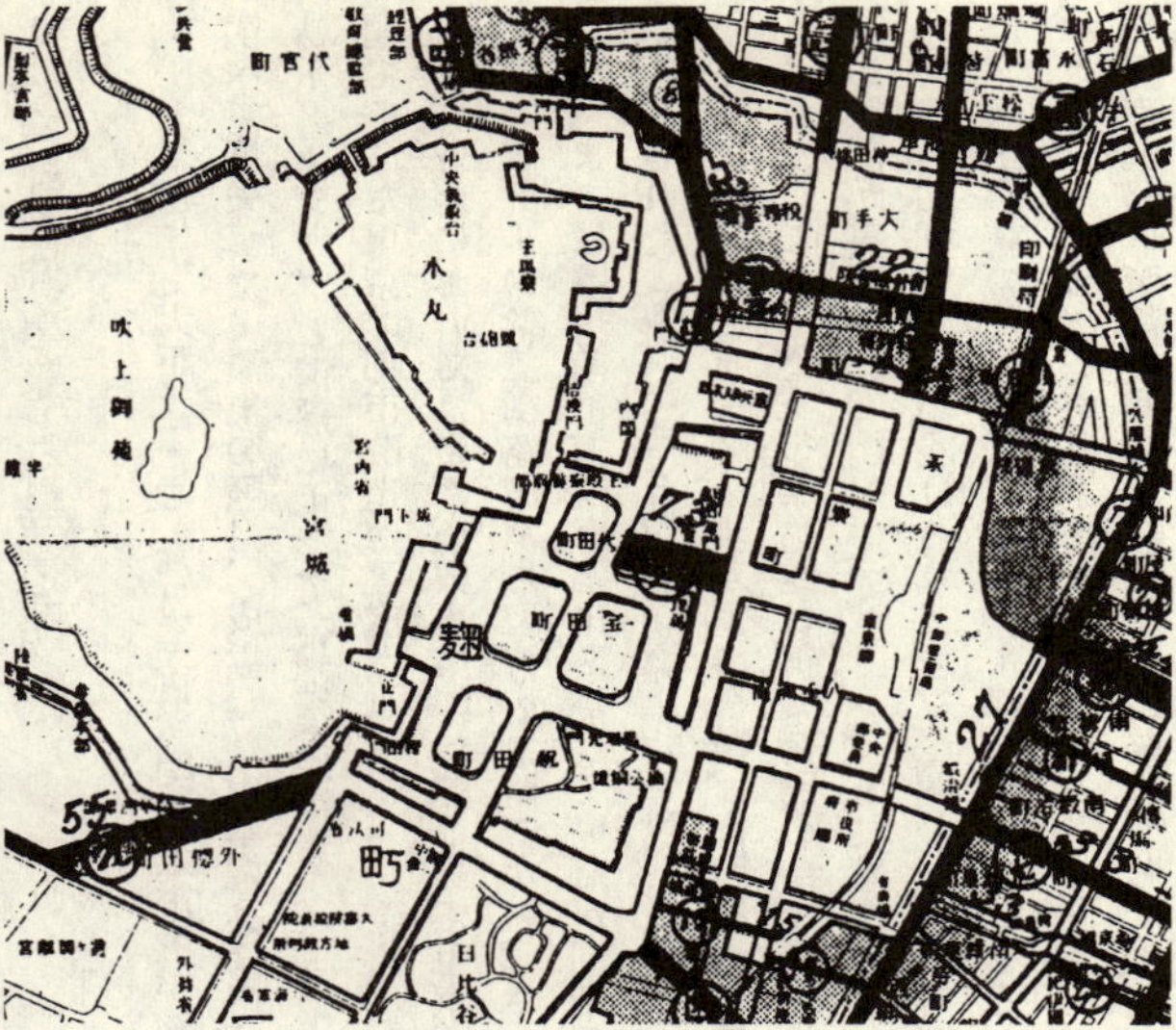

図 65　帝都復興事業と宮城外苑　黒い太線は帝都復興事業による新設街路，黒のアミは復興事業区域を示す。帝都復興事業の結果，幹線街路第八号として幅員 73 m の行幸道路が新設された。また，凱旋道路に接続して北の方向に幹線街路第一四号（幅員 36 m，内堀通りの一部），補助線街路第八号（幅員 22 m，御茶の水橋に至る道路）が整備された。また，桜田門から新議院前広場に向かって幹線街路第九号（幅員 36 m）が新設された。〔越澤所蔵〕

図66　行幸道路とお濠端のデザイン（1932年頃）　四阿，内濠を横断する区間の植栽，高欄，法面のデザインに注意〔越澤所蔵〕。㊤お濠端の四阿と東京駅，㊥濠上の地点，左のビルは東京海上ビル，㊦街灯のデザイン，銀杏並木。

ニューである。東京駅の中央部は皇室専用乗降口である。行幸道路はここを起点とし、一直線に宮城外苑に向かって伸びている。ところが、行幸道路の延長の焦点（ヴィスタ Vista）には宮城の緑が見えるだけで、宮殿の建物もモニュメントも存在しない。このことはやはり、都市景観に対する日本的な美意識をよく示している。帝都としての威厳をアヴェニューの延長上に位置するモニュメンタルな建造物で表現しようとする西欧的な発想はついに日本では採用されなかった。

ロンドンにおけるバッキンガム宮殿、ザ・モール、トラファルガー広場（アドミラル・アーチ）の組み合わせ、またパリにおけるコンコルド広場、シャンゼリゼ大通り、凱旋門の組み合わせに相当するものが、東京では東京駅、行幸道路、宮城外苑であったのだが、外苑内や宮城（旧西丸）にはヴィスタとなる明確な形を示したモニュメントが存在しない（緑蔭の中で江戸城の櫓の姿は見えながら、近代国家の力、国民統合の原理を記念建造物の形で表現することができないあいまいさ――これは日本的な社会構造を象徴している）。

行幸道路の新設に際して帝室林野局が移転し、旧西丸下の既存建物はすべて撤去され、完全にオープンスペース化した。宮城外苑の管理、植栽の手入れは宮内省が几帳面に、ていねいに行っており、震災前後で芝生地のランドスケープ・デザインは変化していない。

一九二八年（昭和三年）の宮内省の樹木調査によれば、外苑の樹木総数は二三〇一本、うち黒松一七一九本（芝生地七〇一本、土堤沿一〇一八本）、ヤナギ二一八本、ヒマラヤ杉九二本という記録が残されている。各芝生地では芝地面積五〇～八〇坪に対し樹木一本の割合となっており、広々とした芝生地に黒松が点在するという特独の景観をつくり出していた。

5　紀元二六〇〇年記念宮城外苑整備事業

一九四〇年（昭和一五年）は紀元二六〇〇年に相当するため各分野で記念事業が実施された。東京府は郊外の六カ所の大緑地造成を開始した。これに対して、東京市では宮城外苑の整備事業を実施した。東京府、東京市ともに都市の緑が記念事業のテーマとなったのである。

元来、紀元二六〇〇年を記念するナショナル・イベントとしては日本万国博覧会（会場は月島埋立地）、第一二回オリンピック東京大会、そして宮城外苑整備の三つの事業が予定されていた。しかし、万博とオリンピックは戦争のため中止となった（戦後、大阪万博、東京オリンピックとしてようやく実現することになる）。

東京市は宮城外苑の整備要綱（マスタープラン）の決定のために、東京市長を会長とし、学界の権威、関係官庁責任者から成る紀元二六〇〇年記念宮城外苑整備事業審議委員会を

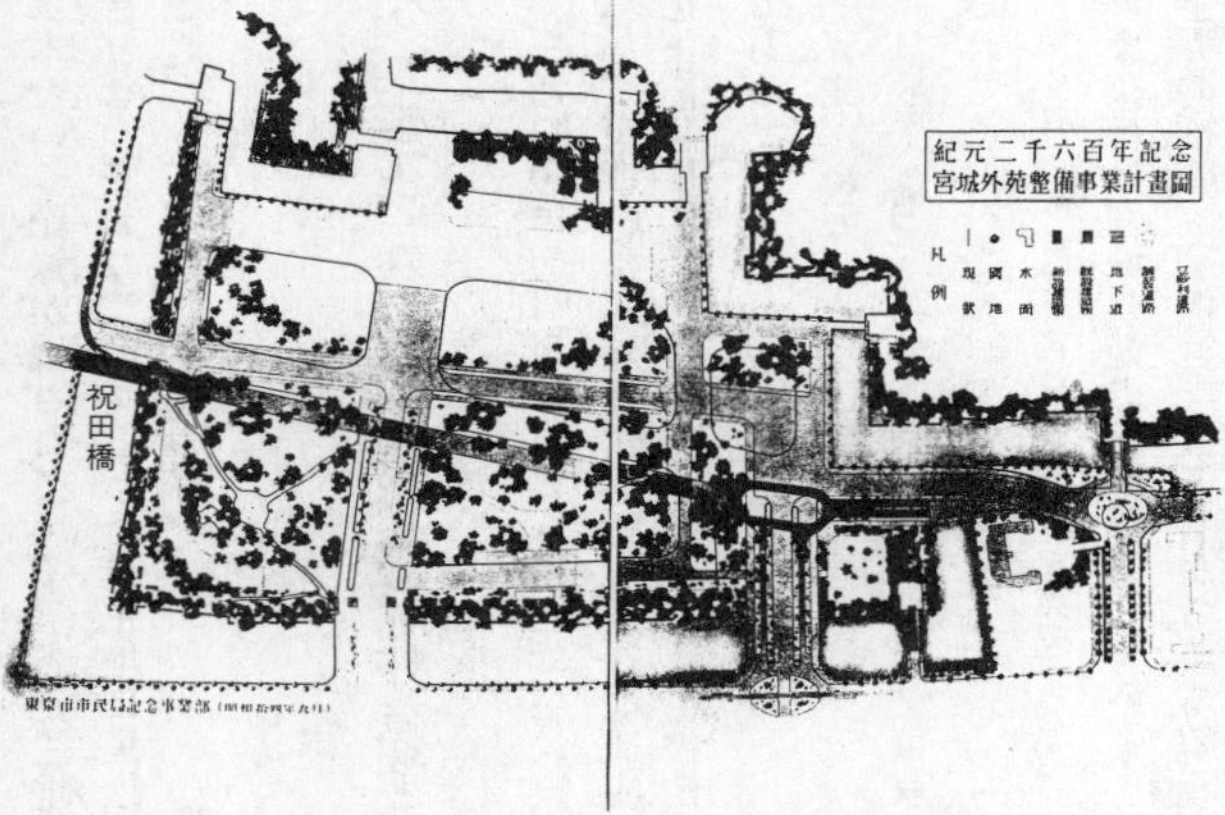

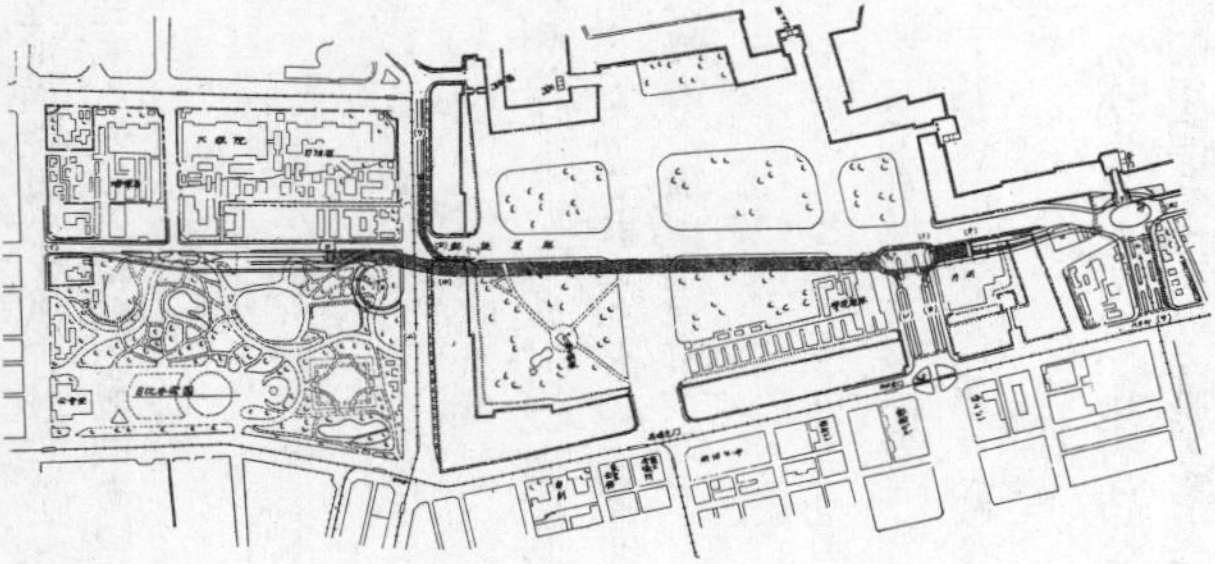

図 67　宮城外苑の整備事業計画　㊤紀元 2600 年記念宮城外苑整備事業計画図。㊦宮城外苑地下道築造事業計画。日比谷公園西南隅から地下道となり，外苑を南北方向に貫き，千代田口で地上に出て，大手門前に至る設計となっている。〔越澤所蔵〕

組織し、一九三九年(昭和一四年)六〜九月、延べ二〇回に及ぶ審議を重ね、整備事業計画を決定した。その内容は次のようなものであり、外苑の整備そのものと付帯事業として地下道築造の二つの事業から成っている(図67)。

(1) 宮城外苑整備事業

・二重橋前広場を改良し、式典の際の御親臨台用地と一〇万人収容の広場を造成する。
・市区改正で切り拡げたままになっている三カ所の石塁に櫓台を装備し、松を植える。
・凱旋道路の通過交通の地下道化により、外苑内の道路を苑路として再整備する(移設・新設および緑化、舗装)。馬場先口通り(幅員四〇間)が散漫としているため、ヴィスタを絞る(イチョウをやめ、幅の広い植樹帯とし、黒松を植える)。
・芝生地が道路面より一メートルも高く、緑地と道路の一体感が欠けている。そこで高さを合わせ、緑地と道路の境の深い溝は暗渠とし、綺麗な芝を植え付け、樹木は外来樹種を撤去し、黒松に変え、荘重感を出す。
・石塁内側土手の築造、和田倉門・和田倉橋の復元、等々。

(2) 宮城外苑地下道築造事業

・日比谷公園西南隅の両院議長官舎付近を起点とし、日比谷公園西北隅付近で地下道となり、宮城外苑の地下を南北に貫通し、大手門前で在来道路と接続する道路を新設する

(つまり凱旋道路の通過交通用バイパスを地下につくる)。

・総延長は一八七〇メートル、うち地下道延長一〇二〇メートル。地下道有効幅員は一九メートル(自動車道二車線、自転車道二車線)。軟弱地盤であるため鉄筋コンクリート・ラーメン構造とし、天井と側壁は耐爆構造とする。

(3) 実施方法

・予算は外苑整備本体は三一九万円、地下道築造は九五〇万円であり、ともに昭和一四年度以降四カ年継続事業とする(一九四四年三月完成を目標)。

・他に外苑整備事業のために団体、全市一三〇万世帯から一五五万円の寄付金を集める(一世帯あたり一万円を想定か)。

・整地、造園、道路改修工事の一部を市民の勤労奉仕に依る(延べ八〇万人)。

外苑整備の思想

外苑整備事業の起工式は一九三九年(昭和一四年)一一月一四日に行われた。戦時体制下、建築資材・労働力不足の中で市民の勤労奉仕による協力、樹木の献納、石材(神奈川県真鶴産)や玉砂利(神奈川県大磯産)の奉納によって事業を進め、一九四三年七月に一部、未完成のままで工事を中止した。一九四二年末に緑地総面積五万八〇〇〇坪のうち七七%の工事が完了していた。使用人員は職工延三万人、勤労奉仕延四九万人であ

図 68　勤労奉仕による宮城外苑の整備　〔『公園緑地』 4 巻 1 号，1940 年〕

った（図68）。

この一九三九〜四三年の外苑整備工事の大半の内容は造園修景工事であり、その設計施工の責任者は井下清（東京市公園課長）であった。前島康彦が引用する井下清の発言は次のとおりであり、特色ある宮城外苑の景観を保持しようとしたことをはっきりと述べている（傍点は引用者）。

> 宮城外苑の整備事業の計画に於て最も強く定められたことは、特に異った施設を加えぬことであって、明治時代以来何時とはなく造成されて来た外苑の芝生疎林式緑地の風光は、皇城の森厳な光景の前庭として、極めて相応しい。……これに著しい新景物を添加してはならぬということであって、全苑を在来のままで何処となく整備し奉ることを根本方針として、部分的欠陥を補修施設し奉献することとなっている。

この「新景物を添加してはならぬ」というデザイン思想はきわめて重要である。この思想が欠けた惨状は日比谷公園、隅田公園、神宮外苑と枚挙にいとまがない。

敗戦前後、宮城外苑もいったん、荒廃したが、復旧整備工事がなされ、皇居外苑と名を改め、厚生省（現環境庁）管理の国民公園として公開され、今日に至っている。

地下道計画

一方、付帯事業として計画された地下道築造事業は資材と財源の不足のため着工されず、中止された。ここでは、地下道計画が立案された背景である東京の道路交通問題について若干、言及しておきたい。

一九〇六年（明治三九年）に開設された凱旋道路は当初は宮城参拝者の歩道として使用されていた。しかし、一九一七年、一八年頃より自動車の保有が急激に増加し、内濠沿いの幹線道路（路面電車も敷設）の交通量が急増した。そこで帝都復興事業の際、凱旋道路を舗装し、自動車の通行を認めた。今日でも祝田《いわいだ》橋交差点は都内で有数の交通量であるが、この現象は大正末期以来続いている。

江戸の市街地（下町）は江戸城の東に展開している。これに対して江戸城の西は台地で坂があり、旧武家地が多かったため、幹線道路が不足し、ネットワークされていなかった。帝都復興事業は焼失地（都心・下町）で実施され、道路網が整備された。東京の市街が膨張する中で東京を南北に貫く幹線道路が少なく、このため、幅員が広く、一番西側に位置する凱旋道路に自動車交通が殺到してしまった（このような都市構造上の問題は今日でも解決されていない）。

凱旋道路への自動車交通の集中は宮城一帯の風致景観上、また参拝者の安全上、放置できないため、バイパス建設や地下道建設の案が都市計画東京地方委員会の手で検討されていた。宮城外苑地下道計画には以上のような背景が存在する。一九四〇年から半世紀経過した今日でも皇居外苑における自動車通過交通の問題は解決されていない。

6 宮城外苑のデザイン・ポリシー

宮城外苑は一八八八年(明治二一年)から一九四〇年(昭和一五年)にかけて何度かの整備を経てデザインが確定し、それ以来、半世紀を経過している。宮城外苑のデザイン・ポリシーの基調は一貫しており、江戸城の遺構がかもし出すどっしりとした景観を生かしながら、芝生と黒松というきわめてシンプルな組み合わせで静かで落ちついた風景をつくり出している。凱旋道路の通過交通はあるものの濠と石塁によって都会の喧噪から隔絶され、丸の内・日比谷方面からの再開発の圧力から物理的に遮断されていることも、半世紀もの間、戦前の姿を保ってきた理由であろう。

装飾過剰の下品な〝景観形成〟事業が日本国内のいたる所で氾濫している今日、宮城外苑の上品でシンプルなデザインに学び、シビック・ランドスケープとしての価値を再評価すべきではないか(図69)。

図69　皇居外苑と馬場先門の現況　市区改正事業で新設された幅40間の道路。紀元2600年記念事業によって整備された姿がそのまま継承されている。〔『とうきょう広報』1990年1月号〕

IX 東京緑地計画

グリーンベルトの思想とその遺産

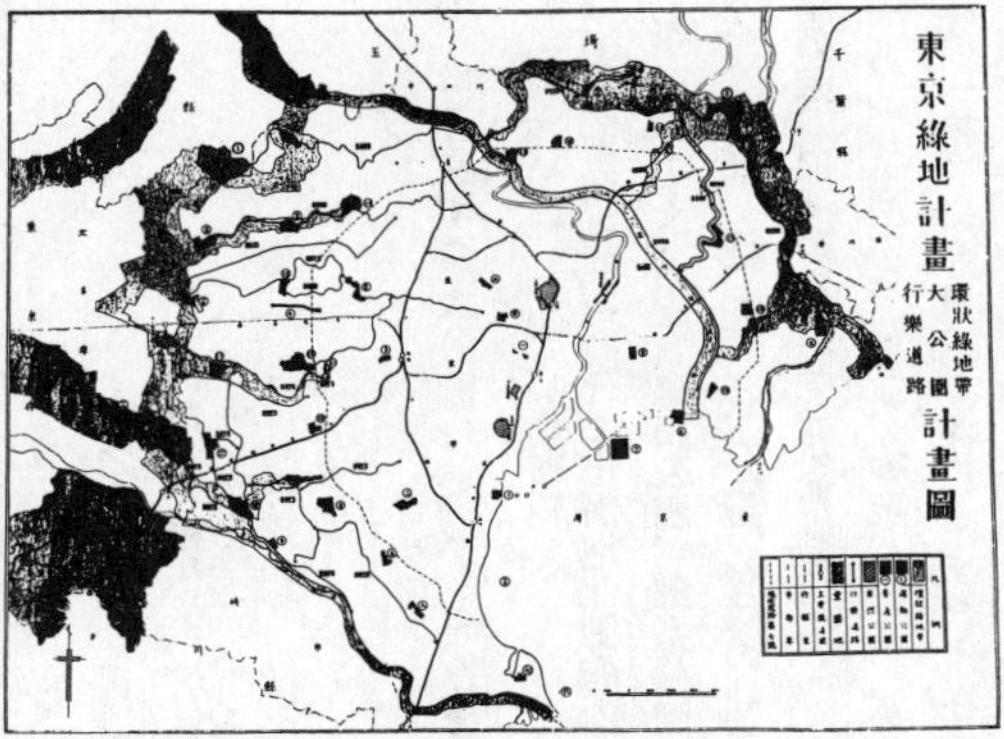

東京緑地計画（1939年策定）
〔『公園緑地』3巻2・3合併号，1939年〕

1　東京の大公園

東京の二三区とその外周の市域（旧北多摩郡）に存在する大公園はいつ、どのようにして形成されたのであろうか。

旧東京市（一九三二年の郡部八二町村合併以前の東京市域は江戸時代の市街地＝御府内とほぼ一致していた）の大公園は帝都復興事業による新設の三大公園（隅田公園、錦糸公園、浜町公園）と市区改正事業による新設の日比谷公園を除けば、ほとんどが江戸時代の社寺境内地と藩邸の転用である（上野公園、芝公園、浅草公園、旧浜離宮庭園、新宿御苑など）。

これに対して郊外地（昭和戦前期は、郊外地であった世田谷、杉並、練馬、足立、葛飾などの外周区部と武蔵野市、小金井市などの旧北多摩郡の一帯）に今日、存在し、また現在なお整備中の大公園（水元公園、舎人《とねり》公園、砧公園、神代植物公園、小金井公園など）はすべて昭和戦前期のグリーンベルト・プラン（東京緑地計画と言う）が残してくれた遺産に他ならない。

今日まで「緑」をテーマとしたり、あるいは「緑」という言葉を冠した行政計画は数多く日本に存在する。しかし、この東京緑地計画のように現実に大規模な公園を新設し、大量の緑のストックを残す役割を果たしたプランは他には存在しない。そして今日、広く一般に使用される用語である「緑地」という言葉が行政上使用されたのは、この東京緑地計画が最初であった。つまり日本最初の緑地の計画である東京緑地計画は多大な緑のストックを残し、これを超える実効性のあるプランは今日に至るまで出現していない。このように大きな遺産を残しながら、今日ではほとんどその歴史的事実さえ忘れ去られている東京緑地計画について本章で取りあげることにしたい。

2 東京緑地計画

東京緑地計画協議会

一九二〇年代、欧米で新しい都市計画思潮となったのが地方計画（regional planning 今日では地域計画と訳されることが多い）という広域都市計画の考え方である。一九二四年（大正一三年）アムステルダムで開かれた国際都市会議（現在のＩＦＨＰの前身）の中心課題はこの地方計画であり、会議は地方計画の必要性に関する七カ条の決議を採択している

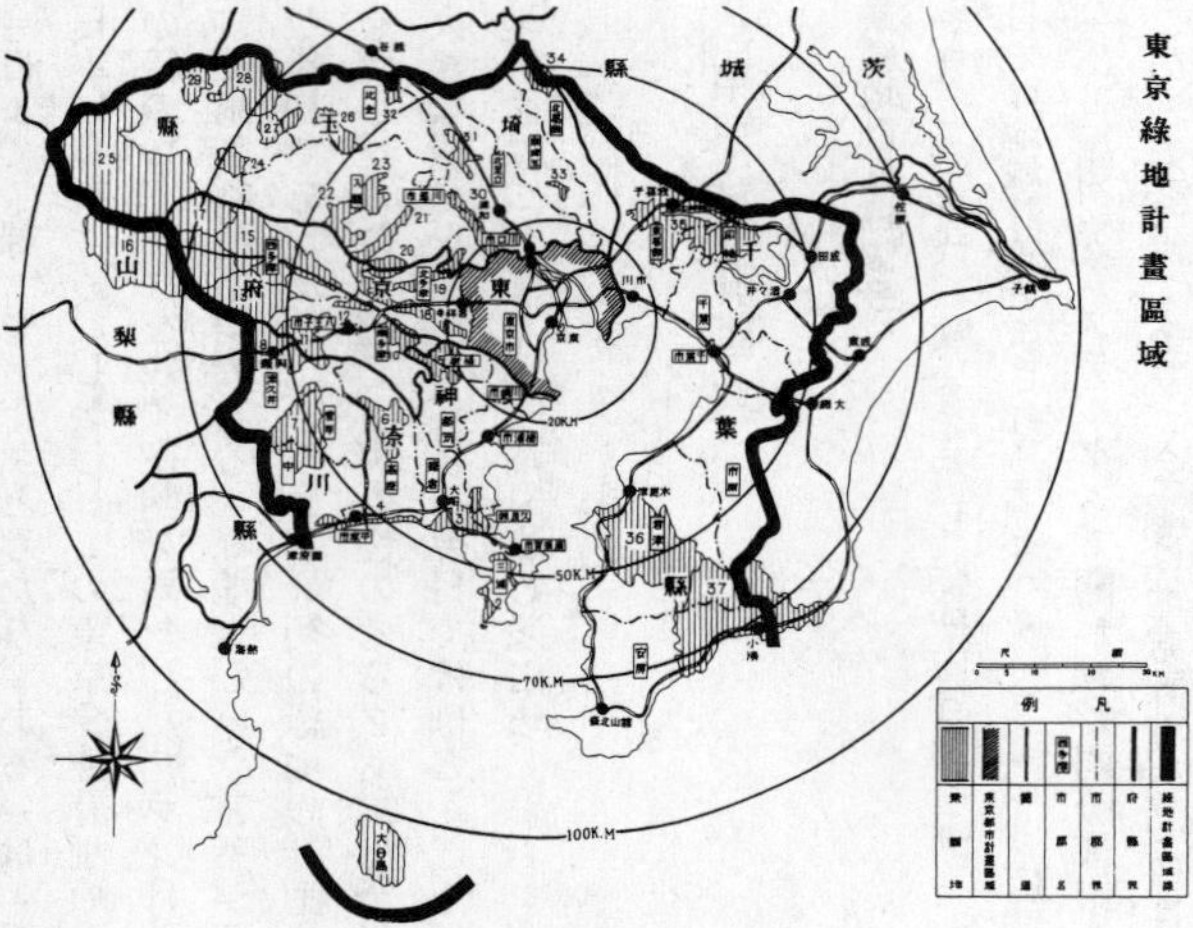

図 70　東京緑地計画区域図　戦後の首都圏計画のルーツと言える。

（その内容は、大都市の膨張の抑制、衛星都市の建設、市街地の外周にグリーンベルトを設置など）。このときから大都市の無秩序な拡大を防止するため、グリーンベルトの必要性が強く認識されるようになった。

日本で最初の地方計画の立案は、内務省を中心に東京を対象として実施された。このために設置された東京緑地計画協議会（内務次官を会長とし、内務省、都市計画東京地方委員会、東京府、東京市、警視庁によって構成され、神奈川県、埼玉県、千葉県など関係官公庁も加わる）は、一九三二〜三九年という長期間、調査・立案活動を行っている。計画区域は東京五〇キロ圏、九六万二〇五九ヘクタールという広大なもので、また協議会が対象とした緑地は生産緑地（農地）や景勝地まで含むきわめて広い概念をもっていた（図70）。計画された施設は、大公園、環状緑地帯、自然公園、行楽道路、景園地など多岐にわたっている。

緑地という用語は東京緑地計画の主催者で、ドイツ語に堪能な北村徳太郎（当時、内務省都市計画課公園主任技師、後に東京大学教授）が英語の Open Space、ドイツ語 Grünflächen の訳語として使用したことに由来している。今日では広く一般に使用されるが、都市計画行政で公式に使用されたのはこのときからである。

大緑地の造成

この東京緑地計画は一九三九年（昭和一四年）四月に最終決定され、内務大臣に報告された。環状緑地帯は東京市の外周部分に設定され、そこから石神井川、善福寺川など河川沿いに楔状の緑地帯が市街地内に入り込むように配置されている。この緑地帯のうち拠点部分は、実際に都市計画緑地として都市計画決定し、土地を買収し、整備することが行われている（図71）。一九四〇年（昭和一五年）は紀元二六〇〇年に相当し、東京府は東京府紀元二六〇〇年記念事業の一環として、砧、神代、小金井、舎人、水元、篠崎の六カ所の大緑地を防空を名目として事業化することを決定し、府会でその事業費予算が可決された。この大緑地はいずれも一カ所一〇〇ヘクタール前後の大きなものであった（図72）。その後、一九四五年までに二二カ所の緑地が追加して都市計画決定されている（図73）⑥。戦後、これらの大緑地は農地解放の対象となり、用地買収済七四六ヘクタールのうち六二％が民有地になってしまった。しかし今日、東京に存在する大規模公園の多くはこの戦時中の大緑地の遺産である。

帝都復興事業の終了以後、市街地における公園の新設は行われていなかった。しかし、東京緑地計画を契機として一九三八年以降、東品川、西巣鴨、荏原、小豆沢、南千住の五公園計九・八ヘクタールがやはり防空を名目として都市計画決定され、用地買収に着手された。さらに一九四〇〜四二年に二〇カ所以上の公園が事業化された。これらの公園のうち、深沢神明、北江古田、中村南、弁天の四公園は戦後、全区域が農地解放の対象となり、消滅した⑦。

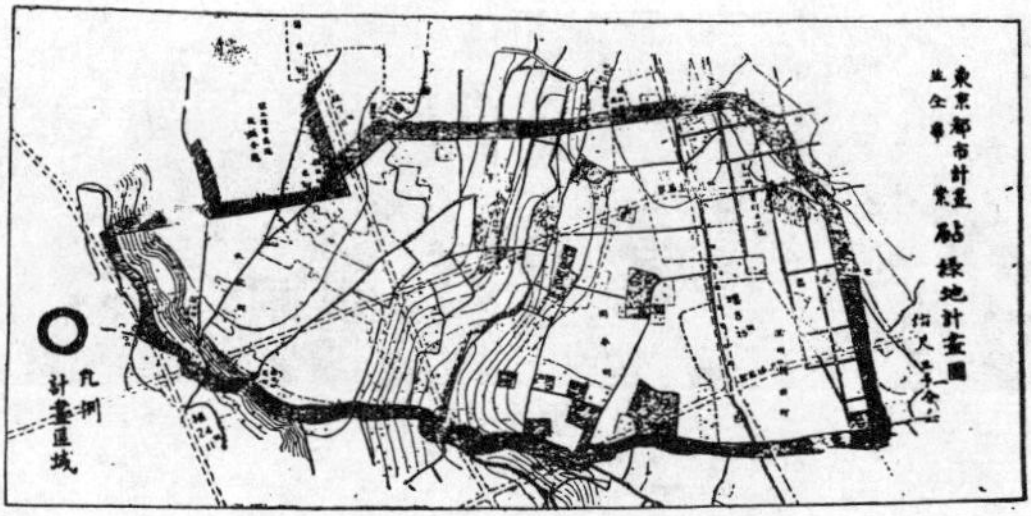

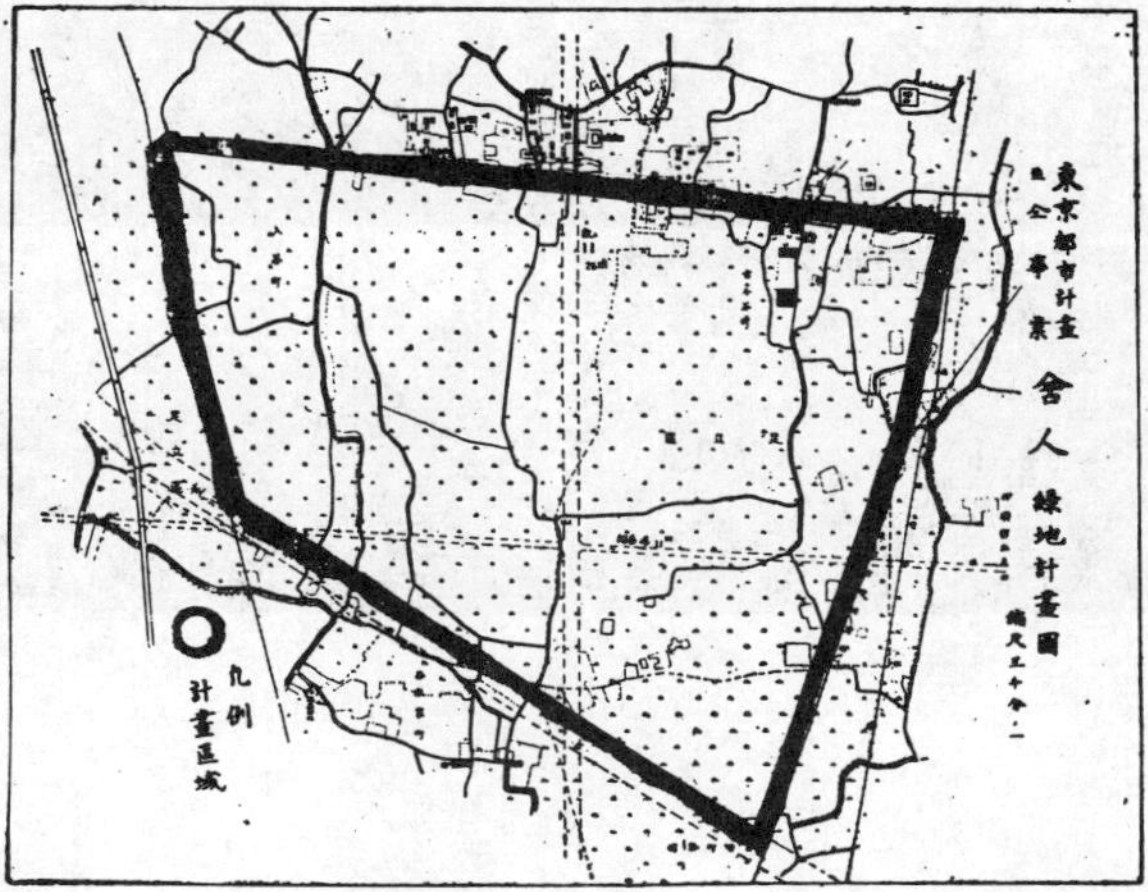

図 71　大緑地の都市計画決定（1940 年）　㊤砧緑地（世田谷区，81 ha)。現在の砧公園は 1940 年決定区域の約半分にすぎない。この図の右端を現在の環状八号線が，また南端を東名高速が通っている。㊦舎人緑地（足立区，101 ha)。戦前，全域が買収済であったが，その 95 %が農地解放の対象となってしまった。戦後，トラックターミナルと中央卸売市場が立地し，都市計画決定の面積が大幅に減少した（68.8 ha)。現在，27.3 ha まで買い戻している。

図 72　買収開始当時の大緑地の姿（1940 年）　右側上から砧緑地，神代緑地，小金井緑地。左側上から舎人緑地，水元緑地，篠崎緑地。

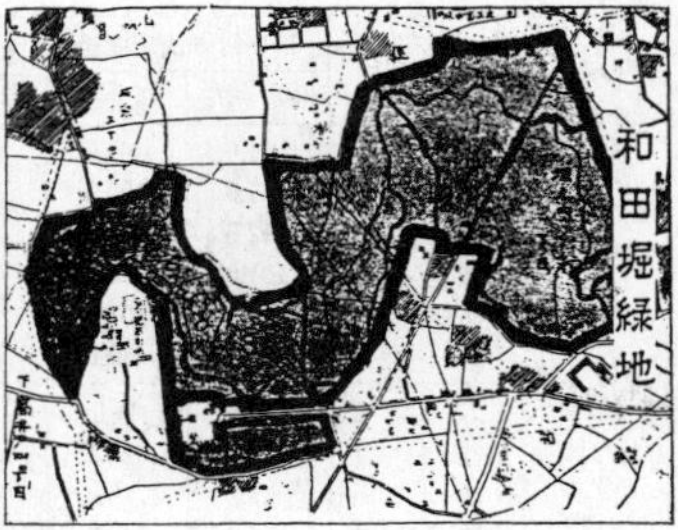

図 73　緑地の都市計画決定（1942 年）　㊧上板橋緑地（練馬区・板橋区，59.83 ha）。戦後，買収済 44.76 haのうち 28.57 haが農地解放の対象となった。地区の北西部が城北中央公園となる。北側の道路は川越街道，東西を貫通する河川は石神井川である。㊨和田堀緑地（杉並区，64.8 ha）。大宮八幡社脇の善福寺川の一帯に決定された。図の左側約 8 haが現在，善福寺川公園となっている。現在の大宮中学校，富士銀行グラウンドまでが，戦前の当初計画では緑地であった。

決定年月	緑地名称	都市計画決定面積		併用面積(昭和54年)	都市公園名称
		戦前	現在		
1940年3月	砧	81.0	66.9	46.3	都立砧，区営大蔵運動場
	神代	71.0	100.3	25.5	都立神代植物
	小金井	92.0	134.1	44.8	都立小金井
	舎人	101.0	68.8	事業中	都立舎人
	水元	169.0	151.5	53.7	都立水元，区営金町運動場
	篠崎	154.0	89.5	16.3	都立篠崎
1942年1月	穴守	11.9	廃止		
	池上	21.2	25.6	4.0	都立本門寺，区立池上梅園
	洗足	13.2	9.1	6.8	都立洗足
	駒沢	46.3	40.5	41.3	都立駒沢オリンピック
	和田堀	64.8	54.4	12.8	都立和田堀，区立済美
	野方	15.2	12.9	9.1	区立江古田，区立哲学堂
	上板橋	59.8	43.6	20.5	都立城北中央，区立茂呂山
	西新井	10.9	5.6	—	
	浮間	29.8	12.8	12.2	都立浮間
	奥戸	32.7	—	—	(中川緑地に合併)
	宇喜田	19.8	20.0	3.6	区立宇喜田，区立宇喜田南
	高井戸	36.4	18.0	—	
	善福寺	38.0	10.9	7.8	都立善福寺
	石神井	57.9	41.1	16.2	都立石神井，区立池淵史跡
1943年8月	祖師ヶ谷	52.9	53.3	0.8	
	井ノ頭	46.9	40.1	33.8	都立井の頭
	妙正寺	35.7	3.5	1.2	区立妙正寺
	赤塚	32.7	30.9	15.0	都立赤塚，区立赤塚溜池
	東淵江	29.1	17.4	15.6	都立東綾瀬
	荒川口	15.3	廃止		
	枝川	23.1	23.3	—	
1945年3月	堀江	56.2	22.6	事業中	

⑥ 1940〜45年都市計画決定の緑地の現状（単位：ha） 本表から東京緑地計画にもとづく一連の緑地の決定がいかに大きな緑のストックを今日，残してくれたかが判明する。〔末松四郎『東京の公園通誌』下巻，郷学舎，1981年〕

種別	公園緑地名	買収済面積（坪）	保留面積（坪）	農地解放面積（坪）	農地解放除外面積（坪）
緑地	砧	230,092	—	102,142	127,930
	神代	216,327	—	158,727	57,800
	小金井	272,186	—	117,086	64,100
	舎人	307,547	—	292,124	15,450
	水元	500,471	—	228,900	106,370
	篠崎	466,632	—	416,132	50,500
	駒沢	126,716	96,716	—	30,000
	上板橋	135,388	—	86,410	48,978
	石神井（計画ノミ）	175,000	58,629	—	—
公園	多摩川台	9,833	全域	—	—
	久ヶ原	10,939	〃	—	—
	等々力	15,118	10,118	—	—
	羽根木	17,998	全域	—	—
	小豆沢	5,718	〃	—	—
	行船	6,467	〃	—	—
	小岩	5,765	〃	—	—
	深沢	1,227	〃	—	—
	深沢神明	591	—	全域	—
	北江古田	1,332	—	〃	—
	前野	2,205	全域	—	—
	水久保	187	〃	—	—
	中村北	430	〃	—	—
	富士稲荷	186	〃	—	—
	学田	5,470	〃	—	—
	中村南	4,195	—	全域	—
	弁天	2,312	—	〃	—
	上練馬	1,043	全域	—	—
	下千葉	1,900	〃	—	—

⑦戦時期の東京の公園・緑地の用地買収と農地解放 〔『東京の公園百年』東京都建設局公園緑地部，1975 年〕

東京で公園・緑地の用地買収がこれほど大規模に実施されたのは明治以来今日に至るまで、この戦時期のみであったということは、意外に知られていない事実である。「過大都市防止対策としての環状緑地帯」（当時の全国都市問題会議において都市計画東京地方委員会はまさにこのタイトルで報告している）を設置するという強力な施策が戦時期に実際に着手されたことは、東京の都市計画の歴史上、画期的なことである。戦後、このような実効性のある緑地確保の施策は実行されていない。

防空都市計画と防空大緑地

昭和一〇年代、欧米と日本では戦時下に都市を空襲からいかに守るかという防空対策が都市計画の課題となった。

一九四一年一二月、太平洋戦争が開始され、本土空襲に対する備えは現実の問題となり、一九三七年四月公布の防空法は一九四一年九月に改正され、空地《くうち》を指定する制度が生まれた（法第五条ノ五第二項）。この防空法による空地とは敷地内空地ではなく、大都市の膨張と市街地の密集を抑制し、また空襲時の消防、避難活動のために設けられる法的に担保されたオープンスペースである。防空法により空地に指定されると農林業と公園運動場以外の建物が禁止されるという厳しい建築制限がかけられた。

一九四三年（昭和一八年）三月、全国に先駆けて東京、大阪で防空法による空地の指定

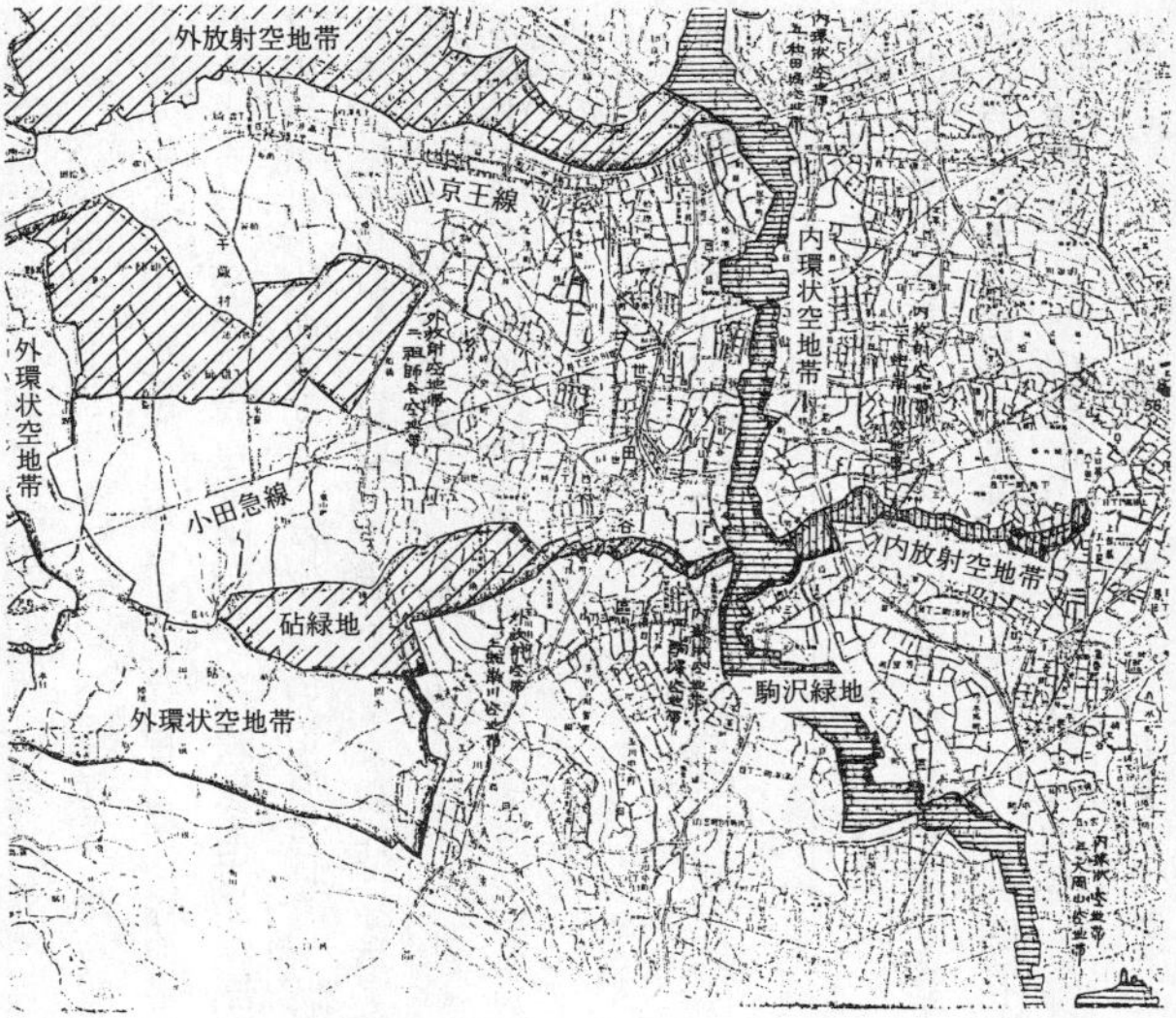

図 74　防空法による空地帯の指定（1943 年決定）　世田谷区の一帯を示す。砧緑地，駒沢緑地（現駒沢公園）を拠点として空地帯が東西，南北に配置されている。内環状空地帯を除くと，他の空地帯は東京緑地計画の環状緑地帯と一致していることが判明する。〔越澤所蔵〕

がなされた。その空地は、(1)空地帯(内環状、外環状、放射空地帯、各幅員三〇〇〜二〇〇メートル)、(2)防空空地(一カ所一〇〇〇坪程度)から成り、東京の外環状・放射空地帯は一九三九年(昭和一四年)の東京緑地計画の環状緑地帯をほぼそのまま継承した形となっている。ここで初めて東京緑地計画の環状緑地帯が法的に担保されたことになる(図74)。

内務省は、国庫補助(二分の一)の措置を採り、昭和一八年度より公共団体が防空法による空地を買収し、買収地を現状のまま耕作、使用させ、必要に応じて公園緑地の事業を施行するという方針を打ち出した(実績は不詳)。防空法による空地指定は現行都市計画法の線引き制度、生産緑地地区、緑地保全地区のある意味では先駆けをなすものである。

3 戦災復興計画の挫折と農地解放

緑地地域とその挫折

敗戦の虚脱状態の中で、都市改造の一大チャンスを逃すまいと本省と地方庁の都市計画関係者は精力的に戦災復興に取り組んだ。一九四五年(昭和二〇年)一二月の戦災地復興計画基本方針(閣議決定)は理想を高らかに掲げており、その最大の特徴は広幅員街路(幅五〇メートル以上のブールヴァール)の新設と緑地帯の設置・確保(市街地面積の一〇％以上を緑地とする、市街地外周の農地・山林等空地を保存するため緑地帯を指定する）であった。一九四六年九月に公布された特別都市計画法では北村徳太郎の長年の執念が実を結び、緑地地域が制度化された。しかし、緑地地域はその建築制限（建ぺい率一割以内）を嫌う自治体が多く、全国では東京を含めて一一都市で指定されたにとどまる。

一九四六年一月、防空法の廃止により、同法にもとづく空地の確保は法的根拠を失った。同年九月、戦災復興院は緑地地域計画標準を発し、緑地地域は市街地の外周部と内部に放射環状にとり、「防空空地帯を指定された都市では、その指定区域を根拠として」指定するよう指示している。しかし、大阪、名古屋など防空空地帯を指定していた都市は緑地地域への切り替えの措置を採らず、ただ東京のみが東京緑地計画以来のグリーンベルト構想を堅持した。一九四八年（昭和二三年）八月、緑地地域は一万八〇一〇ヘクタールが防空空地帯を継承する形で都市計画決定された。

東京戦災復興計画は一九五〇年（昭和二五年）のドッジライン（緊縮財政）による計画見直しによって大幅に事業を縮小し、当初の土地区画整理を施行すべき区域二万一六五ヘクタールの決定に対して最終的には一六五二ヘクタールを実施したにとどまり、この結果、ブールヴァールは実現しなかった。山手線内側で復興事業区域が縮小されていく一方、環状七号線外周の緑地地域では違反建築が続出し、その実態を追認するかのように次々と指定解除の措置が採られ、一九五〇年（昭和二五年）一二月には一万二九五九ヘクタール、一九五五年（昭和三〇年）三月には、九八七〇ヘクタールと減少した。そして一九六九年（昭和四四年）、新都市計画法の施行の際、緑地地域そのものが全廃された。

農地解放の犠牲となった東京の緑

緑地地域が解除されていく一方、グリーンベルト思想の残された拠点である大緑地も受難の歴史を歩むことになる。戦後、アメリカ軍占領下における民主化の中で最も重要な改革であった農地改革は市街地・都市近郊においてきわめて誤った方法を採り、都市計画・公園行政に致命的ともいえる打撃を与えた。

昭和一〇年代に、都府県市が買収した公園緑地の多くは戦時中、食糧増産のため耕作を続けていた。このようなイモ畑となっている公園緑地についても現況農地であるとみなし、農地解放の対象としてしまったのである。この結果、東京では既述のように買収済の緑地七四六ヘクタールのうち六二％、名古屋では八三〇ヘクタールのうち四八％が小作人に払い下げられてしまった。大阪でも同様であり、花博の会場となった鶴見緑地など三大緑地はすべて払い下げられてしまった。しかし都市計画決定の法規制だけは解除されず、維持された。

東京、名古屋、大阪などでは農地解放後、今日に至るまで長い時間をかけて一度、旧小作人に払い下げた土地を再び買い戻すことをしている。その買収価格は農地解放時の払い下げ価格よりはるかに高いものとなる。つまり都市近郊の旧小作人を豊かにする生活補償のために都市計画と公園行政が犠牲になったわけである。

東京では田阪吉徳（一九四六年、井下清の後をうけて公園緑地課長に就任）が市街地における公園の占用・転用（住宅・官舎・占領軍施設、公共施設の用地としてねらわれる）と郊外の緑地の農地解放に懸命に抵抗し、〝断わり田阪〟の異名が生まれたほどであった。しかし、かえって都知事安井誠一郎の不興を買い、田阪は健康を害し、一九五二年に職を辞した。

東京における田阪吉徳、神奈川における佐藤昌は緑地防衛の恩人である。

北村徳太郎は一九四〇年（昭和一五年）の予算化のいきさつと農地解放について、後年、次のように語っている。

（東京の）一府三県の［緑地］計画を立ててから、いよいよ予算を出そうという矢先に亀山さん〔内務省防空課長、後の厚生次官亀山孝一のこと――引用者〕がそんな当たり前の予算を出したって取れっこない。どうしても防空に便乗しろという。そんなものに便乗するなんて末世のことだ、だめだといって大いに議論したんですが、亀山さんの方が政治家だから、そんなこと言ったってお前取れっこないんだから、とうとう説き伏せられてしまって、それでは防空緑地という名目で出そうということになったのですが、僕はそんな馬鹿な予算ならどうでもいいという気になっておったら……亀山さんの方から当

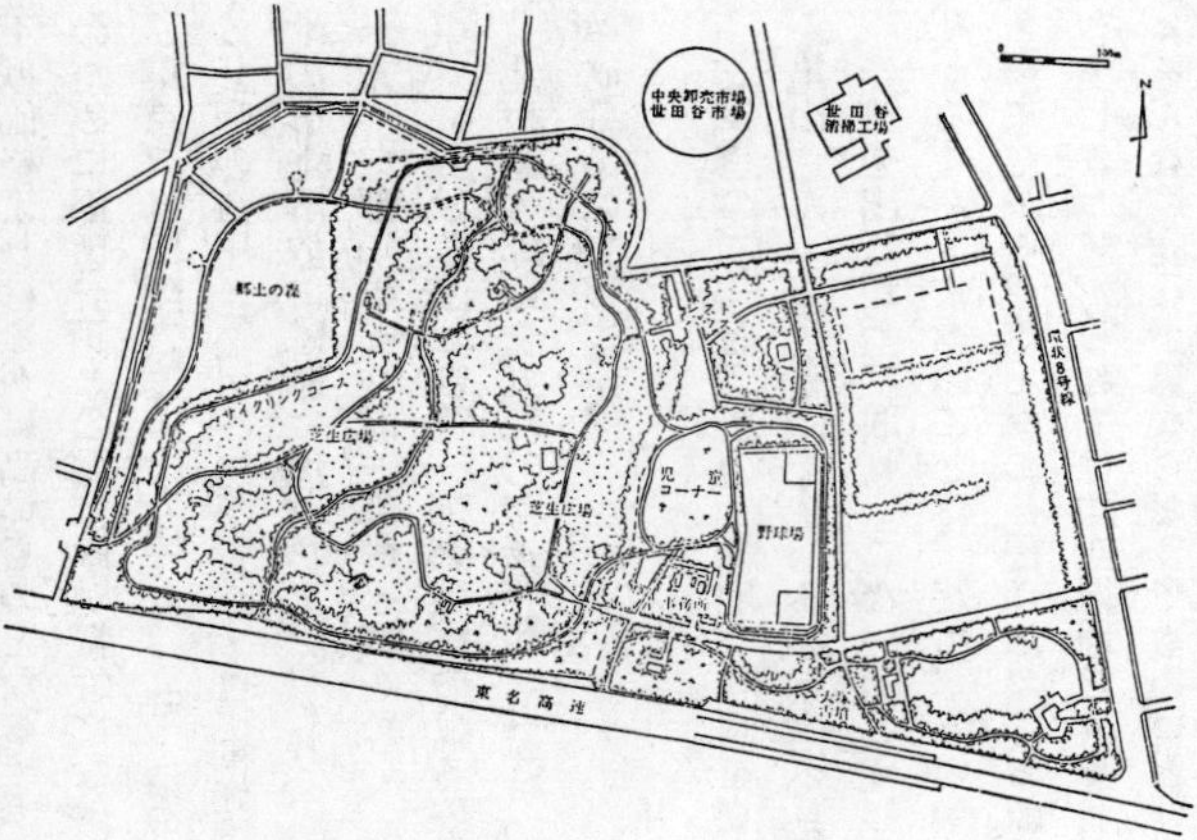

図 75　砧公園の状況（1970 年代半ば）　世田谷美術館の開設前の状況。1966 年にゴルフ場跡地が砧ファミリーパークとして開園された。図 71 と比較すると大幅に規模が縮小されている。東名高速，清掃工場，中央卸売市場の立地により公園面積がさらに減少した。〔石内展行『砧緑地』郷学舎，1981 年〕

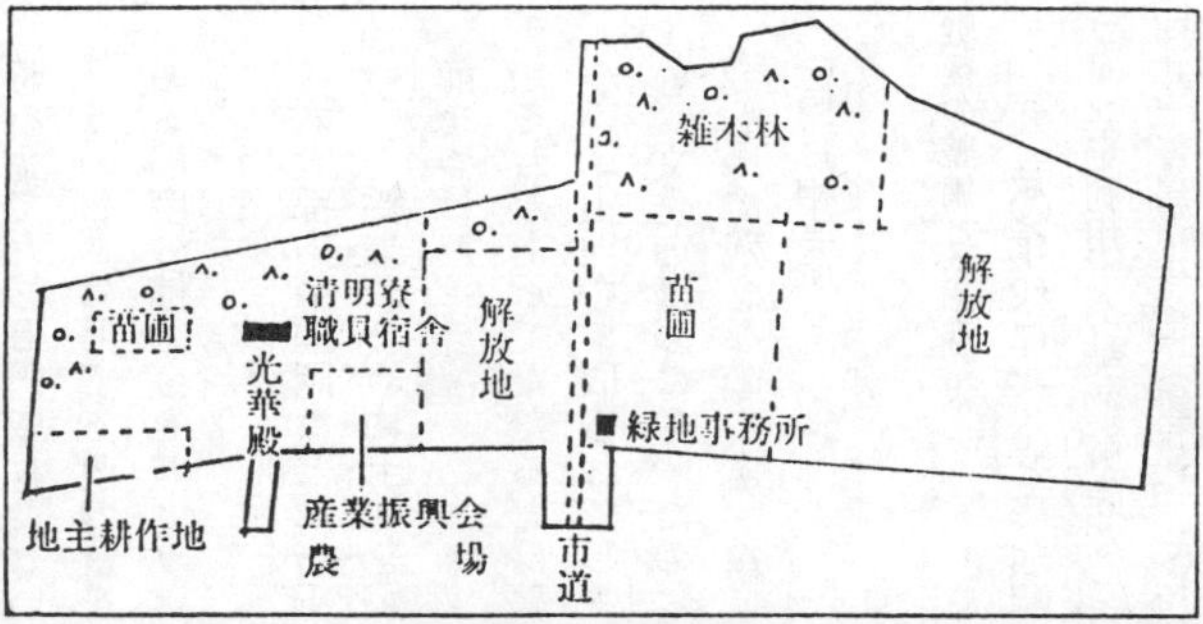

図 76　戦後の小金井公園　㊤開園直前（1952 年）。1953 年に 8.6 haで開園した。都市計画決定区域のうち半分近くが農地解放地となってしまった。戦後の用地買い戻しのうち，1972〜80 年に都が買収した用地は 13 haで，買収金額は 92 億 7,000 万円という巨額な費用となっている〔北村信正『小金井公園』郷学舎，1981 年〕。㊦現況（1989 年）。現在，都立公園としては最大の開園面積 72 haとなっている〔『みどりTOKYO』 7 号，1989 年〕

時の金で九〇万円取れたという。

そのときは何でもその金を二〇倍に動かしたものでした。起債ができたものですから、ある程度の補助金をおとりに使って、二〇倍に動かしてあちこちに公園を買わせた訳です。……

六大都市や福岡などに一千万坪くらい土地を買ったのです。私どもは築造はどうでもいい、将来のために土地を残しておくという思想ですから、それで防空大緑地なんて名前をつけた。

それがあとでたたるとは夢にも思わなかった。……終戦後農地改革のために、半分くらい［土地を］取られてしまった。何もこっちは防空のためにそんなに買ったんではない。文化のためにやったのに、そういう名前を使ったので半分くらい取られてしまって、今もって残念なのです。（傍点は引用者による。なお九〇万円は現在の貨幣価値で二〇〜三〇億円に相当する）

戦後の整備と公園開設

一九五〇年代になると農地解放を免れた土地を整備し、また戦後の暫定利用（砧公園のゴルフ場利用）の契約解除などによって次々に公園が開設された（砧、城北中央、神代、石神井、善福寺など）（図75）。そして、小金井公園、神代植物公園では再び用地買収が開始された（図76）。一九六〇年代には部分的であるが水元公園、篠崎公園も開設された。

このような大公園の開設に向けての関係者の努力の源泉となっていたのは、東京緑地計画とそれにもとづく都市計画決定という歴史的事実の重みに他ならない。しかし、一方では戦後、さまざまな東京都の公共公益施設（道路、清掃工場、卸売市場、トラックターミナル、学校など）の用地として都市計画公園の一部を割愛せざるをえない事態もしばしば発生した。それぞれの大公園に戦後の公園開設に至るまでさまざまな紆余曲折の過程とドラマが存在するが、それについては別の機会に譲ることにしたい。

X 防空と建物疎開

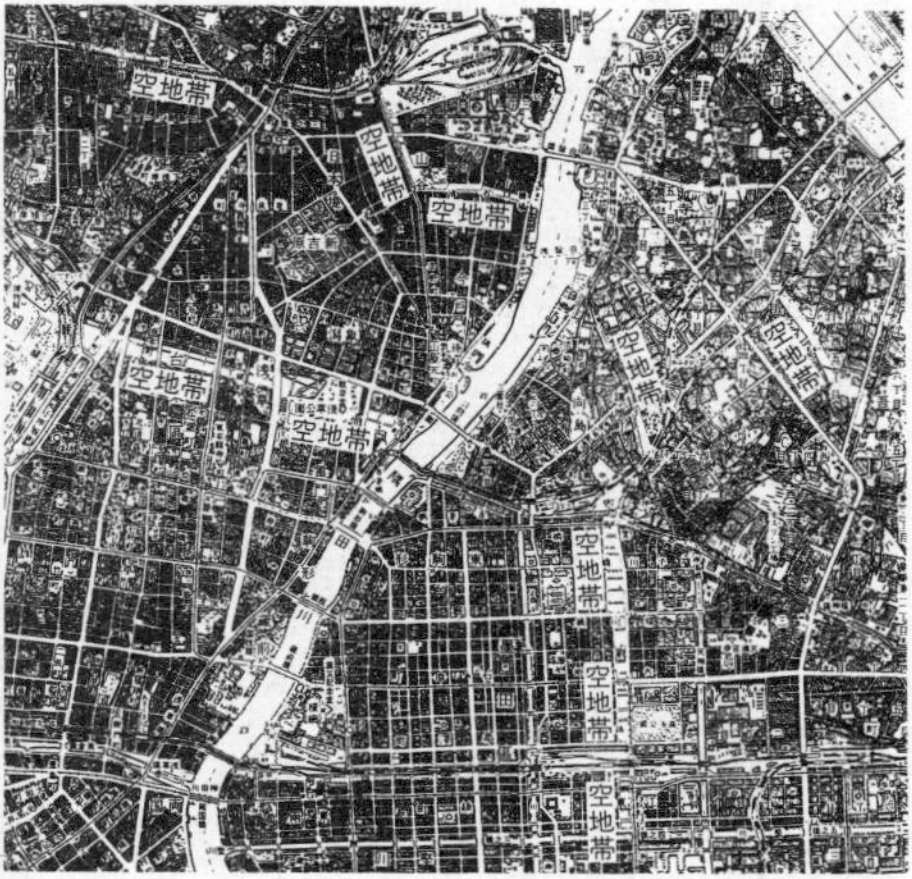

建物疎開（1944〜45年）

空襲による火災の延焼阻止のために，建物を強制撤去して，空地帯（幅約 100 m）をつくることが行われた。それは地形図上でも判読できるほどであった。〔国土地理院発行地形図，1945 年空中写真測図〕

1　防空都市計画の思想

防火・不燃化は明治以来、日本の都市計画の重要課題であった。一九三〇年代になると欧州と日本では戦時色を背景として〝防空都市計画〟（空襲に強い都市構造をつくる）の考え方が都市計画の潮流となる。

第一次世界大戦後、軍事技術（飛行機と爆弾）の進歩の結果、軍事的にみた都市防衛の第一課題が空襲対策となった。このため、空襲を防ぎ、その被害を軽減させるという観点に立って都市形態の改造と都市建築物の改修を進めるという考え方が生まれた。

一般に防空には軍事上の措置（軍事力による防衛）と民政上の措置（防火対策、住民避難など）の二つがあり、後者は民防空（Civil Defence）と呼ばれる。民防空の主たる内容は防空都市計画であり、昭和一〇年代の日本では民防空の仕事は都市計画、建築行政と一体のものとして実行された。

一九三〇年代後半、欧州各国は防空法を制定し、民防空の施策を実行し始めた。日本で

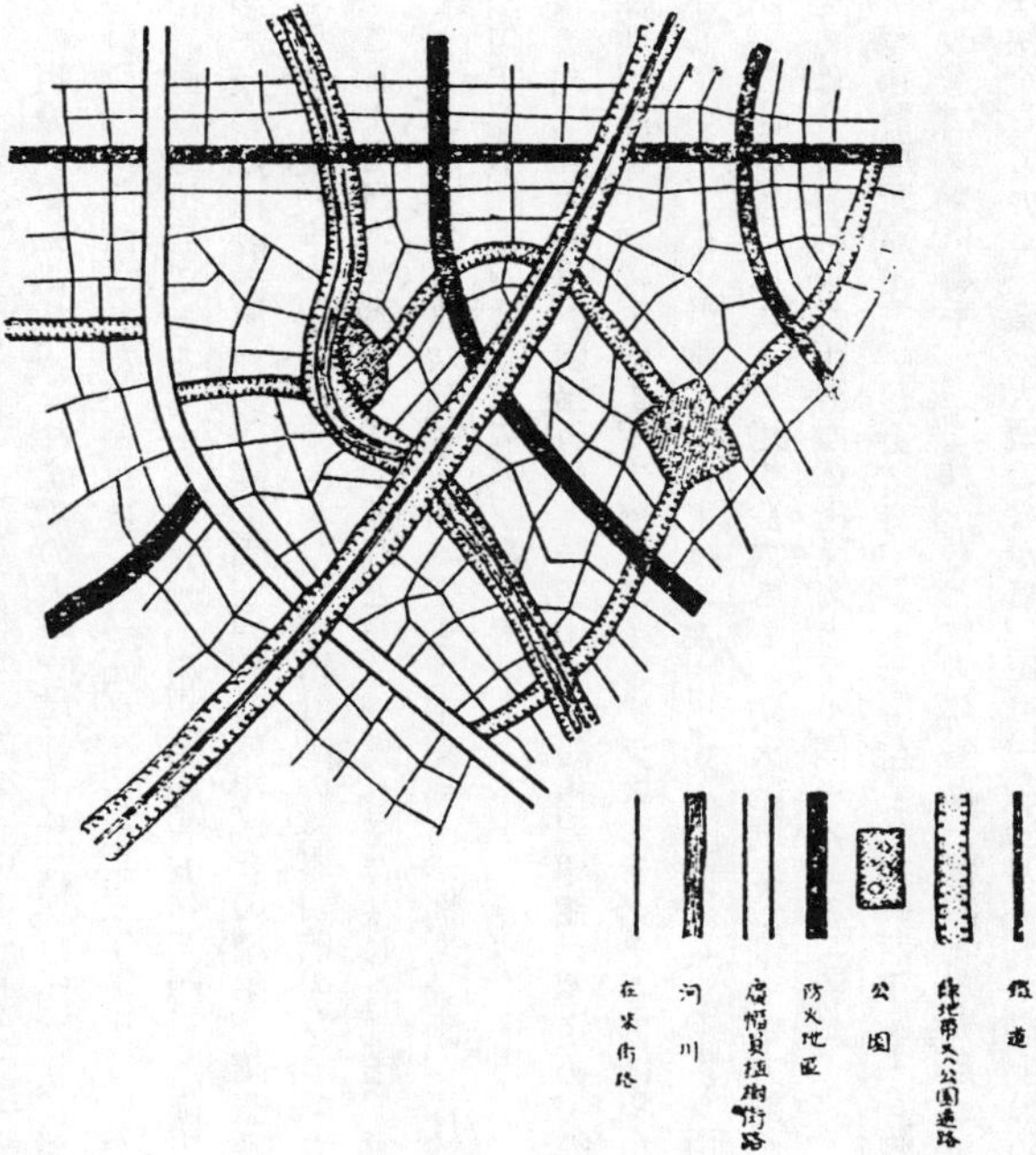

図 77　防火区画モデルの一例「公園，緑地帯，防火地区，幅員の大きい街路，河川等で囲まれた一区画は火災の延焼をその区画内でくいとめる」と解説されている。〔内務省計画局『国民防空読本』1939 年〕

も一九三七年（昭和一二年）四月、防空法が公布され、同年一二月の施行にともない内務省の組織が変更され、これまでの大臣官房都市計画課に代わり、都市計画と防空を所管する計画局が設置された。これは一九二四年（大正一三年）に行革の観点から廃止された都市計画局の復活である。また一九四〇年（昭和一五年）四月、都市計画法が改正され、法第一条の都市計画の目的に防空が追加された。この結果、防空は交通、衛生、保安（安全）などと同等の位置を与えられ、都市計画の基本目的のひとつとなったのである。

これまで日本の都市計画の流れとして一貫して存在した都市不燃化・防火の対策、そして一九二〇年代後半から導入されてきた田園都市、地方計画、緑地計画の思想はすべてこの防空都市計画の考え方に吸収されていく。

一九三九年七月、内務省は「防空土木一般指導要領」を定め、鉄道をはじめとして公園緑地、都市計画に至るまですべてのインフラストラクチュアに関して詳細な防空対策を指示している。都市計画については「都市の防火的構築」、つまり市街地を広幅員道路、河川、公園緑地等によって適当な大きさの防火区画に分割する方針が打ち出された。この考え方は今日の防災都市計画の考え方と全く同一である（図77）。

都市計画東京地方委員会では、一九三九年（昭和一四年）より防空的視点にたった東京の改造プランに着手し、これをもとに内務省は一九四〇年九月、東京防空都市計画案大綱を決定している。この大綱のなかで、幅員一〇〇メートル以上の防空帯によって市街地を

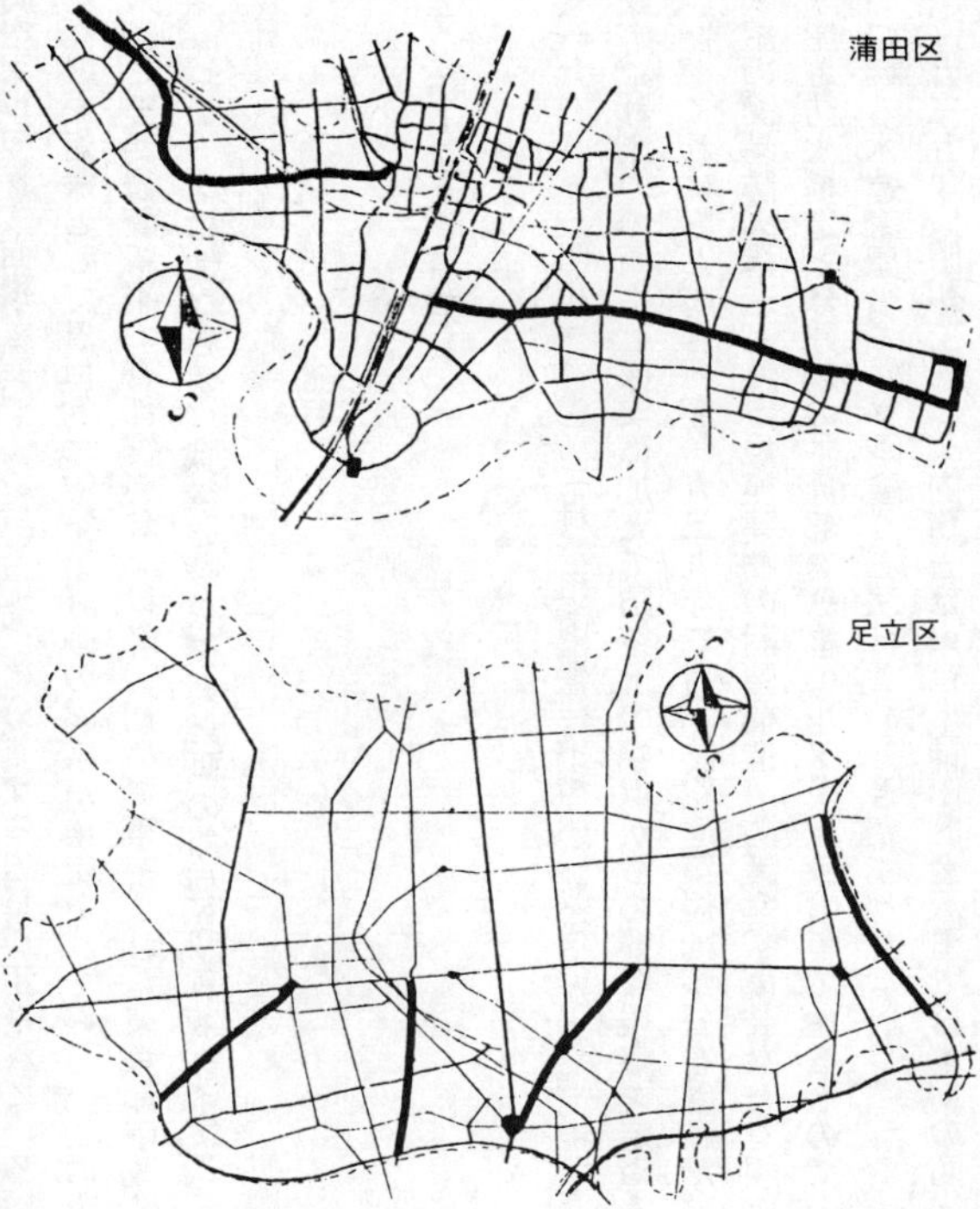

図 78　東京の防空都市計画試案　太い実線が防空帯を示す。〔石川栄耀『戦争と都市』日本電報通信社，1942 年〕

防空ブロック（面積一〇〇〜一五〇万坪）に分割する方針が示されている。さらに蒲田、足立などを対象として具体的に防空帯計画の試案が策定されている。この東京防空都市計画大綱こそが後藤新平の帝都復興計画以降、初めて策定された東京都市改造のマスタープラン、ビジョンに他ならず、戦後の戦災復興計画の原型（プロトタイプ）になったのである（図78）。

2　防火改修事業

一九三八年（昭和一三年）三月、市街地建築物法の改正により、第一二条に防空が加わり、これまでの衛生と保安に加えて防空上の観点から必要な規定を定めることが可能になった。これにもとづき、翌一九三九年二月、防空建築規則が公布された。この規則は木造家屋の簡易防火構造、特定規模建物の耐弾構造・防護室、偽装などを規定している。木造家屋の防火構造とは建物の外周部を鉄網モルタル、漆喰等で塗るものである。今日まで続いている木造家屋のモルタル塗り工法はこのとき始まった（図79）。

一九三九年（昭和一四年）、内務省は東京市神田区金沢町で日本初の防火改修模範街を造成し（事業費の大部分を大日本防空協会の負担、設計監督は警視庁建築課が行った）、防空改修

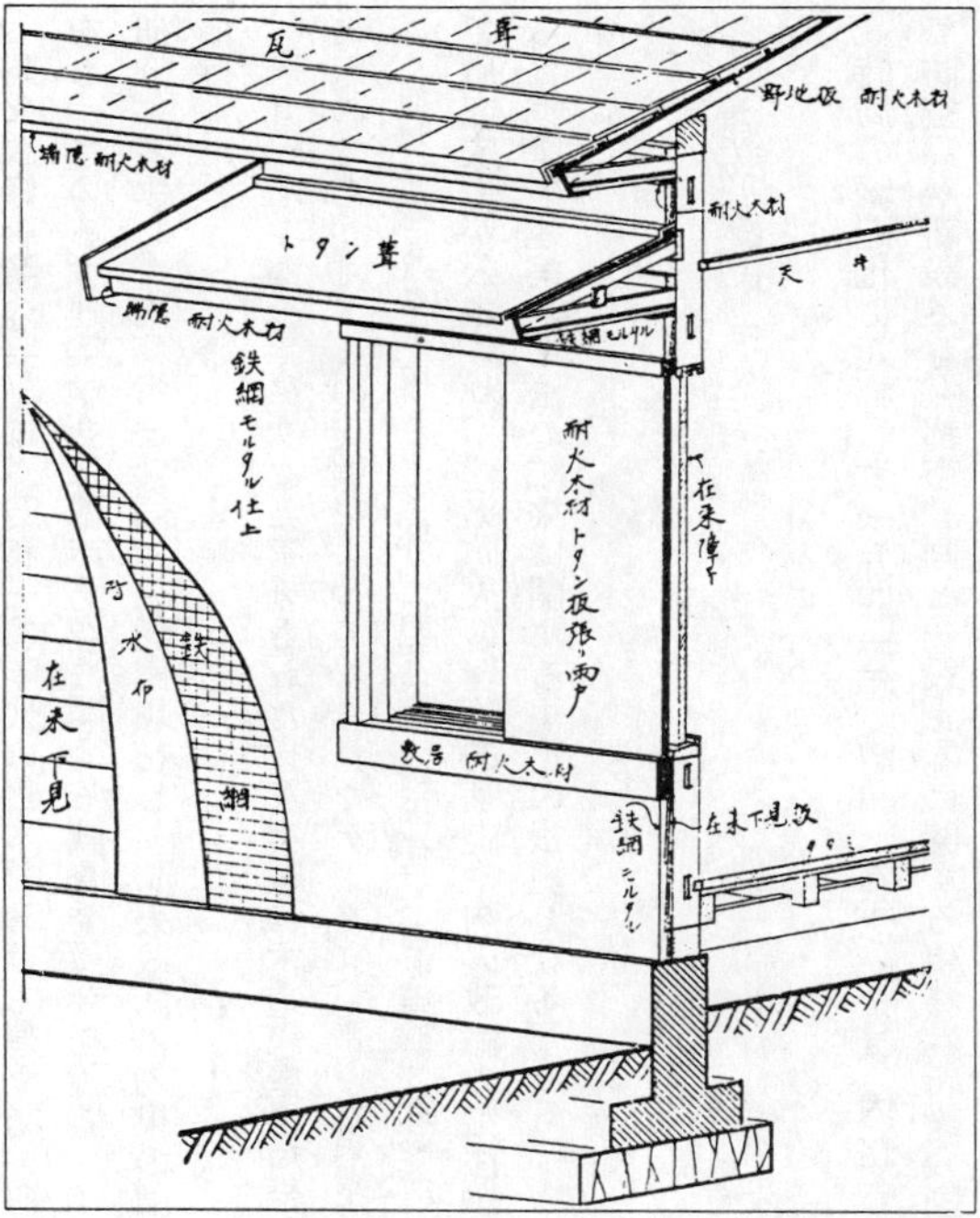

図 79　木造家屋の防火改修　〔前掲『国民防空読本』〕

事業のPRを行った。

防火改修事業の実施は、昭和一〇年代の日本における建築防火研究の発展と密接な関係をもっている。建築学会は都市防空に関する調査委員会を設置し、木造家屋の防火対策の研究に着手し、内務省と共同で火災実験をし、防火改修の効果の調査とPR活動を積極的に行った。

一九三七～四三年に次々と実施された火災実験は木造家屋の科学的測定としては世界初のものであった。この実験によって得られたデータ（建物の火災温度、持続時間、延焼距離、ふく射熱）をもとに東大工学部の研究者（内田祥三、浜田稔、武藤清、藤田金一郎ら）によって研究成果が公表され、建築防火の理論的基礎や防火改修の工法が確立していった。これらは戦後の建築基準法の防火に関する規定の根拠となる。

3 建物疎開

時局の緊迫化に対応して一九四一年（昭和一六年）九月、内務省の防空事務が拡大されて防空局が新設され、都市計画と一般土木に関する事務は新設の国土局で取り扱うこととなった（この国土局が戦後の建設省の前身である）（図80）。

BOOK GARDEN

ディラ　上　野

TEL 03-5828-7702
営業時間 8:00〜21:30
お買上げ
ありがとうございます

01/03/08 (木) 20:30

0005 文庫		¥1,300
外税5%	品代	¥1,300
	外税	¥65
合計		¥1,365
現金		¥1,365

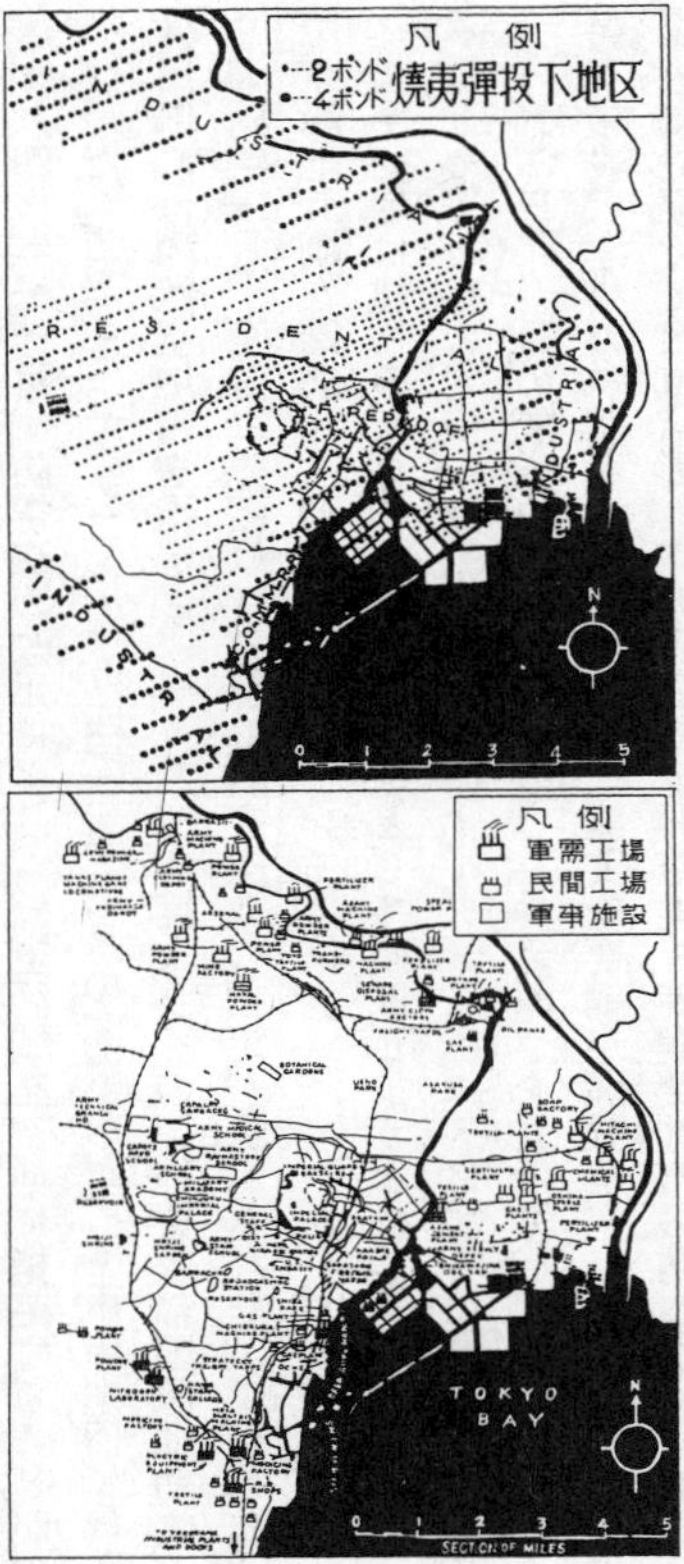

図80　アメリカの東京空襲計画　アメリカの雑誌が掲載した東京市街空襲計画（3葉）のうちの2葉。米軍機100機で東京を一挙に灰燼に帰するための計画で，軍需工場，民生工場，公園，空襲待避所の所在を調査の上での計画であるという。計画作成者は不明であるが，このような記事が雑誌に掲載されること自体，当時の国際関係と時局を物語るものである。この記事は1942年，日本国内の新聞でも紹介された。〔石川栄耀『国防と都市計画』山海堂，1944年〕

一九四一年一一月、防空法の改正により、一定区域を空地《くうち》に指定することができるようになった（防空法第五条ノ二）。一九四二年一〇月の閣議決定で、市街地内には防空空地、外周部には環状空地帯を指定し、一九四三年度よりその用地買収に国庫補助することになり、同年三月、全国に先駆けて東京で防空空地の指定が告示された。東京の防空空地帯は東京緑地計画を踏襲する形で設定されている。

防空空地は建物の新築を認めず、空地として確保しようとするものであるが、これをさらに進めて既存の建物を除去し、更地のオープンスペースにするのが疎開空地である。一九四三年九月の閣議決定（都市の防衛、官庁疎開）を受けて、同年一二月、民間側の人員、施設、建物の疎開を指示した都市疎開実施要綱が閣議決定された。そして翌年一月に全国に先駆けて東京、大阪、名古屋で疎開空地・疎開空地帯の防空法による指定が始まった。

建物疎開とは一種の破壊消防であり、密集建物を除去することにより、オープンスペース（延焼阻止帯、避難路、広場）をつくり、防火区画をつくり、重要施設の類焼を防ごうとするものである。防火帯の形成に関しては都市計画道路予定地や密集市街地の中央に空地帯を抜くという都市計画的な配慮がなされていることが多かった。〝疎開〟というと今日ではすぐ学童疎開が思い出されるが、この言葉は元来、防空都市計画の専門用語であり、ドイツ語 Auflockerung を内務省の北村徳太郎、小栗忠七が訳した造語である（佐藤昌氏の御教示による)。

建物疎開には全国で巨額の費用と大量の人員が投下された。一九四四年一月から敗戦まで土木建築行政の費用と人員はすべて建物疎開に投入されている。東京では一九四四年一月二六日の渋谷駅前の密集家屋の除却が最初であった。建物疎開のうち疎開空地帯は、防火区画をつくるために幅員五〇～一〇〇メートルで空地帯をつくりあげるものである。東京における第一～第四次の疎開事業は一九四四年七月に完了し、疎開空地帯は鉄道沿線一四カ所、河川沿いの一二カ所、密集市街地三〇カ所、総延長約一〇〇キロ、総面積一六八万坪に達した。

東京では既述のようにすでに、都市計画東京地方委員会によって防空帯の具体的な配置の試案が検討されており、この試案を参考にして幅五〇～一〇〇メートルの建物疎開が実施された。蒲田では密集市街地に幅五〇～七〇メートルで十字形の空地帯が抜かれている(図81)。また上野・浅草間や江東区の四ツ目通りは幅一〇〇メートルで空地帯がつくられ、空襲の際、避難路として役立った(図82)(本章扉の図も参照)。

東京における建物疎開の工事は都内対象区域を二分し、南部を住宅営団、北部を関東土木建築統制組合が都の委託を受けて行い、一部は都が直営で実施した。トビ職、大工、造園業者などは総動員され、労力不足のため、都内の大学、高専、中等学校一三〇校の学徒が建物除却工事に動員された。取り壊し後の古材は移転者収容住宅、防火改修工事、防空

図 81　蒲田付近の建物疎開　線路，河川沿いおよび雑色，糀谷の密集市街地に疎開空地帯が抜かれている。その幅は第一京浜国道の幅よりもはるかに広い。東西方向の空地帯は図 78 と一致している。

図 82　下谷・浅草間の疎開空地帯（幅 100 m）〔『都政十年史』東京都，1954 年〕
図 83　広島の平和大通　戦災復興事業でつくられた幅員 100 m のアヴェニュー。〔越澤撮影，1989 年〕

壊、軍需工場の住宅等に転用され、廃材は浴場、食堂、給食用の燃料に使用された。

建物疎開の指定と移転立退きは住民に有無を言わさぬものであった。向島区（現墨田区）吾嬬町西五丁目の東町会を例にとると、幅員五〇メートルの疎開空地帯が、町内を貫通するため、四一四戸のうち一八三戸が除却されることになった。町内会の組合会議で建物疎開の趣旨と手続が説明され、町内の各世帯を疎開組と残留組をそれぞれ組み合わせた班をつくり、町内の銭湯で建物応召の疎開壮行会が開かれた（建物除却を建物の〝応召〟と表現している）。十数班に分かれた町内の人々は競争し、二週間で建物除却と住民移転をやりとげてしまったという（当時の新聞報道の一例。朝日新聞、一九四四年五月一四日）。

戦後、疎開跡地の取り扱いは、全国各都市で非常に異なっている。非戦災都市の京都では、既存幹線道路のちょうど中間に疎開空地帯を設定しており、戦後、京都市は用地買収の予算を計上して、幹線道路をつくりあげた。これが御池《おいけ》通り、五条通り、堀川通りなどであり、その後、京都の既成市街地における幹線道路の新設が全くないことからも、疎開跡地の利用が都市整備上、きわめて重要な役割を果したことがわかる。

一方、戦災都市の広島、名古屋は疎開空地帯を戦災復興事業のなかで一〇〇メートル道路、五〇メートル道路として生まれ変えさせることに成功した（図83）。

しかし、東京は全国のなかで、疎開跡地利用に最も失敗した都市である。GHQの示唆もあり、疎開跡地を公有化として確保することをせず、元の地権者に返還した。世田谷区の玉川通り（放射四号線）では、道路拡幅予定地の幅五〇メートルまで疎開していたにもかかわらず、これを地権者に返還し、そしてオリンピックの際、再度拡幅のために用地買収をするという事態が生じている。また新橋西口広場予定地では旧地権者ではなく、闇市の建主に払い下げたため、その後の駅前整備の問題を複雑化させたという（大河原春雄『建築行政三十年』）。

また新橋・虎ノ門の市街地でも、戦前、将来の高速道路新設を想定して建物疎開をしていたが、戦後、やはり土地を返還した。このルートを生かして戦後、戦災復興計画において幅員一〇〇メートルの環状二号線として都市計画決定をした。これが今日、汐留再開発構想に関係してその事業化が再度、検討され始め、天文学的な費用（延長は一・三キロにすぎない。しかし公示地価を採用しても用地買収費は一兆円となる）が必要とされている環二用地（幅員四〇メートル）である（図84）（今日、一部マスコミで環状二号線予定地をマッカーサー道路と呼んでいる。これは占領軍が強引に計画した道路という意味を込めているが、これは根拠のない俗説にすぎず、GHQやマッカーサーは無関係であり、GHQには都市計画に対する熱意は存在しなかった）。

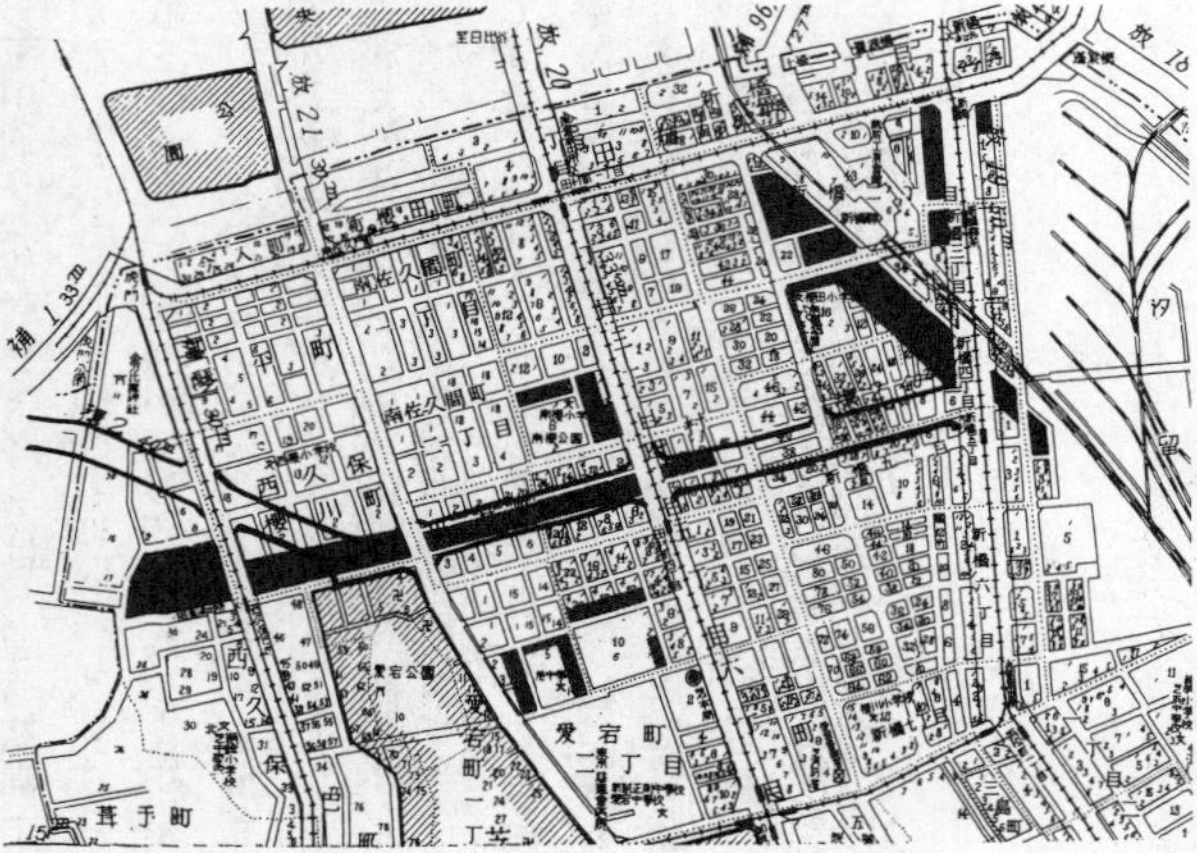

図 84　芝，虎ノ門の建物疎開と戦災復興計画　黒の塗潰しが建物疎開の箇所を示す。高速道路予定地，小学校の延焼阻止，駅前広場の確保と鉄道の延焼阻止の三つの目的で疎開されている。高速道路予定地に沿って，1946 年に環状二号線が決定された。〔越澤所蔵図面に加筆，図面は 1950 年現在のもの〕

4 戦時住区と敗戦

一九四四年一一月に開始されたアメリカ軍爆撃機による空襲はしだいに激しさを増していった。現実の空襲の被害の結果、これまでの建物疎開は不十分であるとして、急遽、第五次の建物疎開が実施された。そして一九四五年三月一〇日、東京大空襲によって東京は一面、焼土と化した。同三月一九日、臨時都議会はさらに徹底的な第六次疎開を実施するため、昭和一九年度追加予算一九億六五七三万円を議決した。

第六次建物疎開は幅員一〇〇メートルないし二〇〇メートルの大空地帯二十数カ所、鉄道の重要駅、重要交差点の付近二十数カ所のほか、都市活動の最後の拠点となる堅牢建物の周辺を疎開し、丘陵、台地の周辺も疎開して横穴壕や地下壕舎を設けることを意図している。

一九四五年三月の東京大空襲の後は、罹災地に踏みとどまろうとする住民は焼け残った材木や焼トタンで小屋がけをしたり、半地下壕式の住宅(壕舎という)をつくって住まいとせざるをえなくなった。東京都防衛局は一九四五年三月から耐火耐爆の半地下式住宅のモデルを作成し、「東京都壕舎」と名付け、町会を通して、古材の斡旋を開始した(むろん、実際に建てられた壕舎の多くは耐火耐爆にはほど遠いものであった)(図85)。

一九四五年六月、政府は緊急住宅対策要綱を決定し、主要都市の官公庁、工場など重要

図 85　東京の半地下式壕舎と戦時住区（1945 年）　㊤半地下式壕舎，㊦戦時住区の建設。

施設を確保すべき戦災地区では「戦時住区」を設定し、戦時緊急人員の生活施設を整備し、一部、地方に転出した戦災者、疎開者を呼び戻すという政策を打ち出した。空襲と疎開により都市活動の維持が困難になったため、コミュニティの再建を意図したわけである。

東京都は帝都戦災復興本部という組織を設け、戦時住区の推進に取り組み始めた。戦時住区には罹災堅牢建築物を住宅として使用するほか、戦時住宅（半地下式を原則とし、地上式住宅は家庭菜園付きとする）を建設し、復興町会を結成し、さらに国庫補助により共同炊事場、洗濯場、共同便所、配給所、食堂、医療施設、共同防空壕などコミュニティ施設を設けるという計画であった。「住区」とは、本来住宅団地の建設において採用された住宅地構成の基本単位のことである（通常は一住区に一小学校を設ける）。一九二〇年代、アメリカで確立した近隣住区（neighbourhood unit）の考え方が悲しむべきか、日本では「戦時住区」という形で初めて導入された。

東京都が推進しようとした戦時住区は、コミュニティ形成にはほど遠く、焼トタンの仮小屋が林立するだけであった。その戦時住区の計画と建設を指揮する石川栄耀（東京都建設局都市計画課長）のもとに終戦前の一九四五年八月一〇日、東京都次長児玉九一から緊急呼び出しの連絡が入った。役所におもむくと、児玉次長は次のように述べた（石川の回想録による）。

「君、戦時住区は止めだ。すぐ復興計画にかかり給《たま》え」

「どうしたんです、戦争は？」

「負けたよ」

「雷霆に打たれた思い」の石川は都市計画課の部屋に帰り、部下に復興計画の策定開始を指示した。こうして東京の戦災復興計画が敗戦の数日前に開始されたのである。内務省の高官の間にはすでに日本の降伏の情報が伝わっていた。内務省国土局計画課長の大橋武夫は八月一〇日頃、防空と建物疎開の仕事をすべて中止させ、戦災復興計画の立案開始を本省のスタッフに命じている。その直後、東京都の児玉次長のもとにも同様の指示が下りてきた（これは複数の関係者の発言、回想録をもとに推定、復元した事実経過である）。

こうして、関東大震災以来の二度目の東京復興計画（都市改造プラン）がスタートした。

XI

幻の環状三号線

戦災復興計画の理想と挫折

環三通りの見事な桜並木〔越澤撮影，1990 年〕

1　桜並木と開かずのトンネル

〝環三通り〟って一体何？　そんな道路が東京にあったの？　このように思う人がほとんどであろう。東京都文京区には播磨坂という名の桜の名所がある。地下鉄丸ノ内線の茗荷谷駅から春日通りを数分歩くと突如、広い並木道が左手に出現する。約五〇〇メートルほどのゆるい坂道。ここは隠れたる桜の名所で、都内の桜の名所の多くが河畔、公園、社寺境内であるのに対して、並木道が桜の名所となっている唯一といっても過言でない場所。この桜の名所こそが幻の環状三号線がごく一部完成した姿なのである（図86）。

一方、港区六本木には六本木通りを六本木交差点から西へ三八〇メートルほど行くと麻布トンネルと呼ばれる不思議なトンネルが存在する。六本木通りをアンダーパスするこの麻布トンネルは工事が完成しているにもかかわらず、片側二車線がふさがれ、使用されていない（一九九〇年八月には、この開かずのトンネルを使用して展覧会「ワールド・オブ・ホログラフィ」が開かれた）。しかもこのトンネルを北に過ぎるとすぐ、道路は消えてしまう。道

図 86　環三通り（小石川）　㊤全景，㊦さくら祭り。〔越澤撮影，1990 年。以下同様〕

路の延長と思われる場所の両側は都心の一等地とは信じられないような老朽木造家屋がある。その先の延長のヴィスタには青山墓地、神宮外苑と広大なオープンスペースが展開し、はるかかなたに新宿西口の超高層ビル群の姿が望めるという奇妙な都市空間。これこそが幻の環状三号線が工事途中のまま放置された姿に他ならない（図87）。

東京の環状道路といえば誰しも環七通り、環八通りを思い浮かべるに違いない。それでは環七や環八がある以上、環三通り、環四通りという名の通りがないことを不可思議に思ったことのある人はどれだけいるだろうか？

東京の二三区には都市計画決定された環状の幹線道路が確かに八本存在する。内堀通り、外堀通りが概ね環一、環二に相当している。明治通りが環五であり、山手通りが環六である。では環三や環四は存在するのだろうか？　この謎を解くためには東京の都市計画の歴史をふり返る必要がある。わずか延長五〇〇メートルの環三通り（播磨坂）と開かずの麻布トンネルの存在こそ、東京都市計画の問題点、東京都市計画の挫折の歴史とかろうじて残された遺産を象徴するシンボルに他ならないのである。

図 87　環状三号線（六本木）　㊤環三の開かずの麻布トンネル。㊥青山墓地の手前で消えてしまう幻の環状三号線。㊦左手に拡がる都市計画青山公園にビルを建てる構想がある。これは戦災復興計画がかろうじて残した緑の遺産を損なう行為である。

2　東京の街路計画の歴史

馬車交通を交通手段としていない日本の江戸時代の城下町・宿場町の街路の幅員は一〇メートル未満であり、数メートル程度のものがほとんどであった。それでは当時世界最大の都市であり、大消費都市であった江戸の物流は一体どうしていたのかといえば、水運に頼っている。江戸湊で荷卸しされた物資はハシケを使い、江戸の下町にはりめぐらされた水路（濠、運河）によって蔵屋敷や商家に搬入された。したがって今日、都市景観を損ねる道路の典型として常に槍玉にあがる日本橋の上の首都高速道路も川が物流・業務交通のための空間であるという機能の点では実は昔も今も変わりがない。

明治時代になり、近代国家の首都としてのインフラ整備のため市区改正事業（市区改正とは今日の言葉では市街地改造に相当する）が開始された。しかし、市区改正事業は財源難のため、遅々たる歩みで、路面電車用の道路拡幅、日比谷公園の新設、上水道の整備が主たる成果であった。

一九一九年（大正八年）、都市計画法が公布され、都市計画に関する法制度が整った。一九二三年（大正一二年）の関東大震災を絶好の機会として後藤新平のリーダーシップにより帝都復興事業が着手され、これにより今日の東京の都心部と下町のインフラストラクチュアが形成されている（一章参照）。

帝都復興事業（一九二四〜三〇年）は、当初の後藤新平の構想に比べて規模が縮小されたものの、長年の課題であった東京の都市改造を実現するものであった。東京の既成市街地を貫通する二本の幹線街路——昭和通り（幅員四四メートル）、大正通り（現靖国通り、幅員三六メートル）が整備され、また東京市（当時は山手線の内側までが市域で市街地であった）の外周に初の環状線（明治通りの全部と山手通りの一部、幅員二二メートル）が整備された。また歩車分離と街路の植栽の考え方もこのとき一般化し、確立した。

関東大震災後に人々の郊外移住が進み、市街化が始まったことに対応して、一九二七年（昭和二年）まだ郡部であった東京の山の手を対象にして放射・環状の幹線街路の計画が決定された。環六、環七、環八はこのとき決定されたものであり、環七通りは計画決定以来六〇年を経て一九八五年にようやく完成し、一方、環八通りは未だに全線開通していない（五章参照）。

既述のように環五とは明治通りである。では環一、環二、環三、環四はどうしたのかといえば、一九二七年の都市計画決定にあたっては都心の既存の街路を無理やりつなぎ合わせ、環一から環四に相当する道路だと行政内部で説明している。

昭和戦前期に杉並区、世田谷区では先見性のある地元の大地主により区画整理が実行され、善福寺、用賀、奥沢一帯の良好住宅地が形成された。また、田園調布や常盤台（六章参照）のように電鉄系デベロッパーによる良好な宅地開発が一部で実施された。

しかし、帝都復興事業当時、すでにスプロール化しつつあった非震災区域（荒川区、豊島区、新宿区、中野区、品川区など）は都市計画の施策の網からこぼれ落ちてしまい、戦災復興事業も東京では小規模でしか実施されなかったため、幅四メートル未満の道路がいたる所にあり、道が曲がりくねり、公園・広場が乏しく、木造賃貸アパートが密集しているという今日のいわゆる〝木賃ベルト地帯〟が形成されてしまう。

今日の東京二三区の街路網の実態は、幹線道路であれ、生活道路であれ、以上のような歴史的分析でほとんど説明できる。

3 戦災復興計画の理想と挫折

一九四五年（昭和二〇年）三月の東京大空襲により東京の市街地は一面焼け野原となった（図88）。その数日後、内務省国土局計画課長の大橋武夫（都市計画に熱意のあった数少ない内務官僚の一人、後の法務総裁、労働大臣）は戦災復興計画の検討を秘かに部下に命じた。八月一五日の数日前、敗戦のニュースを事前に知った大橋武夫は防空都市計画（建物疎開）の作業を中止し、戦災復興計画の基本方針の策定を指示し、内務省の都市計画関係のスタッフは一斉にこの仕事を開始した。こうして敗戦という日本社会全体の虚脱状態の中

図 88　東京大空襲（1945 年 3 月）　手前は日本橋小伝馬町，奥は浜町公園と隅田川。〔『戦災記念絵葉書』東京都慰霊協会〕

で、内務省の行政プランナー達は長年の課題であった都市改造の千載一遇のチャンスを逃すまいと、食うものも満足にない状態で都市の復興のためのプランづくりに取り組んだのである。

国の戦災復興に関する基本方針は一九四五年一二月、戦災地復興計画基本方針として閣議決定されたが、その内容はすでに同年一〇月、都道府県の関係者に内示されている。この基本方針は今読み返しても非常に立派な内容のものである。その特徴としては、市街地の外周に緑地地域（グリーンベルト）を設け、市内には河川などに沿って楔状に公園緑地を貫入させ、交通処理と防災、保健、景観上の観点から幅員一〇〇メートル、八〇メートルという広幅員街路（広い植栽帯を有し、公園緑地を兼ねるブールヴァール、アヴェニュー）を市内に創り出そうとしたことである。

東京の戦災復興計画はこのような国の方針を忠実に、またより大胆に採用したもので、実際に法にもとづく都市計画決定の措置が採られた（図89）。

東京の戦災復興計画は石川栄耀（当時、東京都建設局都市計画課長、後に東京都建設局長、早大教授）が戦前から暖めていた理想的な都市計画プランをそのまま法定計画としたものである。石川栄耀は一九二〇年（大正九年）の都市計画法の施行後、名古屋の都市計画の立案とその実施に手腕と才覚を発揮した（都市計画愛知地方委員会技師）。特に、都市計画事業の財源が乏しく用地買収による街路、公園の新設がほとんど不可能であった大正～昭

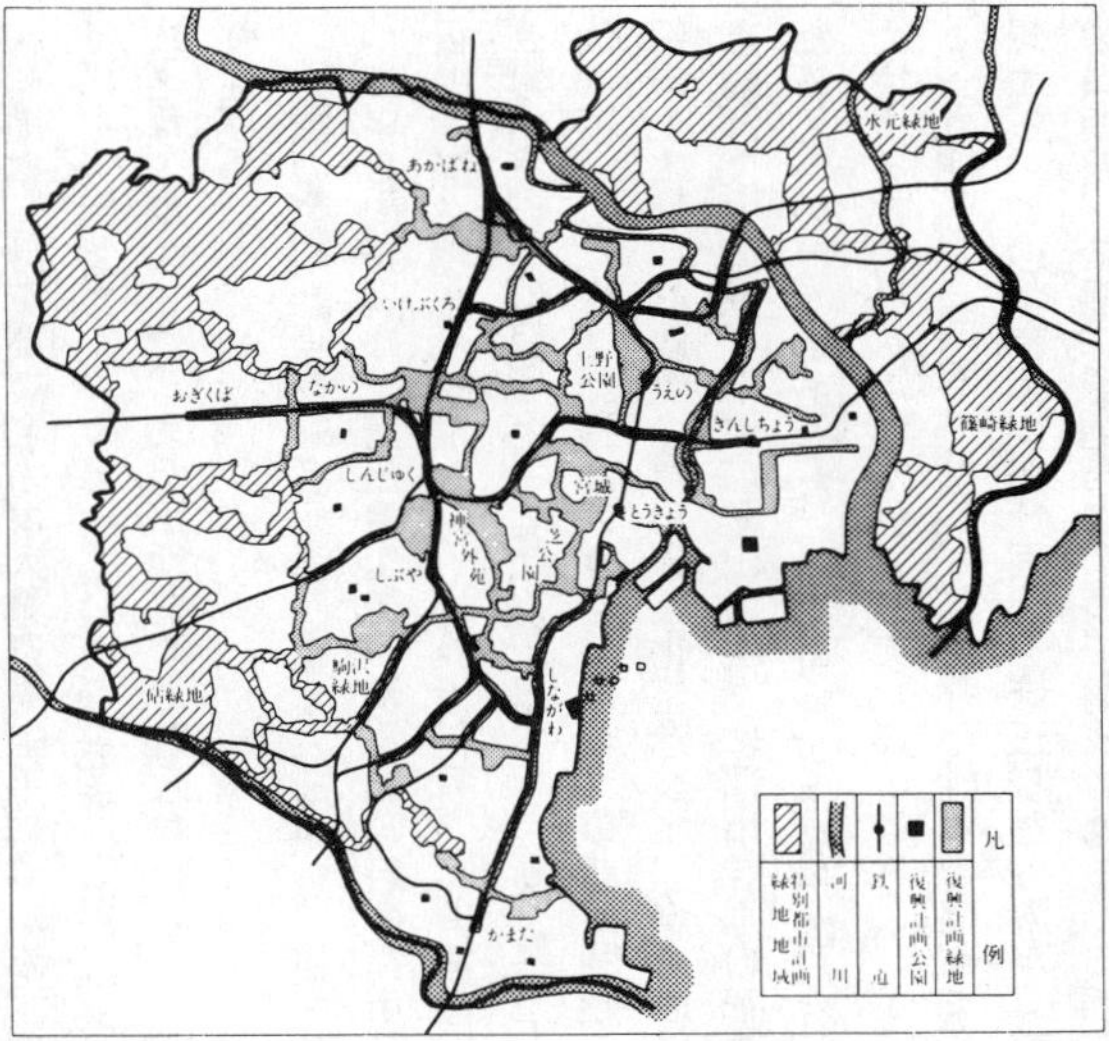

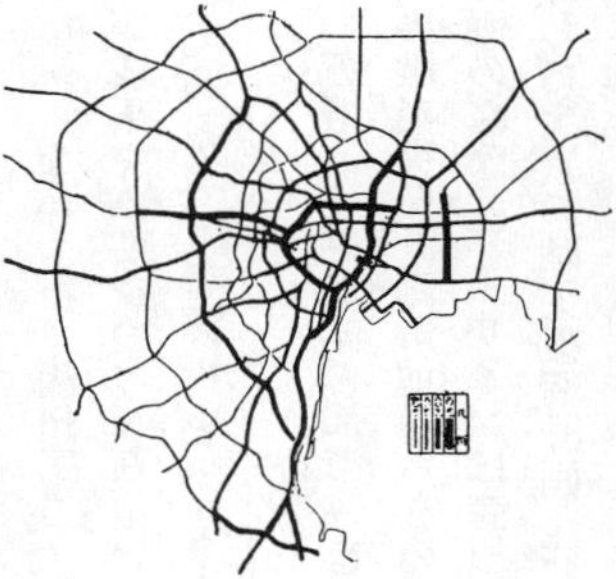

図89　東京の戦災復興計画（1946〜47年決定）　㊤公園および緑地地域（1947年）。区部の外周に緑地地域が設定された。また市内には縦横に緑地（幅員50〜100 m）が系統をなすように決定されたが，その後，大幅に縮小・廃止された。また緑地地域は1968年に全廃された〔越沢明『満州国の首都計画』日本経済評論社，1988年〕。㊦街路計画。凡例は右から100 m，80 m，50 m，40 m。100 m道路は昭和通り，外堀通り，四ツ目通り，蔵前橋通り，新宿通り，大久保通り等に設定されている。

和初期に、計算高い名古屋人気質を上手につかみ、郊外地主を組織し（〝区画整理をすると地価が上昇しますよ〟と呼びかけた）、郊外地の区画整理を次々と実行することによって、スプロールなしに、また用地買収の財政負担なしに郊外地の宅地開発とインフラ整備をやり遂げた。

全国の都市計画技術者（道府県都市計画課長、都市計画地方委員会技師・技手）の人事を握っている内務省は、満州事変後、満州国政府の都市計画課長（正確には都邑科長という）に石川栄耀を推薦したが、石川は辞退した。そこで代わりに近藤謙三郎（都市計画東京地方委員会技師）が渡満した。その空きポストに今度は石川が着任したのである。昭和一〇年代、東京では緑地計画は大きく前進し、事業が開始されたが、石川が担当する街路計画、都市土木は、財政難のため事業化が進まず、全く成果が挙がらなかった。満州国では新京、哈爾浜《ハルピン》、大東港、奉天、鞍山と次々に都市計画の華々しい成果をみるにつけ、石川は悶々たる思いの日々であった。石川自身が「満州国へ行かなかったことを悔いる日が多かった」と後に当時の心境を回想している。

一九四四年（昭和一九年）、防空都市計画の立案を通して石川は東京全体の都市改造を構想する。この「帝都復興計画」を修正したものが、東京の戦災復興計画に他ならない。広幅員街路、広場、緑地帯によって構成されるその都市計画のグランドデザインは満州国の首都・新京の都市計画に非常によく似ている。新京、そして東京の戦災復興計画（石川の

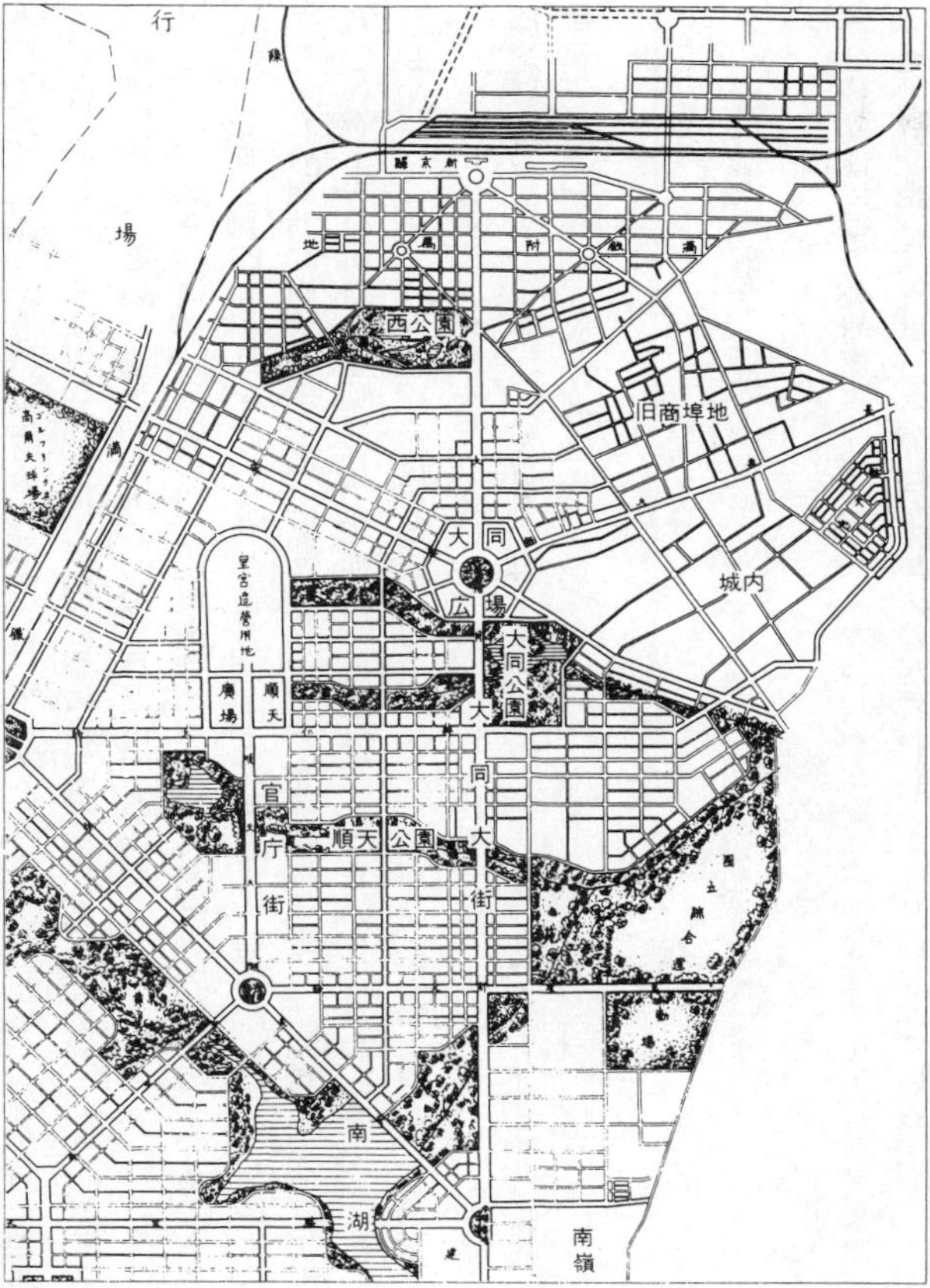

図 90　首都・新京の都市計画 〔前掲『満州国の首都計画』〕

当初プラン）の共通性は、当時の意欲ある日本人プランナーの発想と思想が同一であったことを証明している（図90）。また、石川の心に新京の都市計画と同等、あるいはそれ以上の都市計画を、という気負いがあったのではないだろうか。

しかし、東京の復興計画の着手と事業進捗のテンポは全国五大都市の中で最も立ち遅れた。そして一九四九年に全国の復興都市計画がドッジラインの緊縮財政の犠牲となったとき、東京の復興計画は全国一の圧縮となり、見るも無惨に後退し、幅員一〇〇メートル、八〇メートルの街路は全廃され、広幅員の公園緑地系統も廃止された（図91）。

しかし、このような極端な後退は東京のみであり、名古屋、広島、仙台、姫路などの都市は立派に戦災復興事業をやり遂げ、今日、市民の誇りとなっている広幅員の並木道、公園道路（名古屋・久屋《ひさや》大通、名古屋・若宮大通、広島・平和大通、仙台・定禅寺《じょうぜんじ》通り、姫路・大手前通りなど）をつくりあげている。

4　戦災復興事業の経過

ＧＨＱは、戦災復興事業は敗戦国にふさわしくないと冷淡な姿勢を示した。また、全国各地の取り組み状況は、自治体の姿勢の差が現われ、かなり異なっている。

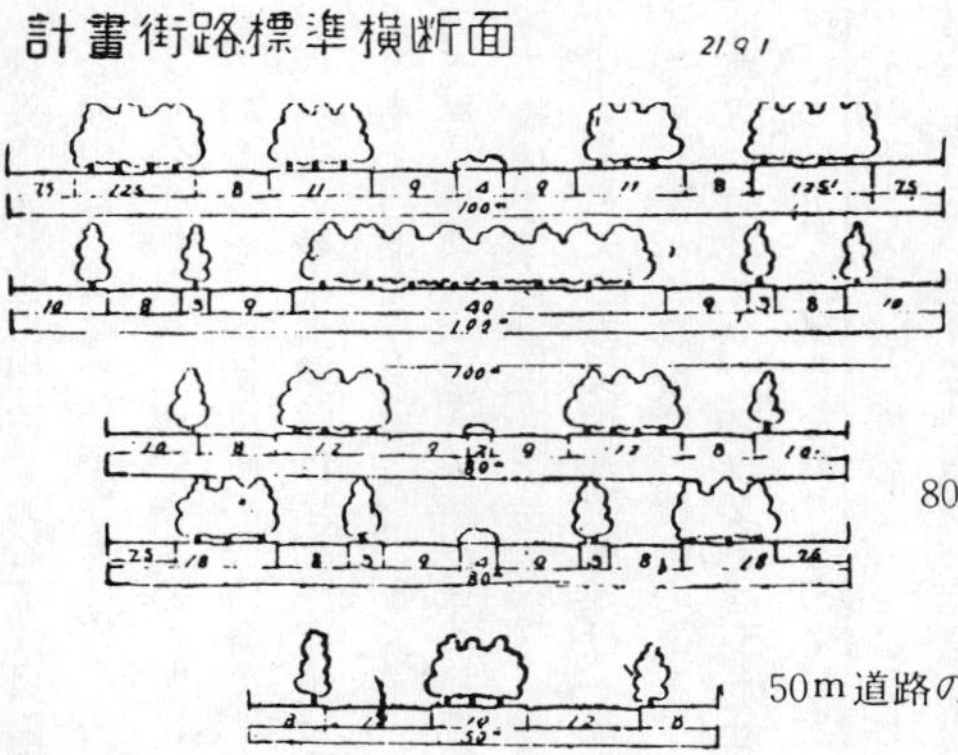

100m道路の断面

80m道路の断面

50m道路の断面

図91　東京の復興計画街路の断面〔越澤所蔵〕

戦災復興計画の根幹である広幅員街路と緑地系統は、東京ではほとんど実現しなかった。その理由は、街路や公園緑地は、その用地が土地区画整理事業を実施する過程で公共減歩により公有地として確保されることによって誕生するものであるが、その土地区画整理事業そのものが、当初計画の一〇分の一にまで縮小されてしまったからである。

内務省・戦災復興院は当初、戦災は国の責任であり、全国の戦災復興事業は国の事業として執行することを考えた。しかし、戦災復興院初代総裁の小林一三（阪急グループ創業者）は、地方自治の観点から自治体執行を主張し、五大都市も市施行を要望し、このため戦災復興事業は基本的に市施行（一部の都市は県施行）となった。東京の復興事業について、大橋武夫ら戦災復興院幹部は、都と国の共同体制を勧めたが、都知事は都独自で執行するとして、これを断ったのである。しかし、復興事業の実施となると、安井誠一郎知事は熱意に欠け、都の財政支出は不十分であり、国庫補助の対象外となった区画整理予定地区について、事業化を取り止めてしまった。

小林一三の主張は理念としては正しいが、自治体側が都市復興に熱心でない場合は、問題が生じる。戦災復興事業を立派にやりとげた都市の代表例である名古屋、広島、仙台、姫路はいずれも首長と技術者の双方に情熱のある人がいたから出来たのであって、一方が欠けていれば、平和大通や定禅寺通りは実現しなかったはずである。

東京の戦災区域は四七〇〇万坪であったが、これに対して土地区画整理を施行すべき区

	震　災	戦　災
災害発生日	関東大震災 大正12年9月1日	東京大空襲 昭和20年3～5月
全焼建物 死者・行方不明者	366,000戸 91,000人	764,000戸 94,000人
焼失区域 復興計画面積 復興事業面積	3,636 ha 3,118 ha 3,118 ha	15,867 ha 20,165 ha 1,274 ha
事業期間	1923～30年	1946～83年
事業主体	国，市	都(国庫補助)，組合

⑧震災と戦災の復興事業の比較 〔越澤作成〕

域は約六一〇〇万坪（二万一六五ヘクタール）と決定された。一九四七年一一月、土地区画整理の事業決定区域は約三〇〇〇万坪（震災復興の施行区域を除外する）と決定された。施行地区は一九四六年一〇月～四七年三月に四〇地区三〇〇二ヘクタールが告示され、他に組合施行八地区二九四ヘクタールがあり、合計三二九六ヘクタール（九九七万坪）で事業が開始された（このように事業の規模がみるみる小さくなっていった）⑧。

一九五〇年三月の東京復興事業の見直しにより、事業決定地域は二万一六五ヘクタールから四九五八ヘクタールに削減され（この段階で一〇五二ヘクタールは未着手のまま）、東京都は施行地区三三〇五ヘクタールのうち、国庫補助の対象となった一六五二ヘクタールのみを続行し、それ以外の地区の事業を中止し

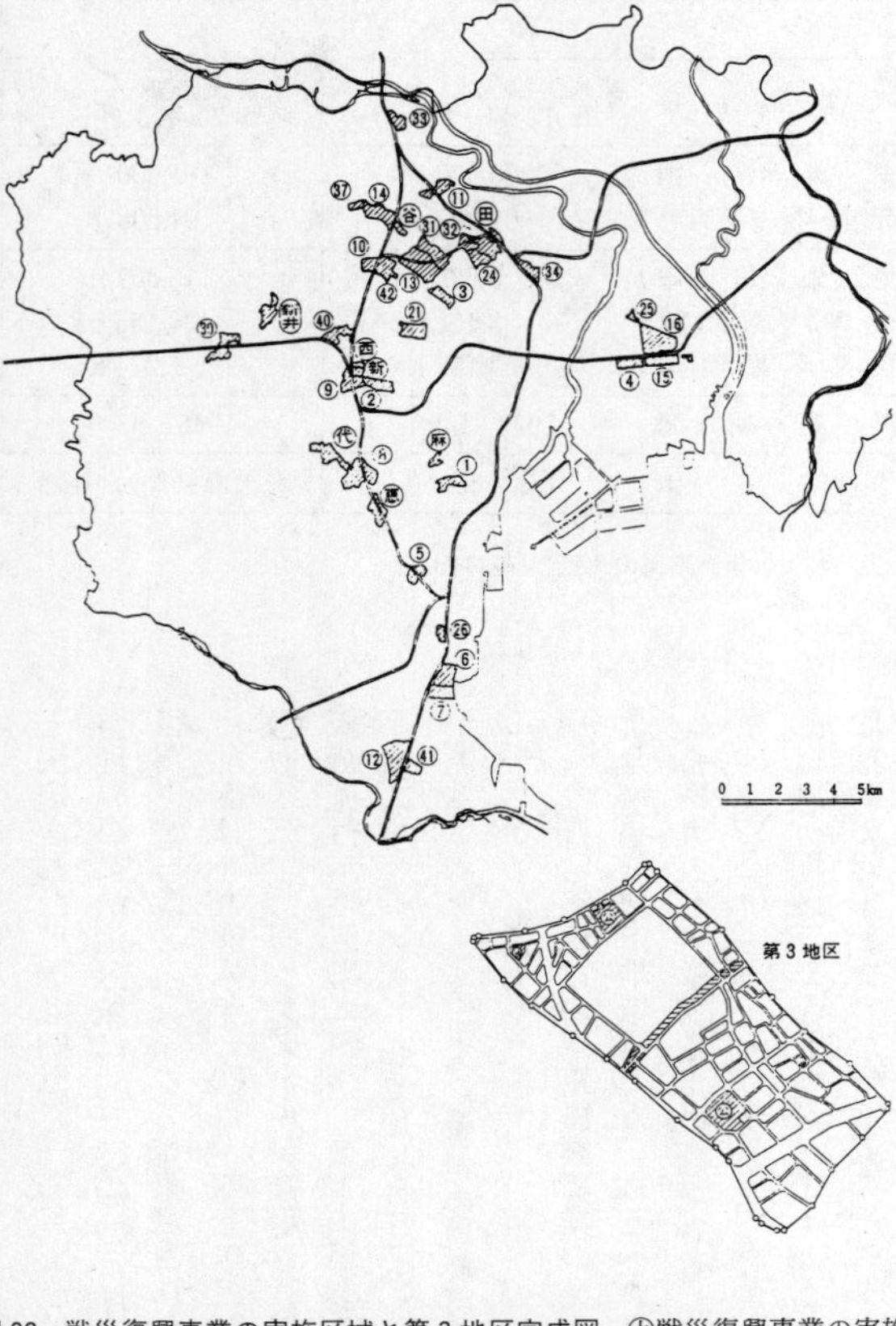

図 92　戦災復興事業の実施区域と第 3 地区完成図　㊤戦災復興事業の実施区域。㊦の第 3 地区（小石川一帯）の大きな敷地は旧東京教育大学。〔建設省『戦災復興誌』第 10 巻，都市計画協会，1961 年〕

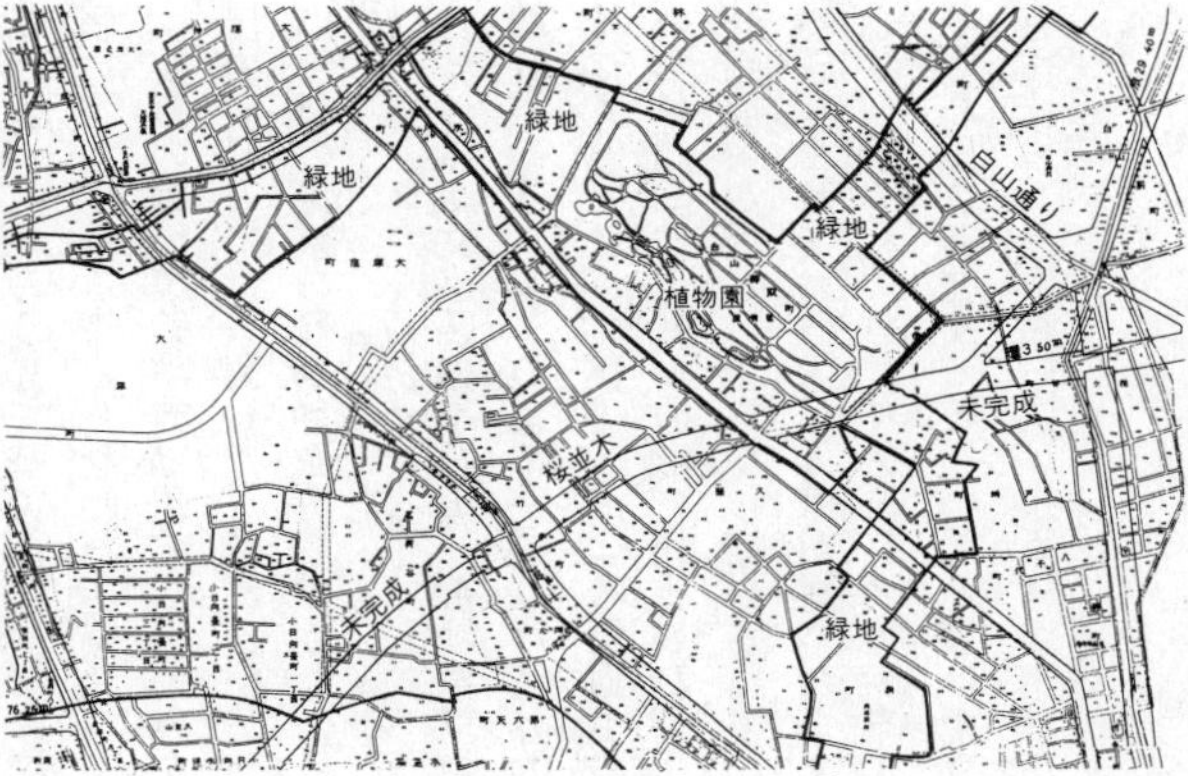

図 93　戦災復興計画の当初計画（1946 年，小石川一帯）　小石川植物園，伝通院などは都市計画緑地（グリーンベルト）の一部となっている。図中央の環三の区間のみが完成した。〔越澤所蔵〕

てしまった。こうして戦災復興事業の施行地区は、山手線、京浜東北線、総武線の駅前地区に限定されることとなった(図92)。

東京の戦災復興事業は駅前広場のみをつくり、美しいアヴェニューや緑のオアシスを創出することには失敗した。これは厳然たる事実である。

今日の東京の豊かさを実感できない社会資本の水準の低さの原因は戦災復興事業の失敗にある。

ところが文京区の小石川一帯は東京では珍しく、復興事業の着手が早く、当初の戦災復興計画のイメージのまま完成した例外的な地区である(面積にして四六ヘクタール)(図93)。そのため、この地区を通るよう計画された環状三号線は当初の計画幅員五〇メートルに近い幅員四〇メートルの形で完成した。しかし、復興事業をしていないその前後の区間では計画幅員が二五メートルに縮小されているにもかかわらず、今なお道路用地そのものが全然確保されておらず、人家が建ったままで今日でも事業化の目途は全く立っていない。おそらく、半永久的に未完成の状態が続くであろう。

小石川に存在する美しい並木道は東京戦災復興事業がかろうじて残してくれた貴重な遺産である。そして一方、開かずの麻布トンネルは戦災復興事業の挫折を象徴している。

5 本当の街路の姿とは

わずか延長五〇〇メートルの環三通りでは一九五九年、桜が植えられた。今日ではその桜は大きく枝を張り、環三通りは緑のトンネルとなっている。このような並木道がもし全線貫通していたら、さぞかし素晴らしいものであろうし、東京を代表するアヴェニューとなっていたことは間違いない。並木道をジョギングして東京を一周する、あるいは何かのフェスティバルの際、桜並木の下でパレードが挙行される——このようなことは残念ながら東京では夢物語のままである。

本章の写真は一九九〇年の四月二日に筆者が撮影した風景である。面白いことに中央分離帯沿いを皆、歩きたがる。縁石にすわっておしゃべりをする若い女の子、また乳母車の幼児を記念撮影する若夫婦——警察もこれを大目にみているのか、わざわざセーフティコーンを置いて、中央分離帯横をそぞろ歩きする人々の安全を考えている(図94)。

惜しむらくは、街路の全幅員があとせめて五メートル広ければ、中央分離帯を仙台の定禅寺通りのようなプロムナード(遊歩道)に変えることができたろうに。環三の前後の区間が完成の見込みがない以上、自動車交通量も多くないため、むしろ現在の車道を狭めて、中央分離帯のプロムナード化と歩道の拡幅を図っていいのではないだろうか。

街路(都市の道路)とは単なる道路ではなく多目的な公共空間(オープンスペース)であ

図94　環三通りにおける桜の花見　㊤思わず記念撮影したくなる道こそが本当の街路である。㊦中央分離帯に腰を下ろしておしゃべりに興じる女の子達。その先で環三通りが終わっていることが見てとれる。

る。人々が立ち止まり、語らい、記念撮影をしたくなるような街路こそ本当の街路の姿である。歩道で仲間が宴会を開きたくなるような道こそまさしく街路の本来の姿である。東京の戦災復興事業の縮小・中止はかえすがえすも残念であり、また取り返しのつかない失政であった。環三の桜並木はそのことを私たちに訴えている。

XII 東京オリンピックと首都高速道路

青山通り，青山1丁目交差点（1963年）
　拡幅工事が進行中。ホンダビル，青山ビル，青山ツインビルの一帯の約30年前の姿。〔『建設進むオリンピック関連街路』東京都道路建設本部，1963年〕

1　イベントと都市改造

今日の東京二三区の都市構造・都市形態は戦災復興計画の挫折の後、一九六四年（昭和三九年）に開催された東京オリンピック関連街路の建設をもって完成している。これを逆に言えば、東京都市計画はこのとき停止し、鈴木都政において臨海副都心計画が具体化されるまで二〇年間、休眠状態となってしまう。

近代日本の都市計画の特徴は、平時においては都市計画・都市改造に対する政府・自治体・世間一般の理解が欠落し、財源不足のために計画がなかなか具体化しない。都市計画が実行されるのは残念なことに非常時（大災害の後の復興、戦時体制下の軍需関連、戦災の復興）を除けば、ナショナルイベント（オリンピック、ユニバシアードのような大スポーツ大会、また万博のような大規模なイベント）のときに限られてきた。東京オリンピック、札幌オリンピック、大阪の万国博覧会、神戸のポートピア博覧会とユニバシアード、名古屋の世界デザイン博覧会、広島のアジア大会（目下、準備中）はいずれもその実例である。また全国の都道府県で持ち回りで開催される国民体育大会の際、運動公園と関連街路が集中的に整備されるのも同様の実例である。

イベントに関連して都市改造が実行される最大の理由は、インフラ整備に対する財政の集中投資が国レベルにおいても自治体レベルにおいても、イベント開催時に限って正当化され、許容されるからである。またイベント開催日が設定されることから、どうしても一定期限までにインフラ整備を完成させる必要性、時限性が生じるからである。これは何も日本に限った現象ではなく、パリは一九世紀後半、集中的に万国博覧会を開催し、都市改造を実施してきたし、オリンピックに関連して街路、公園、住宅（選手村を終了後、転用）が整備されるのは世界のどの都市でも程度の差はあれ、共通している。

本章は東京オリンピックに関連して実施された街路を中心とする、また道路交通対策だけに限定してしまった一九六〇年代前半の東京都市改造の経緯と特徴について論じることにしたい。

2 一九五〇年代初めの東京と交通危機説

戦災復興の立ち遅れ

一九五〇年代初め（昭和二〇年代末期）の東京は急増する人口、都市の膨張に対して都市のインフラ整備がきわめて立ち遅れ、都市計画の専門家の間では危機意識も芽生え始めていた。このような事態にいたった根本的原因は全国の主な戦災都市の中で戦災復興事業の実施に最も失敗した都市が他ならぬ東京であったからである。

大阪、名古屋、仙台、広島、姫路など全国の多くの都市では、一九四九年（昭和二四年）のドッジラインの緊縮財政のため、戦災復興事業の規模の縮小をある程度、余儀なくされたとはいえ、まがりなりにも戦災地＝旧市街全体の都市改造を実現した。しかし、東京は失敗したのである（その原因について述べようとすると別に一章を起こさなければならないため、ここではこれ以上言及しない）。

東京の都心・下町は関東大震災後の帝都復興事業（一九二四〜一九三〇年に実施）によってインフラ整備が完成していた。また一九三二年（昭和七年）に東京市となった新市域（外周区部）の一部では、戦前、区画整理が実施され、面的整備がなされていた。戦後の戦災復興事業は新宿、渋谷、池袋、大塚、錦糸町、大井町など国電の駅前広場地区に限定された（その多くは戦前の駅前広場計画を継承したものである。五章参照）。この結果、東京の都心（皇居）より西半分には大正以来、面的整備がなされなかった広大な市街地が拡がるようになってしまった。

東京都知事安井誠一郎は回想録『東京私記』でわざわざ「震災復興にならわず」という一章を設けており、安井誠一郎が東京の都市計画に熱意がなかったことをわざわざ自己弁護している。しかし、毎年、東京の人口が年間数十万人という県庁所在地都市の総人口に相当する規模で増加し続けるに及んで、「ここらで本腰を入れて本格的に首都の建設にとりかからなきゃいかんと考えた」（『東京私記』）。安井誠一郎は一九五五年、第三回都知事選挙で「グレーター東京」をスローガンに掲げ、当選した。

昭和四〇年交通危機説

一九五五年一二月、東京都市計画の立て直しの責任者として山田正男（東大土木一九三七年卒、内務省・建設省で都市計画に従事、当時、神奈川県土木部計画課長）が招聘された。以後、山田正男は安井都政、東都政を通じて東京都市計画の最高責任者（一九五五年建設局計画部長、一九六〇年首都整備局長、一九六七年建設局長）として全権を振るう。山田正男の専門は都市の道路計画であった。オリンピック道路と首都高速道路の建設をやりとげたのは山田正男の実力と手腕に他ならない。しかし一方では、東京都市計画があまりに道路に偏っているという印象をその後、世間に与えることになる。

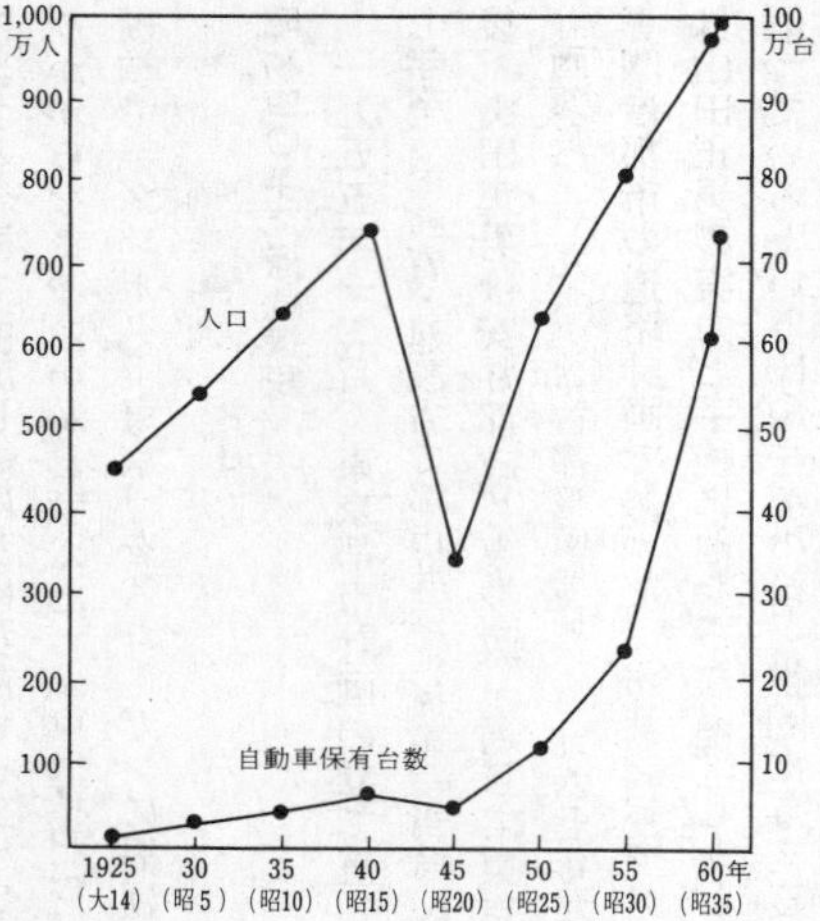

図95　東京都の人口と自動車保有台数の推移　1930年代は東京の自動車はまだ2〜3万台にすぎなかった。このとき帝都復興事業のゆとりのある街路がつくられた。〔『警視庁交通年鑑』をもとに越澤作成〕
図96　昭和30年代の交通渋帯と混乱（新宿三光町交差点）〔『新都市』1960年10月号〕

山田正男は着任後、実現の目途が立っていない戦災復興計画の見直しに着手し、地形図の作成、交通量調査の実施など基礎的な調査を開始した。緊急の課題となっていた道路交通対策の問題の所在を明らかにするため、一九五六年(昭和三一年)、『東京都市計画の道路の現状と将来』という道路白書を作成し、一九六五年(昭和四〇年)に東京の都心部の交通はマヒしてしまうという〝昭和四〇年危機説〟を訴えた。一九五九年には『道路交通の混乱は救えるか?——高速道路を中心に東京は若返る』『東京都市高速道路の建設について』という刊行物を作成し、広くマスコミ、世論に訴えることにした(この刊行物は詳細なデータをもとに、東京の自動車交通問題の所在とその打開策としての高速道路の必要性を訴えている)。

当時、東京の区部人口は毎年三〇万人増加し、自動車保有台数も一九五〇年代になり毎年五万台増加していた(図95)。交通量の伸びと都心の主要交差点の交通処理能力を検討すると、一九六五年に交通マヒが発生してしまうことが予想されたのである(図96)。

戦災復興事業による道路の拡幅・新設が実現不可能な中で、山田正男を責任者とする東京都建設局が採用した打開策は都市高速道路の建設である(図97、98)。

この都市高速道路は既存の公共空間(道路、公園、河川)を立体的に利用して高架道路を建設することによって用地取得なしに道路を新設し、また交差点をなくした高架道路(連続的立体道路)とすることで交通能力を一挙に引きあげることを目的としていた⑨。

東京都自身がこのような都市高速道路計画の目的と趣旨を次のように明らかにしている。

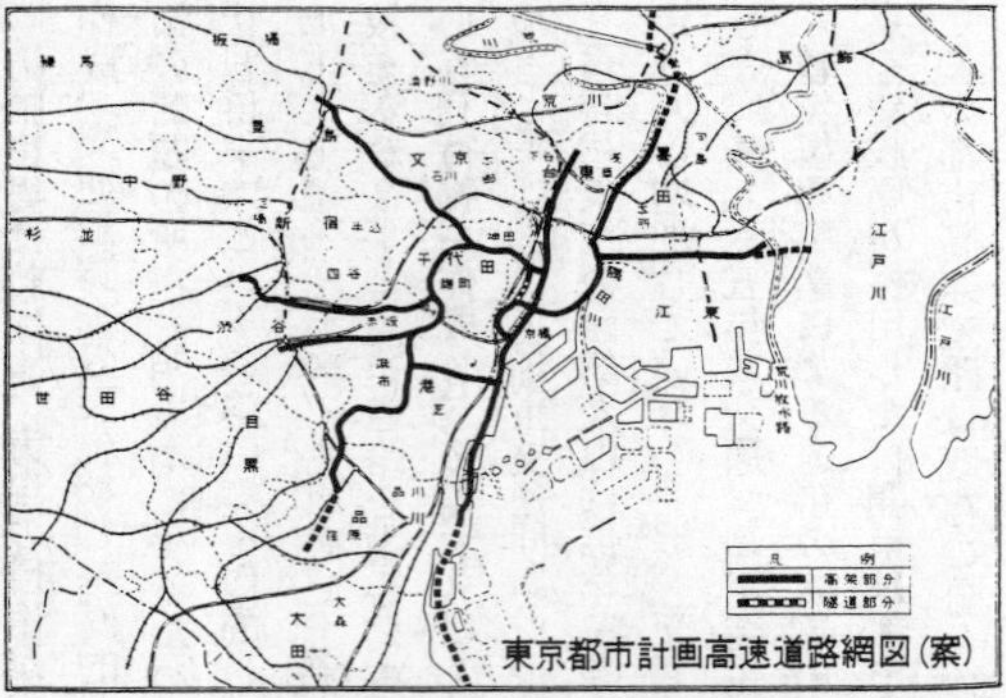

図 97　東京の都市高速道路網計画（1958 年当時）〔山田正男・鈴木信太郎「都市再開発と交通処理」『新都市』1958 年 1 月号〕
図 98　首都高速道路の完成予想図　1959 年当時の航空写真に首都高速道路の完成予想図を書き込んだ合成写真。麻布十番，三田，芝公園一帯であるが，当時，東京の建物がいかに低層であったのかが，よくわかる。〔『新都市』1959 年 6 月号〕

	延長	割合
河川	24.860	35
街路	26.780	38
計画街路	20.170	28
既設街路	6.610	9
一般宅地	19.390	27
民有地	10.230	14
公有地	9.610	13
合計	71.030	100

⑨都市高速道路網計画（1958年）の経過地（単位：㎞，％）〔「道路交通の混乱は救えるか？」都市計画協会，1959年（山田正男『時の流れ・都市の流れ』所収）〕

『道路交通の混乱は救えるか？』は次のように述べている。

この都市高速道路網は、主として環状六号線付近を起終点とし、できるだけ事業費を減らし、さらに用地取得上の障害を避けるなど、事業年度を縮めることを考え、できるだけ広幅員街路、河川、遊休地などの公共地や公用地を利用するように計画した。

『東京都市高速道路の建設について』は「都市高速道路は道路の交通能力をあげることが目的であって、高速度が目的ではない」と述べている。

このようにして計画された首都高速道路網のルートは河川、既設街路、公有地（主に公園）をなるべく通過しているよう計画されたとはいえ、総延長のうち二八％は新設街路上に配置されている。したがって、いずれにせよ街路の新設による道路面積の増大そのものが大きな課題となった。

東京都建設局は道路交通の急激な増加に対処するため、一九五八年（昭和三三年）、緊急道路整備計画を策定し、年平均一〇〇億円余の事業費を計上して、〝昭和四〇年の道路交通の危機〟に対処しようと計画したが、実行のための予算が認められず、都市計画街路事業の進捗は微々たるものであった。

こうした中で、このような閉塞状況を打破し、一挙に街路事業を進捗させる千載一遇のチャンスとなったのが、一九六四年（昭和三九年）の東京オリンピック開催である。

3　東京オリンピックと関連街路

東京オリンピック

一九五九年五月、ミュンヘンで開催されたＩＯＣ総会で五年後の第一八回オリンピック大会は東京で開催されることが決定された。

東京におけるオリンピック開催は元来、紀元二六〇〇年記念のナショナルイベントとして、一九四〇年（昭和一五年）の第一二回大会の招致が決定していたが、日中戦争の開始によって返上されたといういきさつがある。戦後の復興が進む中で、一九五二年一〇月、東京都議会はオリンピックの東京招致を決議し、一九六〇年大会の開催はローマに敗れたが、一九六四年大会はウィーン、デトロイトを破って東京開催が決定された。

第一八回オリンピック東京大会は神宮外苑・明治公園を第一会場、駒沢緑地を第二会場とし、ボートレースは埼玉県戸田ボートコース（このコースは第一二回東京大会のために築造された）となった。オリンピック選手村は朝霞キャンプ（後に代々木のワシントンハイツに変更）となった。この結果、これらの主会場、選手村間を選手・役員、多数の観客が円滑に移動しうるだけの関連都市施設の整備が至上命題となったのである。

一九五九年一〇月三〇日、オリンピック東京大会組織委員会は「施設に関する基本計画」を決定、発表した。この基本計画は整備すべき各種競技施設の内容を決定する一方、次のように指摘している。

なお前記の競技施設及びオリンピック村の位置の決定に伴い、東京大会運営のために必要と思われる、下記のような関連交通施設についても、関係方面に配慮を要請する。その時期は昭和三八年度までに完成するよう併せて要請する。

A 道路

(1) 連絡道路等

競技場・オリンピック村相互連絡及び都心部との交通を確保するためのオリンピックパーク、駒沢スポーツセンター及びオリンピック村相互を結ぶ道路並びにこれらと都心部及び羽田空港を結ぶ道路の整備

(2) 競技場周辺の道路及び駐車場

オリンピックパークをはじめとする各競技場の周辺には、多数の観衆が集散し、時に交通の輻輳が予想されるので、これに対処するための各競技場周辺の道路及び駐車場の整備

B 鉄道(省略)

こうしてオリンピックという大義名分を得たことにより、一挙に総事業費七一〇億円というオリンピック関連街路建設の予算が計上され、実行に移された。これは東京都市改造に対する集中的なインフラ整備の投資としては関東大震災後の帝都復興事業以来のことである。一般に、都市改造とはこのような集中的な投資なくしては成果と効果が挙がらないものである。

オリンピック関連街路

オリンピック関連街路は二二路線、事業延長五四・六キロメートルであり、その主なも

年　度	道路関係事業費	うち道路及街路新設改良費
1950年	889百万円	89百万円
1955	1,668	515
1960	7,109	3,262
1965	50,264	40,210

	街路事業費	割　合	備　考
用　地　費	303億円	44%	181,806坪
補　償　費	197	26	5,365棟
構築費その他	210	30	
総　事　業　費	710	100	

年　度	整備延長	備　考
1927～45年	7.2㎞	戦前期。耕地整理・区画整理で用地を確保
1946～59	12.2	戦後復興期
1960～64	15.4	オリンピック関連期
1965～72	14.5	高度成長期
1973～84	7.9	オイルショック以降
合　計	57.2	事業費累計1,240億円（現在の事業費に換算すると1兆2000億円）

⑩東京都の道路関係事業費〔1950年，1955年：『東京都都市計画概要』1962年版。1960年，1965年：『東京都都市計画概要』昭和42年版，1967年より作成〕

⑪オリンピック関連街路事業費

⑫環状七号線の整備年代別延長〔東京都『環状七号線の概要』1985年より越澤作成〕

のは放射四号線（青山通り）、玉川通り）、放射七号線（目白通り）、環状三号線（外苑東通り）、環状四号線（外苑西通り）、環状七号線（環七通り）の新設・拡幅、そして既設の昭和通り（放射一二号、一九号線）の立体交差化であった。環状七号線は準都市高速道路としてすべての幹線道路、鉄道との交差箇所の立体交差化が図られ、この他、赤坂見附、渋谷南口、新宿南口など合計三六カ所で道路と道路、道路と鉄道の立体交差の工事が実施された。

東京都の道路関係事業費は一九五〇年代前半で年間一五〜二〇億円、うち道路および街路新設改良費は五〜一〇億円にすぎなかった。ところが、一九五〇年代後半になると道路関係事業費は年間六〇〜七〇億円、うち道路および街路新設改良費は二〇〜四〇億円となり、一九六〇年代半ばにはそれぞれ五〇〇億円、四〇〇億円にまで増加している⑩。

オリンピック関連街路事業費七一〇億円の内訳をみると、用地費と補償費が七〇%、構築費が三〇%を占めている⑪。地価が高騰した今日、もしオリンピック関連街路と同じ工事をするならば、用地・補償費だけで事業費の九五%以上を占めてしまうのでないだろうか。

次に、いくつかオリンピック関連街路の代表例を取りあげることにしたい。

環状七号線

オリンピック関連街路の最重要工事が環状七号線の新設であった（図99）。環状七号線は一九二七年八月、東京の新市域を一周する幹線道路として都市計画決定された。一九二七

図 99　環状七号線の建設状況（1963 年前後）　㊤目黒区柿ノ木坂，放射三号線との立体交差箇所。環状七号線の野沢方向は行き止まりとなっている。㊥東急大井町線踏切。拡幅・立体化工事開始前の姿。㊦完成した桜台陸橋。街路樹がないことに注意。〔『建設進むオリンピック関連街路』〕

年に着工して以来、一九八五年一月に全線、五七・二キロが完成するまで約六〇年間を要しているが、環状リングの西半分は、オリンピック道路としてわずか五年間で整備されたものである。残りの区間の完成にその後二〇年間を必要としたことからも、オリンピック関連期の整備の早さが特徴的である⑫。

環状七号線（環七通り）は今日でも東京区部で唯一の全線完成した環状幹線道路として交通の大動脈となっている。それゆえ、自動車交通が集中して、公害問題が発生しているが、もしこの環状七号線の西半分がオリンピック道路として完成していなければ、その後、東京の交通事情はどのようなマヒ状態に陥っていたであろうか。

環状七号線の幅員は二五メートル。一九六三年に東京都が刊行した資料をみると、その標準断面図には街路樹が描かれていない（図100）。また、実際のところ、立体交差区間では街路樹はおろか歩道も存在しない箇所も存在する。当時としては、道路交通の観点から幅員もぎりぎりに切り詰めた設計をしていたことがわかる。

戦災復興街路は広幅員のグリーンベルト、歩道を確保し、すぐれた設計思想にもとづいていたが、東京においては実現しなかった。一方、オリンピック道路は短期間で実現し、道路交通の処理に大きな成果を挙げたものの、街路の景観設計、ランドスケープの観点に欠けていた（つまり安上がりの街路をつくった）。このような評価は酷すぎるかもしれないが、当時としては、そのような景観設計のゆとりが全くなかったという事実、そしてゆと

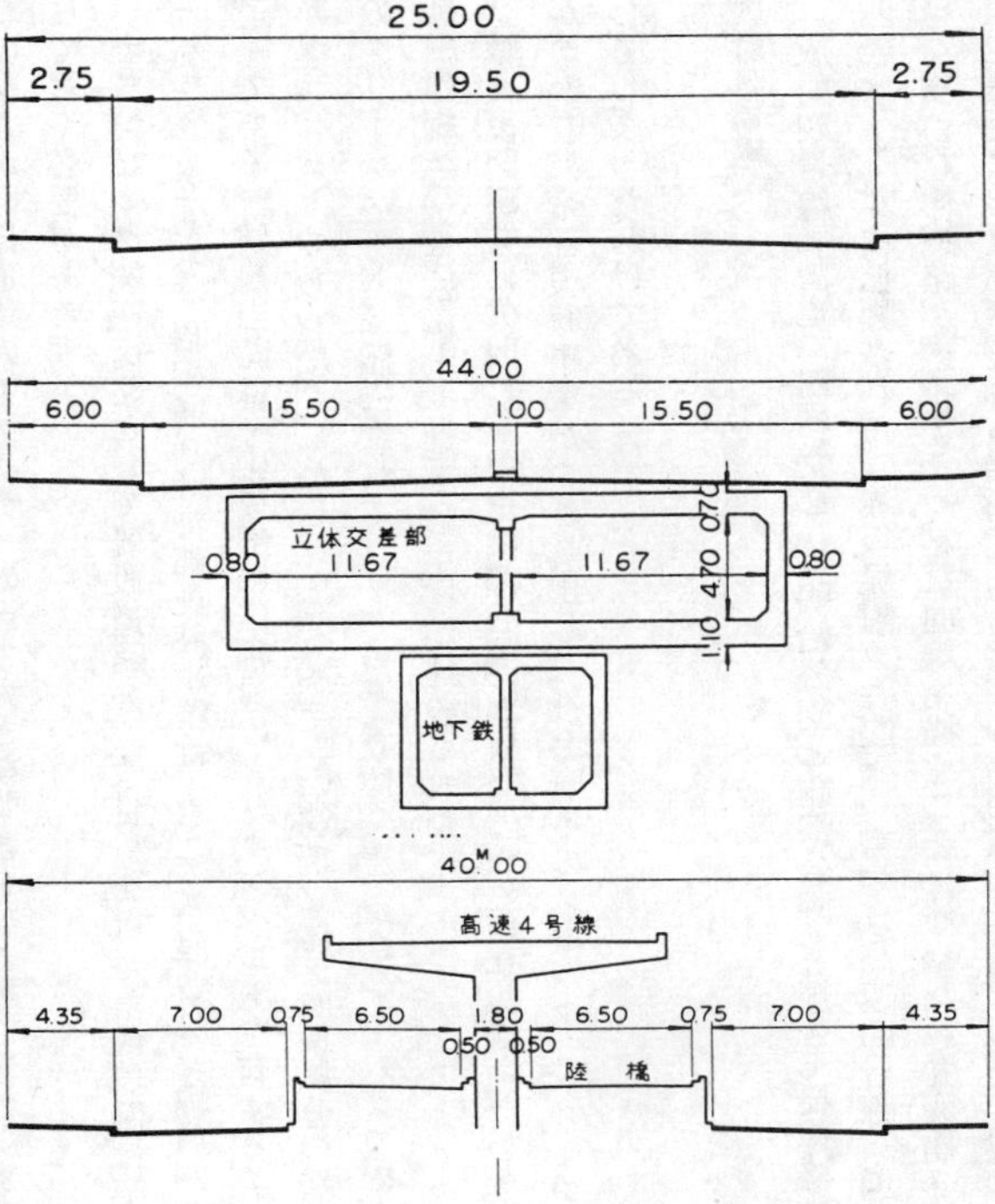

図 100　オリンピック関連街路の断面図　㊤環状七号線の標準断面，㊥昭和通りの立体交差部標準断面，㊦放射四号線の赤坂見附。どの図にも街路樹がない。

りのなさが今日道路のアメニティの点で大きな問題をひき起こしていることは冷静に認識しておく必要がある。

オリンピック関連街路として既設道路の〝改良〟を行った代表例は昭和通り（放射一二、一九号線）である。昭和通りは帝都復興事業によって新設された幅員四四メートルの幹線道路である。建設当時は、中央部に広幅員のグリーンベルトを有する美しいゆとりのあるアヴェニューであった。しかし、主要交差点の連続立体（四車線分の増設）のために、このグリーンベルトは撤去されてしまった。立体交差（アンダーパス）の下にはさらに地下鉄一号線（都営浅草線）と地下駐車場が建設された。

戦災復興事業に失敗し、東京の都心部に新設道路が存在しないため、既設の道路に負荷がかかり、帝都復興事業がつくり出した社会資本のストック（グリーンベルト）を喰い潰してしまったわけである（図101）。

放射四号線

放射四号線（国道二四六号線）は明治公園と駒沢公園を結ぶ主要連絡道路であり、幅員四〇メートルに拡幅された。赤坂見附、弁慶橋一帯では高速四号線、環状二号線と交差し、弓なりの立体道路がダイナミックな曲線を描くことになった。弁慶橋一帯は、江戸時代から風景画にとりあげられる場所であるが、一帯の風致地区の緑と相俟って、私見では都内

図 101　昭和通りの現状（1991 年）　グリーンベルトが撤去され，すべて車道となってしまった。〔越澤撮影，1991 年〕

で最も美しい現代的な道路景観のひとつとなっている（図102）。

青山通り（放射四号線）はこの機会に幅員が二倍に拡がっている。一九六三年当時の青山一丁目交差点一帯をみると、今日、ホンダビル、青山ツインビル、間組本社など高層オフィスビルが林立する沿道の建物が低層、木造のものが大半であったことが判明する（本章扉の写真）。オリンピック道路の建設は沿道の土地利用の転換、商業オフィスビルの建設の引き金となった。

青山一丁目から六丁目にかけての地区では、道路拡幅に伴いこれまでの表通りの商店が撤去され、それまで裏側にあった宅地が道路の前面に出てしまうため、表側と裏側の地権者が協力して、共同のビルを建設することが検討された。地元の地権者は青山通り改造推進協議会を結成し、日本住宅公団は市街地住宅（いわゆる下駄ばきアパート）の建設のコンサルティング業務を行ったが、権利の調整、建設後の施設の経営などは簡単には解決しない問題であり、実際に共同ビルが建設されたのは数棟にとどまっている（図103）。当時、日本住宅公団が描いたような大型ビルディングは実際は、個別に中小敷地の地上げが行われることによって建設された（青山通りの大型オフィスビルは一九七〇年代以降、この方式で建設された）。日本では道路のようなインフラ整備と敷地・建物の共同化・再開発を結びつけて一体で実施することは容易ではない。

図 102　赤坂見附交差点，弁慶橋一帯の変貌　㊤工事前，交差点周辺の建物は平屋か 2 階建である。㊦首都高速道路の工事が進行中。青山通りが拡幅されている。

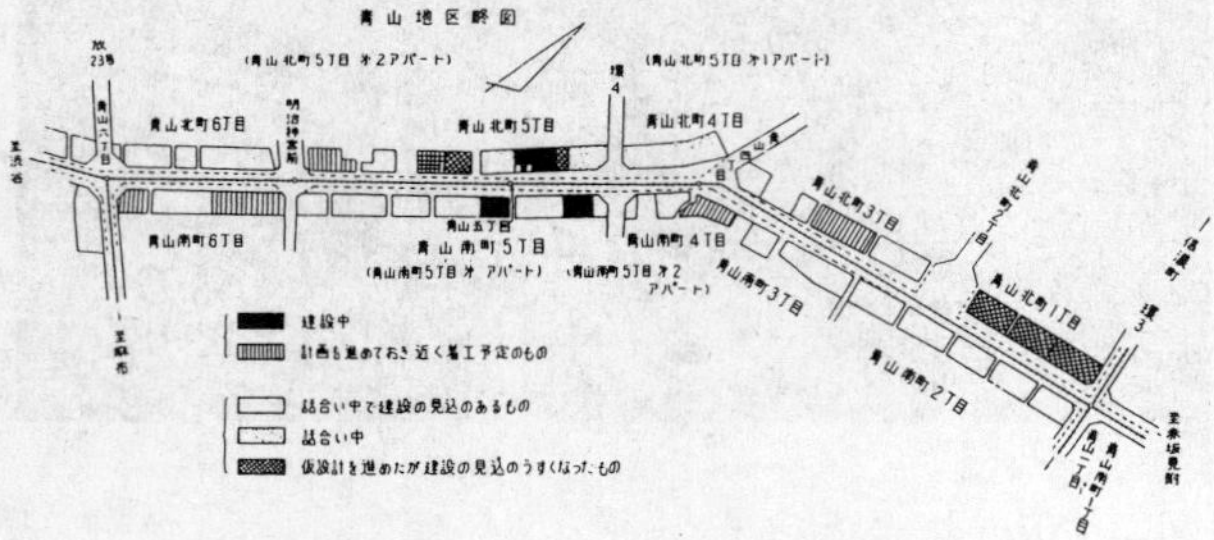

図 103　青山通り沿道の市街地住宅の実施状況〔倉茂周明「住宅公団市街地住宅の現状と問題点」『新都市』1963 年 2 月号〕

4 首都高速道路

首都高速道路の歩みについては首都高速道路公団が自ら詳細な公団史を刊行しているため、ここでは東京オリンピックに関連した記述に限定したい。

一九五八年、山田正男を中心として立案された東京都市高速道路の計画は同年七月、首都圏整備委員会において決定、告示され、行政計画としてオーソライズされた。続いて問題となったのは事業主体であったが、一九五六年に設立されていた日本道路公団とは別の新公団を設立することになり、一九五九年六月、首都高速道路公団が設立された。同時期、オリンピックの東京開催が決定され、オリンピックの開催に間に合うよう四路線、延長三二キロメートルを整備することになったのである。

首都高速道路の整備に必要な高架下の関連街路については一九六四年九月までに四路線、延長一一・二キロメートルが事業費三二八億円で整備された（都の予算、工事は公団に委託施工）。首都高速道路のルートの三分の一はこのような新設拡幅街路（海岸通り、六本木通りなど、幅員四〇〜六六メートル）を通過している。残りの三分の二のルートは主に河川敷、水路、道路のグリーンベルトを通過している（図104）。

首都高速道路が日本橋をかすめるように建設されたことは、その後、多くの人の批判の

図 104　建設中の首都高速道路　河川（平川）を利用して建設された（千代田区一ツ橋・九段南)。〔『ネット・ウェイ』第 3 号，首都高速広報協議会，1989 年〕

図 105　内外苑連絡道路の現状　乗馬道のオープンスペースはすべて首都高速の用地に転用され，しかも高架下は駐車場という公団の収益事業に利用している。イチョウ並木も首都高速側は枝が切られている。97 ページの図 30 と同じ方向。〔越澤撮影，1991 年〕

対象となった。しかし、河川が交通に使用されているという機能の点では江戸時代と今日とは変わりない。私はむしろ、今日ほとんどの人が知らない二つの区間の変貌を問題にしたい。それは戦前の東京都市計画が作り出した大きな成果である二本の公園道路（パークウェイ）、並木道（ブールヴァール）が首都高速道路の建設のため、破壊されたことである（図105）。それは、隅田公園と内外苑連絡道路であった（三章、四章参照）。

都市にうるおいと品格を与え、都市を代表する顔となる都市施設は広幅員街路、ブールヴァールに他ならない。パリのシャンゼリゼ、ベルリンのウンター・デン・リンデン、ロンドンのザ・モール、ワシントンのペンシルベニア・アヴェニューはその代表例である。東京にはそのようなシンボル・ストリートが欠けている。

首都高速道路の建設の必要性については筆者は完全に同意するが、当時の東京都当局にはルート選定の細やかな配慮が欠けていたのではないかと筆者は考えている。隅田公園と内外苑連絡道路の現状は戦前の計画と事業実施に至る先人の労苦を考えると残念でならない。

首都高速道路の性格はオリンピック終了後、大きく変化した。東名高速などと接続することにより都市間高速道路の受皿としての役割も持たされるようになり、都心への交通集中をいっそう加速させた。その結果、オリンピック当時に建設された路線は慢性的な交通渋滞に襲われている。

図 106　名古屋の若宮大通　㊤戦災復興事業によって出来上がった若宮大通（幅 100 m）に，近年，高速道路がつくられたが，高架下は長大な公園とした（1989 年完成）。㊦若宮大通の片側幅 50 m の状況。このようなやり方は戦災復興事業の遺産の喰い潰しではなく，社会資本のストックの追加と呼べる。〔越澤撮影，1989 年〕

帝都復興事業など戦前の都市計画のストックである公共空間に頼ってオリンピック当時、首都高速道路がつくられた。一九六〇年代後半以降、そのオリンピック当時の首都高速道路のストックに頼ってしまい、本来しなければならなかった都市間高速道路の受皿となる道路整備を怠ってしまった。インフラ整備の遺産の食い潰しが二重に行われた結果が今日の首都高速道路の交通マヒの姿であり、緑に乏しい貧困な幹線道路の姿である（図106）。

終章　東京都市計画の負の遺産

八重洲通り

　東京都市計画の原点である八重洲通り（23 ページ参照）の美しい 4 列並木は戦後，撤去された。近年，分離帯にモニュメントが建てられた。一見，綺麗に見えるが，都市計画の遺産が継承されたとは言い難い。〔越澤撮影，1990 年〕

1　幻の都市計画とTOKYO

第二章で紹介した東京の都市計画図は関東大震災後の復興計画の政府原案（甲案）であり、立案以来六六年ぶりに初めて世の中に公表されたものである。これを御覧になった方はどのような感慨を持たれるであろうか。

このようなプランがあったという事実は、これまで都市計画の専門家・研究者の間でさえ知られていなかった。

したがって私たちはこれまで、今日の東京を直接つくった大正以降の都市計画の歩みと挫折の歴史を知らずして東京大改造、東京湾ウォーターフロント開発と華々しい議論をしてきたことになる。

確かにあふれるばかりの都市の活力、バイタリティ、また次々と建てられる魅力的な建築物——まさにTOKYOは世界都市へと成長した。しかし、都市インフラ整備と社会資本のストックは不十分であり、華やかなTOKYOの都市基盤は脆弱である（図107）。

図 107　隅田川のウォーターフロント開発　㊤ 1930 年の吾妻橋。手前左が大日本麦酒（現アサヒビール）工場，手前右は隅田公園の本所側。奥は松屋百貨店。㊦ 1990 年の吾妻橋。アサヒビール工場跡地に建設中の墨田区役所。〔越澤所蔵；撮影〕

今日の東京の都市形態に江戸の都市構造を見出したのは陣内秀信氏である。しかし、東京の市街図をみると私の目には帝都復興と戦災復興という二つの復興計画がかろうじて残した遺産、そして挫折したプランの痛々しい姿が浮かび上がってくる。

関東大震災をきっかけに後藤新平は東京の抜本的な都市改造を考えた。しかし、予算削減のため、事業実施は焼失区域の下町に限定されてしまう。しかし、世界で初めて既成市街地に区画整理を導入したことにより、薄汚れた裏路地が続いたり、細く曲がりくねった畦道のままで市街化した街並みは一掃され、下町の都市改造が実現した。市街地の形態やインフラ整備の状況は今日までほとんど変化しておらず、私たちは今日それとは知らずにこの帝都復興事業の恩恵に浴している。

一方、大震災の非焼失地域（当時の小石川区、牛込区、四谷区、麻布区など）では計画された幹線街路や大公園はすべて事業の対象からはずされた。そして戦後、今なお幹線道路の整備に悪戦苦闘している。当時の東京市の区域は山手線の内側までで、これは江戸の大きさ（朱引内）と一致している。帝都復興事業から除外されたこれらの地域ではお屋敷や町家の細分化が進行していった（図108）。

関東大震災をきっかけに人口の郊外への移動が始まり山手線外側の郊外住宅地が形成された。この結果、一九三二年に隣接八二町村が東京市に合併され、今日の東京二三区のエリアに相当する大東京が出現する。郊外住宅地の多くはスプロール現象と呼べるものであ

図 108　渋谷区千駄ヶ谷３丁目　お屋敷町当時の狭い道路幅員のままでマンション化が進行している。右側のお屋敷では洋館の建物がすでに取り壊され，更地となっており，ヒマラヤ杉の大木も近いうちに切り倒されてしまうであろう。〔越澤撮影，1990 年〕

った。しかし一部には街づくりのポリシーを持った電鉄系の宅地開発（田園調布、常盤台など）や先見的な大地主のリーダーシップによる区画整理（目黒区の南部、杉並区の西部、世田谷区の東南部）が実施された。今日の山の手の良好住宅地はこのとき形成されたものである。

2　郊外住宅・道路網・緑地帯

帝都復興事業の完了後、合併された新市域を対象にして新しい計画が追加された。一九二七年にまず郊外の幹線道路網が決定された。環六（山手通り）、環七、環八は実にこのときの計画である。つまり市街化が始まったばかりの初期、まだ田畑と山林が多い状態で計画道路を引くという先見性が当時は存在した。環七通りは計画以来実に約六〇年後の一九八五年に全線開通し、環八通りは今なお事業中である。この点で東京都市計画は戦前の人口六〇〇万時代の計画目標でさえ首都圏人口三〇〇〇万人となった今日、まだ達成されていないことになる。

また一九三〇年から四三年にかけて新市域の全域に細道路網という名の幅一〇メートル前後の都市計画道路がきめ細かく決定された。これは今日の言葉で言えば生活道路網である。現在、練馬区や世田谷区の市街図をみると、とぎれとぎれに東西、南北に二車線の道路が続いているのはこの細道路網が部分的に実現しているからである。まだ家がはりつく前に先手を打って生活道路のネットワークを計画し、スプロール化を防止していたのにもかかわらず、この細道路網の計画はなぜか戦後、廃止された。そして市街化が進行し、住宅が立て込んできた現在では生活道路の整備は後手後手となり、道路建設をめぐり区と住民で紛争が生じている地域もある。

二〇世紀初めより欧米の都市計画では緑地系統が重視されるようになった。この考え方は日本でもさっそく導入され、一九三九年に東京緑地計画がまとまる（著名なロンドンのグリーンベルト計画よりも早い）。これはちょうど、今日の二三区の外周部と石神井川・善福寺川など河川沿いをグリーンベルトにしようとするもので、その拠点部分（一カ所一〇〇ヘクタールという大きさ）は実際に東京府によって買収することにした。この大緑地は戦後GHQの意向を受けて農地解放の対象として小作人に払い下げてしまうという愚かな措置が採られ、面積が半減してしまったが、今日の東京郊外部の大公園（砧、神代、小金井、水元、光が丘など）はいずれもこの戦前の大緑地の遺産に他ならない。

以上のことから昭和に入り、世相は戦時色を強めながらも都市計画の分野ではきちんとした計画ポリシーとグランドデザインのもとに着々と成果を挙げていたことが御理解いただけよう。

3　戦災復興計画の挫折

一九四五年三月の東京大空襲により東京は焼土と化したが、これを都市改造の絶好の機会であるとして東京の戦災復興計画が立案された。内務省国土局計画課長の大橋武夫（都市計画に情熱のあった数少ない内務官僚、後の労働大臣）はすでに三月、東京復興計画の検討を指示し、八月一五日の数日前から本格的に計画立案を開始した。しかし全国一一五の戦災都市の中で広島、名古屋、仙台などはめざましい成果を挙げ、全国の多くの都市では戦後の高度成長を支えたインフラをつくりあげたのに対して、ただ東京のみは都市計画に対する都知事の消極的な姿勢も影響し、全国一の計画圧縮となってしまった。ＧＨＱはもともと、「敗戦国にふさわしくない」と戦災復興計画に冷淡で、一九四九年のドッジラインの緊縮財政の結果、戦災復興事業は圧縮され、切り捨てられてしまった（図109）。

圧縮前の東京の戦災復興計画は焼失地全域を対象として区画整理をしようとするもので、広幅員街路（ブールヴァール）と公園緑地、広場が特に重視されていた。幹線街路網は以前、帝都復興から除外された区域を含めて新たに練り直された。環一～環四などが新たに決定され、昭和通りや八重洲通りも幅員一〇〇メートルに拡幅される予定であった。この

図 109　戦災復興計画の理想　㊤広島の河岸緑地（グリーンベルト），㊦名古屋の公園とアヴェニュー（若宮大通）の一体設計。いずれも戦災復興計画の目指していた理想が実現した数少ない事例。〔越澤撮影，1989 年〕

ような広幅員街路は単に交通処理のためのものではなく、幅員の半分は公園緑地を兼ね、また高速道路や地下鉄の収容を予定するなど多目的な公共空間であった。

また東京の戦災復興計画の原計画では帝都復興計画（甲案）と東京緑地計画の思想を承継し、河川沿いや鉄道沿いはすべて緑地帯とし、旧軍用地など大国有地を公園緑地とする構想を立てた。またお屋敷町の見晴らしのよい高台も公園緑地に開放し、「見晴らしの民主化」を図り、市民の愛都感情を育てるのだと、当時の東京都の都市計画課は説明しており、さらに「新しいかたちの都をつくり出すこの千載一遇の好機会をむなしく見送ってしまうようだったら、私たち日本人は、今度こそ本当に救われ難い劣等民族だと、世界中の物笑いの種にならなくてはならないでしょう」とまで言い切っている（映画『二十年後の東京』、東京都都市計画課制作）。

しかし、現実には東京の戦災復興事業はJR沿線の駅前地区（池袋、新宿、渋谷、錦糸町、大井町など）を除いて廃止され、戦前の計画である駅前広場の整備を実現したにとどまった。新宿歌舞伎町（広場を有する盛り場）や渋谷の公園通り、ペンギン通りもこの戦災復興事業のささやかな成果（あるいは痕跡）である（図110）。

東京に環七通り、環八通りがあるのになぜ環三通り、環四通りがないのだろうか？　それは戦災復興事業の圧縮のため、計画された新設街路の大部分が実現しなかったからである。文京区に播磨坂という名の延長五〇〇メートルの幅広い桜並木がある。東京では珍し

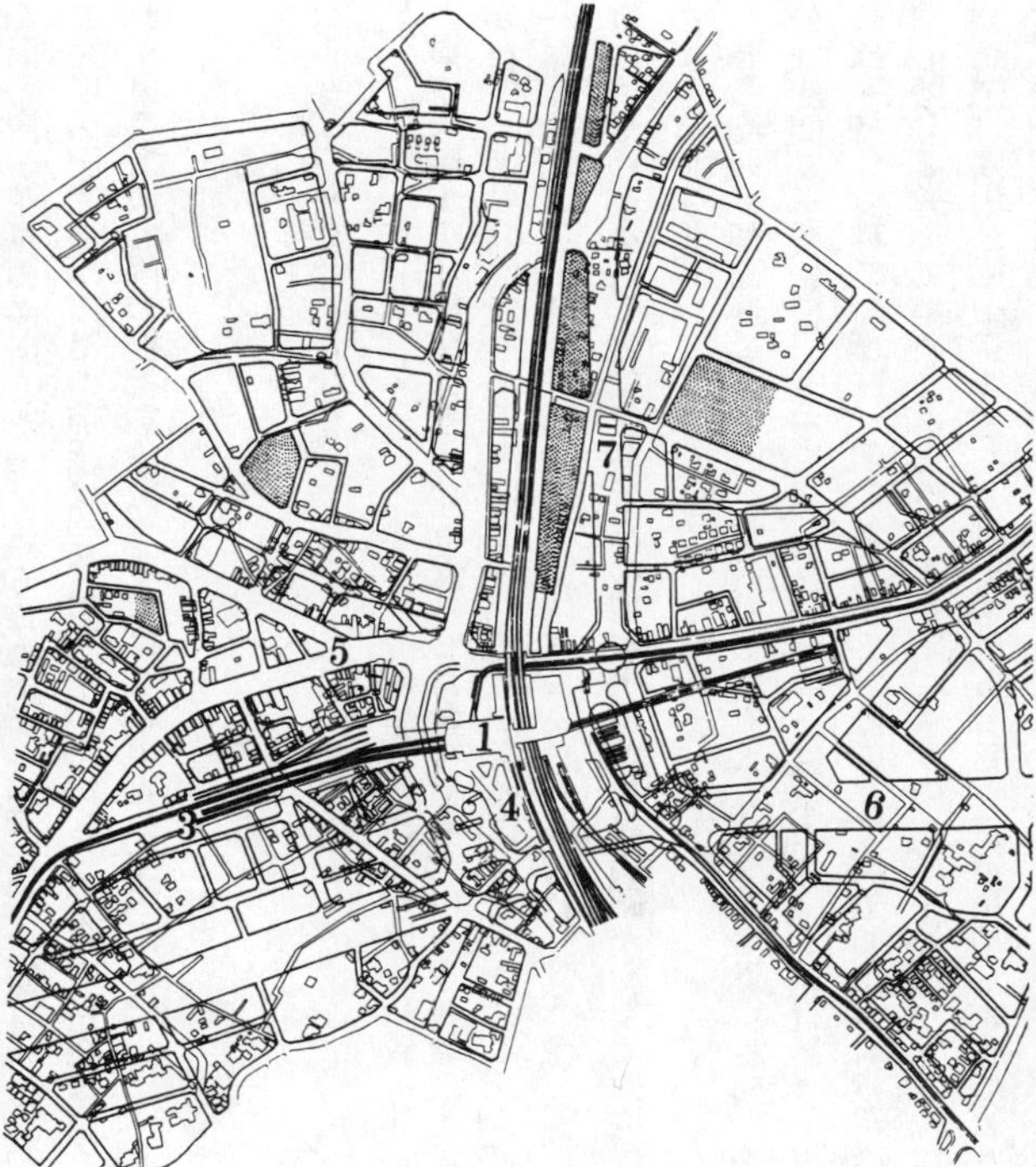

図110　渋谷の戦災復興事業の完成した姿　渋谷では戦災復興事業の実施によって戦前の駅前広場計画が実現した。東西方向は放射二二号線（国道二四六号線，幅員 50 m），南北方向は環状五号線（明治通り，幅員 30 m），宮下公園（疎開跡地）と美竹公園（旧梨本宮邸。その後，都児童会館の建設のため面積は半減）が新設された。今日，若者で賑わうセンター街や公園通り一帯の路地も戦災復興事業という都市計画の力が作用して出来上がった。〔越澤所蔵〕

く街路樹が花見の名所となっているこの場所は環三通り（幅員四〇メートル）のささやかな完成区間であり、その前後は今なお人家が密集し事業化の目途は全く立っていない。これが東京復興計画の挫折を象徴する情けない現実の姿である。

4　現在に残された課題は？

東京の戦災復興計画の挫折のもたらした負の遺産、つまり残された課題は何か検討してみたい。世界の代表的な都市にはパレードや祭典にも使用されるシンボルとなる道があるのが普通である（パリのシャンゼリゼ、ワシントンのペンシルベニア通りなど）。しかし、東京にはそれがない。戦災復興計画の放射・環状幹線街路が今なお未完成による弊害はきわめて大きい（図Ⅲ）。

悪名高い首都高速道路の設計意図はもともと立体交差を連続させた道路であり、既存の公共空間（道路、河川、公園）の立体利用で道路不足を切り抜けようとした苦肉の措置に起原を持つ。環二、環三、環四が当初の計画幅員で開通していれば、今日の都心の交通事情も随分と違っていたであろう。また昭和通りのグリーンベルト、神宮内外苑連絡道路の乗馬道、隅田公園の遊歩道などはいずれも今日、車道用地と化しており、帝都復興当時の

図111　都市計画の負の遺産　㊤未完成の環状二号線（芝，虎ノ門の一帯）。図84を参照。㊦未完成の環状五号線（新宿6丁目）。ビルの建て替えの際，計画幅員までセットバックさせるという百年河清を待つやり方が採られている。〔越澤撮影，1990年〕

ゆとりのある都市景観を考慮した設計の街路は消えうせてしまった。

戦災復興事業による公園緑地の新設は大森、蒲田のJR沿線の細長い公園（これは電車に乗っていて心地よい車窓の風景である）などわずかであり、逆に政教分離の名のもとに明治以来、親しまれてきた芝公園、麴町公園などが社寺に返還され、公園緑地が喪失した。

東京を代表するいくつかのホテルはいずれも国際観光ホテルが日本でも必要であるとの理由により本来、建築を許されないはずの中高層ホテルが都市計画公園や風致地区内に許可され、現在の姿となった。最近、発展途上国の大使館に使用するとの理由により、さる法人が都市計画公園内にビルを建てようとしたのは記憶に新しい。今また東京タワーの経営母体が旧芝公園にホテルを建てるとのニュースを聞くと、筆者は東京の公園緑地の壊廃の歴史を知るだけに暗澹たる想いにかられる（図112）。

ニューヨークのマンハッタンの摩天楼はセントラルパークという巨大なオープンスペースがあればこそ成立するものである。しかし、東京では本来、オープンスペースとすべき場所（都市計画公園や旧大名屋敷）に超高層が建ち、その周囲は低層のままという逆さまの現象となっている。竣工して間もない紀尾井町の超高層オフィスビル（国有財産払い下げの場所。元は低層の建物があった）を見上げると、どう見ても周囲のインフラ（特に道路交通）はパンク状態としか思えない（図113）。

震災と戦災の二度の復興事業からこぼれてしまった市街地は都電荒川線沿い、山手通り

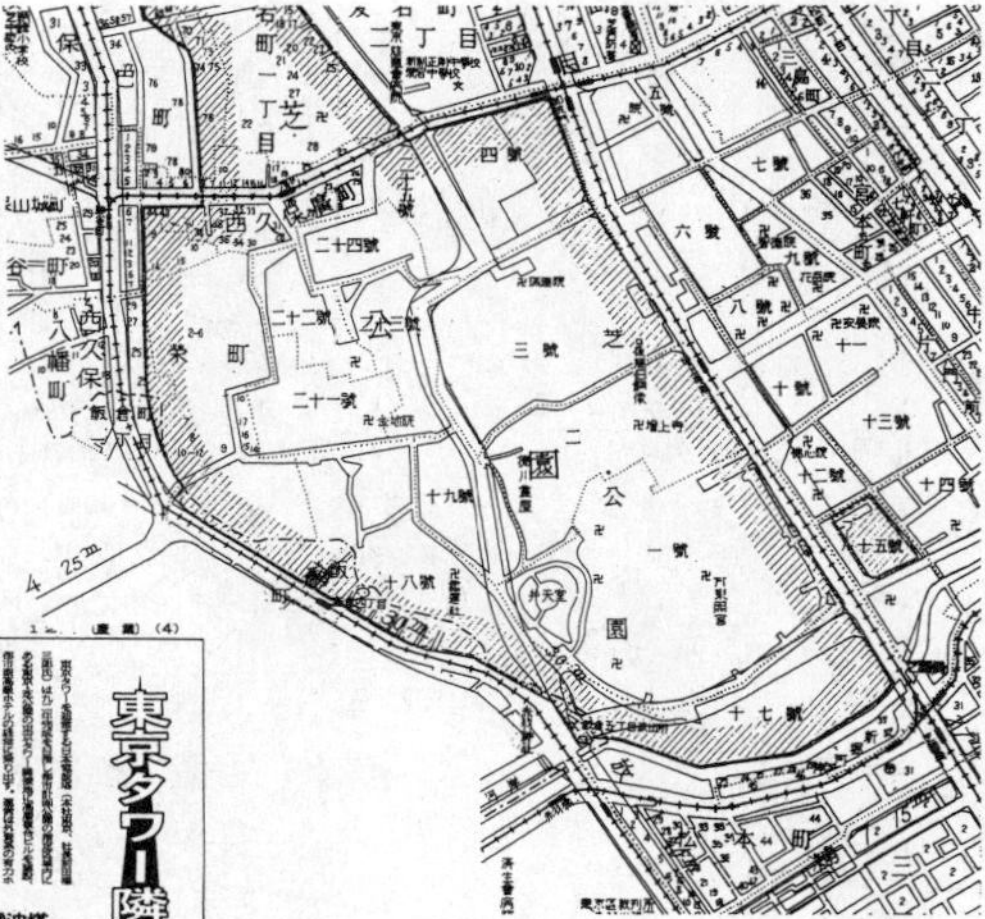

2月12日

東京タワー隣にホテル

都市計画公園

初の開発事業

日本電波塔

図 112　都市計画芝公園とその“開発”事業　㊤芝公園は，1873 年（明治 6 年）の太政官布達により東京初の五公園のひとつとして開設された。1930 年，都市計画公園として決定され，50 年，戦災復興計画において再度，都市計画決定された（面積 69.89 ha）。しかし，47 年，GHQ の政教分離政策により，境内地の大部分が増上寺に返還され，公園の開設面積が半減した。この返還地に，その後，東京プリンスホテル，東京タワー，民間ビルが建てられた。一方，公有地の一部も区立図書館，福祉会館などに使用されている。現在の公園開設面積は 12.00 haにすぎない〔越澤所蔵〕。㊦都市計画公園初の開発（？）事業の見出しのもと，民間会社のホテル建設が認められるとの報道。〔日本経済新聞，1989 年 2 月 12 日〕

図 113　千代田区麴町 3 丁目で進行中の再開発　高層オフィスビルが建築中であるが，一方，手前の道路は歩道も狭く，街路樹もない状態である。このような貧相な道路が麴町，番町一帯の幹線道路となっている。〔越澤撮影，1990 年〕

の内側にちょうど、東京都心を包囲するように拡がっている。震災前後に市街化が始まった葛飾、足立、北、豊島、新宿、中野、品川区では木造賃貸アパートが密集する地域（木《もく》賃《ちん》ベルト地帯と呼ばれる）が存在する。

　これらの地域では道路の幅が今なお二間（三・六メートル）や九尺（二・七メートル）で、屈曲し、小公園などオープンスペースに乏しい。もし建蔽率・容積率が高く指定されても、これらの地域では道路幅が狭いため、中層の建築物は立てようにも立てられない。また居住者の高齢化が進むにつれ、他の地域に新しい住宅を求めて転出することができない低所得者や高齢者の割合がしだいに大きくなり、またアジア人など外国人労働者が住みつくなどの傾向も生じている。このような地域の住環境を改善するためにはどのような方法があるのだろうか？　焼失時の区画整理を実施しなかったツケが今、重くのしかかっている（図114）。

　一九八九年はフランス革命二百年。パリのグランド・プロジェクトが華々しく取りあげられている。しかしパリ市街の四分の一はアラブ・アフリカ人地区（私の目にはスラムと見える）であることはあまり報道されていない。

　生活スタイルや所得の面でそれほど地域差がなかった巨大な中産階級都市東京も今後、明確な地域差や土地柄の違いが出てくる可能性がある。埼玉県や足立区で発生した少女に対する猟奇事件や残虐な少年犯罪、またアジア人犯罪の急増はその徴候であろうか。

図 114　東池袋の辻広場　木造住宅密集地帯である東池袋では，豊島区が近年，修復型まちづくり（住環境整備）に取り組んでおり，小規模なポケットパーク（辻広場）をつくった。〔越澤撮影，1990 年〕

世界の大都市を見渡してみると、オープンスペースに乏しい東京の良さ・取り柄は治安の良さである。夜、繁華街を若い女性が安心して歩ける大都会は日本以外には存在しない。しかし、東京の副都心、下町に近い木賃ベルト地帯では、インフラ整備の水準に問題があるばかりか、今後、もし治安が悪化していくとしたら……。

5　負の遺産を解消すべき時

進行中の東京都市改造を象徴する東京湾プロジェクトに対して何を期待すべきであろうか。単に臨海部にウォーターフロントだ、テレポートだといって既存の業務機能の拡大や新しい業務集積の扶植にのみ目を奪われることや、住宅供給の声高の掛け声に耳を奪われることはして欲しくない。貴重な水面を埋め立て、ある程度の生態系を犠牲にすることを正当化する理由は、やはり、既存の東京の市街地の都市改造・改善のためにやむなく新規の土地を造成せざるをえないという一点にしかないのではないだろうか。

東京湾臨海部のインフラは二つの目的を持たされている。ひとつは臨海部自身に必要なインフラ、もうひとつは二度の復興計画の挫折に起因する都心部・既成市街地のインフラの欠如の代償としてである。湾岸道路や有明テニスの森公園には明らかに後者の機能が含まれている。

幕末以来、今日まで東京の変容をみると二度の復興事業を除けば、他は大規模施設の移転でほとんど説明できる。明治維新後、旧大名屋敷が国有地となり、官公庁、軍施設、学校、皇室財産、邸宅などに転化し、戦後、再び別のものに転化している。このような大規模施設の移転・再配置をいかに上手に処理するかが、よい都市をつくる鍵といっても過言ではない。

東京湾臨海部の土地とJR跡地は東京の都市改造のための最後の再配置のチャンスであろう。しかし、現実にはそのような再配置の政策は存在するのであろうか。

私が東京湾プロジェクトに代表される現代の東京都市改造に対して望むことは次の四点である。

第一に、東京都市計画の栄光と挫折の歴史を冷静に知り、総括し、歴史的なパースペクティブ、物の見方を知ることである。東京都市計画の負の遺産の解消を政策立案の発想の基本に持ってほしい(図115)。

次に、徹底した受益者負担と開発利益還元の採用である。パリやニューヨークもインフラは受益者負担によってできあがった都市である。東京都は環二、環三の延伸の費用負担を臨海部地権者の受益者負担に求めようとしているが、さらに既成市街地の未整備区間まで負担してもらってよい。企業(法人)も市民である。そして今後、五〇年、一〇〇年に

図 115　負の遺産の解消とは？　近年の修景事業は遺産の解消どころか，むしろ既存の緑地空間のストックを潰している。㊤駒形橋の橋詰広場（本来は街庭，植栽スペース）につくられたモニュメント。㊦外堀通り（環状二号線）の枯山水（1946 年当時は 100 m道路と計画されていた箇所）。図 109 と比較されたい。〔越澤撮影，1990 年〕

わたって市民＝地権者であり続けようとするならば、喜んで受益者負担に応じていいはずである。

第三に既成市街地のオープンスペースの回復である。口で言うほどたやすいことでないことは筆者も重々承知しているが、都の埋立地を種地にして少しでも既成市街地の施設移転や土地交換ができないものか。埋立地の処分や施設立地は何も急ぐ必要はない。じっくりと既成市街地の改善のための保留地として確保していればよい。

第四は公共側で柔軟な発想で象徴的なプロジェクトができないだろうか。夢物語かもしれないが、例えば、国会議事堂と首相官邸、議員宿舎をまとめて東京湾埋立地へ移転することである（このアイデアは別々の機会に東京大学の伊藤滋教授、遷都論の主張者である通産省の八幡和郎氏がそれぞれ異なる文脈で発言したことをヒントにしている）。政治家に本当に政治改革をしてもらうためには明治、大正期のようなバラックの仮議院に移ってもらい、意識変革をしていただいてはどうか。埋立地は四方が海で警備上も好都合で、成田・羽田の両空港にも近い。一方、残された建物は旧朝鮮総督府の再利用やパリのオルセー美術館のやり方を見習ってナショナル・ギャラリーやオペラハウスに改造する。この移転整備費用は上空の容積率を丸の内に移転することにより捻出するため一銭の金もいらない（これにより丸の内地区は現行法規制のままで念願の高容積を獲得する）。無論、この第四に述べたことはひとつの喩えにすぎないが、このぐらいの発想の転換としなやかな感性が必要であろう。

都市計画の第一の課題は、より快適な市民生活を可能にするインフラ整備（幹線道路、公園など）である。幹線道路の整備に象徴される〝権力的な〟都市計画を批判し、下町のコミュニティと人間臭さ、赤提灯のある路地空間の魅力を高く評価し、水辺の回復を主張する人が少なくない。しかし、幹線道路（表通り）と路地（裏通り）は文字通り、表裏一体の関係にあり、路地が生き生きとした魅力ある生活空間であり続けるためにこそ、幹線道路に代表されるインフラ整備が大切である。明治神宮の森と表参道のケヤキ並木という骨太のインフラがあればこそ、ブラームスの小径など周囲のお洒落な街が出来上がったのであり、渋谷の戦災復興事業と代々木公園があればこそ、回遊性のある若者をひきつける賑わいが誕生した（渋谷の路地には一定の都市計画の力が作用している）（図116）。また、世田谷美術館で緑を愛《め》でながらフランス料理を味わい、談笑することができるのも、東京緑地計画にもとづき、砧緑地の造成を開始し、戦後もこれを守り抜いたからである。豊かさを実感しうる市民生活とは、魅力ある街においてのみ達成されるものであり、その鍵は都市計画、インフラ整備にある。

パリが革命二百周年をグランド・プロジェクト（記念建築物の新築・再整備）により、華麗に都市空間を演出することがなぜ可能であるかといえば、ナポレオン三世の第二帝政時代にインフラ整備をやり遂げているからである（したがって大蔵省や市場などの移転だけで済む）。東京も早く負の遺産を解消し、記念建築物によって東京大改造を演出できるよう

図 116　表参道の上品な賑わい　広幅員街路のケヤキ並木という骨太のインフラがあればこそ，原宿，表参道一帯のお洒落でハイセンスな街が出来上がった。〔越澤撮影，1990 年〕

な時代を迎えたい。

参考文献

I

鶴見祐輔『後藤新平』後藤伯爵伝記編纂会、一九三七〜三八年。
『後藤伯の面影』鉄道青年会本部、一九二九年。
北岡伸一『後藤新平』中央公論社、一九八八年。
高橋紘『陛下、お尋ね申し上げます』文藝春秋、一九八八年。
『ビアード博士東京市政論』東京市政調査会、一九二三年。
『ビアード博士東京復興に関する意見』東京市政調査会、一九二四年。
『財団法人東京市政調査会四十年史』東京市政調査会、一九六七年。
『佐野博士追想録』佐野博士追想録刊行委員会、一九五七年。
越澤明「評伝・佐野利器」『季刊アステイオン』二二号、一九九一年。
越澤明『満州国の首都計画』日本経済評論社、一九八八年。
渡辺銕蔵『特殊問題』経済学全集第四〇巻、改造社、一九三〇年。
バセット著、飯沼一省訳『受益者負担制度』道路改良会、一九二六年。
『都市計画講習録全集』（全二巻）、都市研究会、一九二二年。
『都市公論』都市研究会、各号。
『都市計画要鑑』第一巻、内務省都市計画局、一九二一年。

『帝都復興参与会速記録』帝都復興院(一九二三年)。

『帝都復興評議会速記録』帝都復興院(一九二三年)。

『帝都復興審議会速記録』帝都復興院(一九二三年)。

『帝都復興予算』帝都復興院(一九二四年)。

『帝都復興院事務経過』復興局、一九二四年。

山田博愛「復興計画当時を顧みて」『都市公論』一三巻四号、一九三〇年。

山田博愛『都市計画』(日本大学工学部)、一九三八年。

『本邦都市計画事業と其財源』上・下巻、東京市政調査会、一九二九年。

小倉庫次『復興正史』東京市政調査会、一九三〇年。

東京市政調査会『帝都復興秘話』宝文館、一九三〇年。

中邨章「震災復興の政治学——試論・帝都復興計画の消長」『経済論叢』五〇巻三・四号、一九八二年三月。

Ⅱ

『帝都土地区画整理に就て』東京市政調査会、一九二四年。

永田秀次郎『区画整理に就て市民諸君に告く』(東京市)、一九二四年。

東京市編『区画整理と建築』帝都復興叢書第七輯、帝都復興叢書刊行会、一九二四年。

田辺定義「復興計画促進及び反対防止運動」『都市問題』一〇巻四号、一九三〇年。

復興局『帝都復興事業概観』東京市政調査会、一九二八年。

太田圓三『帝都復興事業に就て』復興局土木部、一九二四年。

『東京市震災復旧事業概観』東京市復興総務部、一九二五年。

『復興事業進捗状況』復興局、一九二九年。

『帝都復興事業誌』（全六巻）復興事務局、一九三一〜三二年。

『帝都復興区画整理誌』（全六巻）東京市、一九三一〜三二年。

東京市政調査会監修『帝都復興事業大観』（全二巻）日本統計普及会、一九三〇年。

『帝都復興史』（全三巻）復興調査協会、一九三〇年。

『帝都復興事業図表』東京市、一九三〇年。

『復興』東京市、一九三〇年。

永田秀次郎『帝都市民諸君に告ぐ』東京市、一九三〇年。

『帝都復興祭誌』東京市、一九三二年。

The Outline of the Reconstruction Work in Tokyo and Yokohama (*An Official Report*), The Bureau of Reconstruction, Home Office, Japan 1929.

The Reconstruction of Tokyo, Tokyo Municipal Office, 1933.

『日本地理大系　大東京篇』改造社、一九三〇年。

建築学会『東京・横浜復興建築図集』丸善、一九三一年。

『建築の東京』都市美協会、一九四〇年。

前島康彦『折下吉延先生業績録』折下先生記念事業会、一九六七年。

前島康彦『井下清先生業績録』井下清先生記念事業委員会、一九七四年。

福岡峻治「震災復興区画整理の実施過程」『東京都立大学法学会雑誌』二八巻一号、一九八七年七月。

Ⅲ

復興局『帝都復興事業概観』東京市政調査会、一九二八年。

『帝都復興事業誌』建築篇・公園篇、復興事務局、一九三一年。

横山信二「実現せる東京の復興公園」『庭園と風景』一〇巻一〇号、一九二八年一二月。

横山信二「隅田公園と山下公園」『都市公論』一四巻八号、一九三一年。

東平七郎「帝都復興小公園計画に就て」『庭園』七巻九号、一九二五年。

佐藤昌『近代日本公園緑地発達史』都市計画研究所、一九七七年。

佐藤昌『浮生録記　佐藤昌先生米寿記念回想録』佐藤昌先生米寿記念出版事業会、一九九一年。

川本昭雄『隅田公園』郷学舎、一九八一年。

前島康彦『折下吉延先生業績録』折下先生記念事業会、一九六七年。

前島康彦『井下清先生業績録』井下清先生記念事業委員会、一九七四年。

前島康彦『東京の公園八〇年』東京都公園協会、一九五四年。

前島康彦『東京公園史話』東京都公園協会、一九八九年。

進士五十八・吉田恵子「震災復興公園の生活史的研究」『造園雑誌』五二巻三号、一九八九年。

『墨田区史』下巻、墨田区、一九八一年。

『隅田川の未来にむけて』東京都建設局、一九九〇年。

『とうきょう広報』平成元年度臨時増刊号、よみがえる東京の水辺空間、一九九〇年。

Ⅳ

『明治神宮造営誌』内務省神社局、一九三〇年。

『明治神宮外苑志』明治神宮奉賛会、一九三七年。

『明治神宮五十年誌』明治神宮、一九七九年。

『明治神宮外苑写真帳』明治神宮外苑、一九八六年。

高橋卯三郎「明治神宮外苑設計に就て」『庭園』二号、一九一九年。

『庭園』八巻一〇号、一九二六年、明治神宮外苑竣工記念特集号。

『佐野博士追想録』佐野博士追想録刊行委員会、一九五七年。

前島康彦『折下吉延先生業績録』折下先生記念事業会、一九六七年。

上原敬二『この目で見た造園発達史』この目で見た造園発達史刊行会、一九八三年。

本郷高徳『社寺の林苑』雄山閣、一九二九年。

佐藤昌『公園文化の歴史——公園文化を築いた人々』日本造園修景協会、一九八五年。

篠原修「日本の街並と近代街路設計」『土木学会誌』六九巻八号、一九八四年。

越澤明「日本における広幅員街路とブールバールの計画・設計思想史」中村良夫・篠原修・越澤明・天野光一『文化遺産としての街路』国際交通安全学会、一九八九年。

Ⅴ

『大東京概観』東京市、一九三二年。

『東京市域拡張史』東京市監査局都市計画課、一九三七年。

『東京市政概要』昭和四年版、東京市、一九二九年。

『東京市政概要』昭和八年版、東京市、一九三三年。

『東京市政概要』昭和一二年版、東京市、一九三七年。

『東京市道路誌』東京市、一九三九年。

『東京都道路概要』東京都建設局道路課、一九四六年。

『東京都市計画概要』昭和八年版、東京市都市計画部、一九三三年。

『東京都市計画概要』昭和一二年版、東京市監査局都市計画課、一九三七年。

『東京都市計画報告』第一号〜、東京市監査局都市計画課、一九三四年〜。

『都市計画東京地方委員会議事速記録』第一号〜、都市計画東京地方委員会、一九三〇年〜。

近藤謙三郎「駅広場計画の方式に就て」(1)(2)『都市公論』一六巻三・四号、一九三三年三・四月。

肥田木誠介「新宿駅広場及付近改良計画」『都市公論』一六巻八号、一九三三年八月。

『東京市政読本』東京市、一九三六年。

『東京市土木読本』東京市土木事業常設委員会、一九三六年。

『新修新宿区史』東京都新宿区、一九六七年。

『新宿副都心建設事業のあらまし』新宿区都市整備部、一九八六年。

『財団法人新宿副都心建設公社事業史』新宿副都心建設公社、一九六八年。

『淀橋浄水場史』東京都水道局、一九六六年。

山田正男『時の流れ、都市の流れ』都市研究所、一九七三年。

飯沼一省『都市計画法の話』都市研究会、一九三三年。

飯沼一省「担江私語　都市計画の礎石」『新都市』一九六〇年二月号。

鈴木栄基「戦前における建築敷地造成土地区画整理の実態とその考察」『都市計画』一五一号、一九八八年。

越澤明「第四章　昭和戦前期の都市再開発」『日本の都市再開発史』全国市街地再開発協会、一九九一年。

VI

小宮賢一氏の越澤明あての書簡、一九八九年一一月三日。

小宮賢一氏の越澤明あての書簡、一九八九年一一月二三日。

『東武鉄道六十五年史』東武鉄道株式会社、一九六四年。

『都市開発協会十年史』都市開発協会、一九八五年。

内務省国土局計画課『改訂増補都市計画法令集』都市研究会、一九四二年。

同潤会『外国に於ける住宅敷地割類例集』丸善、一九三六年。

Raymond Unwin, *Town Planning in Practice: An Introduction to the Art of Designing Cities and Suburbs*, London, T. Fisher Unwinn, 1909.

『都市計画街路と土地区画整理』東京市都市計画部、一九三三年。

『土地区画整理事業資料集』東京都都市計画局、一九八八年。

山口廣編『郊外住宅地の系譜』鹿島出版会、一九八七年。

VII

『東京都市計画報告』第一号〜、東京市監査局都市計画課、一九三四年〜。

『都市計画東京地方委員会議事速記録』第一号〜、都市計画東京地方委員会、一九三〇年〜。

『東京横浜電鉄沿革史』東京横浜電鉄、一九四三年。

『街づくり五十年』東急不動産、一九七三年。

『都市公論』一六巻六号、一九三三年、区画整理特集号。

『全国土地区画整理組合誌』全国土地区画整理組合連合会、一九六九年。

『世田谷近・現代史』東京都世田谷区、一九七六年。

『せたがや　ゆかりの人』世田谷区区長室広報課、一九八八年。

『世田谷区の街づくり』東京都世田谷区都市整備部都市計画課、一九八六年。

『今、わがまち世田谷の道路は』世田谷区道路整備室道路計画課、一九八八年。

『区画整理事業概要』中新井町第二土地区画整理組合、一九四二年。

『事業誌』井荻町土地区画整理組合、一九四〇年。

『杉並区立郷土博物館常設展示図録』杉並区立郷土博物館、一九九〇年。

『内田秀五郎翁』内田秀五郎翁還暦祝賀協賛会、一九三六年。

『米寿秀五郎翁』内田秀五郎翁米寿祝賀会、一九六三年。

横山信二「東京に於ける新風致地区」『都市公論』一六巻一号、一九三三年一月。

水谷駿一「帝都に於ける風致地区に就て」(1)〜(3)『都市公論』一六巻二〜四号、一九三三年二〜四月。

水谷駿一「風致地区の維持に就て」『庭園と風景』一四巻一一号、一九三二年一一月。

内田秀五郎「議定緑地と風致地区」『公園緑地』六巻二号、一九四二年二月。

『皇都勝景』東京府風致協会連合会、一九四二年。

『東京に於ける風致協会の状況』東京府（一九三七年）。

『風致地区の話』都市計画叢書第二号、神奈川県都市計画課、一九三三年。

田村剛・本田正次編『武蔵野』科学主義工業社、一九四一年。

越澤明「東京のグリーンベルト構想の経緯――緑地政策と宅地政策の視点から」『新都市』四四巻一一号、一九九〇年。

Ⅷ

『東京市区改正委員会議事録』各号。

『宮城外苑沿革』東京市、一九三九年。

『紀元二千六百年記念宮城外苑整備事業概要』東京市、一九三九年。

『東京市紀元二千六百年奉祝記念事業誌』東京市役所、一九四一年。

東京市記念事業部「宮城外苑整備事業概要」『公園緑地』四巻一号、一九四〇年一月。

東京市記念事業部「宮城外苑に御献木を」『庭園と風光』二二巻六号、一九四〇年六月。

森脇龍雄「宮城外苑の造園事業」『庭園と風光』二二巻三号、一九四〇年三月。

池辺武人「移りゆく宮城外苑を憶ふ」『庭園と風光』二三巻七号、一九四一年七月。

池辺武人『皇居外苑誌（皇居外苑風致考）』皇居外苑保存協会、一九六八年。

前島康彦『皇居外苑』郷学舎、一九八一年。

山田正男「宮城外苑地下道計画案に就いて」『道路』一九三九年一一月号。

中田乙一『縮刷丸の内今と昔』三菱地所、一九五二年。

越澤明編『帝都復興事業完成図一九三〇年の東京』土木学会土木史研究委員会、一九九〇年。

IX

『公園緑地』三巻二・三合併号、一九三九年三月、東京緑地計画特集。

『公園緑地』四巻四号、一九四〇年四月、東京大緑地特集。

『公園緑地』四巻八号、一九四〇年八月、空地地区特集II。

『公園緑地』六巻二号、一九四二年二月、続東京緑地計画特集。

『公園緑地』七巻四号、一九四三年六月、空地帯及び防空空地特集。

『公園緑地』九巻一号、一九四七年三月。

『防空大緑地の話』都市計画叢書第五号、神奈川県都市計画課、一九四〇年。

木村英夫『都市防空と緑地・空地』日本公園緑地協会、一九九〇年。

佐藤昌『近代日本公園緑地発達史』都市計画研究所、一九七七年。

白井彦衛「都市の緑地保全思潮に関する研究」『千葉大学園芸学部学術報告』二八号、一九八〇年。

「公園制定八十周年記念座談会」『公園緑地』一五巻一号、一九五三年三月。

森堯夫「東京の緑地帯計画とこれに携わった人々」『都市公園』一〇〇号、一九八八年三月。

石原耕作「終戦直後の思い出——農地解放と公園事業費予算の復活」『都市公園』一〇〇号、一九八八年三月。

『木村三郎先生特別講演会　昭和初期の造園界の動向』東京大学農学部緑地学研究室、一九八八七年。

前島康彦『東京の公園八〇年』東京都公園協会、一九五四年。

東京都公園協会『東京の公園一一〇年』東京都建設局公園緑地部、一九八五年。

末松四郎『東京の公園通誌』郷学舎、一九八一年。

北村信正『小金井公園』郷学舎、一九八一年。

石内展行『砧緑地』郷学舎、一九八一年。

越澤明「東京のグリーンベルト構想の経緯——緑地政策と宅地政策の視点から」『新都市』四四巻一一号、一九九〇年一一月。

越澤明「大阪の公園緑地計画の推移——鶴見緑地の誕生の経緯」『公園緑地』五一巻二号、一九九〇年六月。

X

『公園緑地』七巻四号、一九四三年六月、空地帯及び防空空地特集。

木村英夫『都市防空と緑地・空地』日本公園緑地協会、一九九〇年。

グローバー著、内務省計画局訳『国民防空』内務省計画局、一九三八年。

内務省計画局『国民防空読本』大日本防空協会、一九三九年。

『建物疎開戦時住区ニ関スル資料』防空総本部、一九四五年。

『大都市疎開に関する資料㈠』東京商工経済会調査部国土計画係、一九四四年。

『都市問題』三八巻六号、一九四四年六月、都市疎開に関する資料。

『防空と都市計画』東京市、一九三八年。

『欧州都市計画の変遷と戦時都市計画への変遷』東京市、一九三八年。

『東京の防空都市計画（未定稿）』東京市、一九四三年。

『建物疎開による移転者の為に』東京都防衛局建築課、一九四三年。

『帝都における建物疎開事業の概要』東京都（一九四四年）。

『東京都戦災史』東京都、一九五三年。

『墨田区史――前史』墨田区、一九七八年。

中野区企画部広報課『中野の戦災記録写真集』中野区、一九八五年。

石川栄耀『戦争と都市』日本電報通信社出版部、一九四二年。

石川栄耀『国防と都市計画』山海堂、一九四四年。

石川栄耀『余談亭らくがき』都市美技術家協会、一九五六年。

伊東五郎『防空建築規則の話』都市研究会（一九三八年）。

町田保『土木防空』常盤書房、一九四三年。

桐生政夫『都市住宅と防空防火戦術』日本電建株式会社出版部、一九四三年。

石井桂『防空建築と退避施設』東和出版社、一九四四年。

田辺平学『防空都市』河出書房、一九四五年。

内政史研究会『大橋武夫内政史談』二十一世紀社、一九八三年。

大河原春雄『建築行政三十年』相模書房、一九六九年。

越沢明「戦時期の住宅政策と都市計画」近代史研究会『戦時経済』山川出版社、一九八七年。

XI

『東京都の復興再建状況（東京都復興白書）』東京都、一九五二年。

『東京都戦災史』東京都、一九五三年。

『都政十年史』東京都、一九五四年。

『東京二十年――都民と都政の歩み』東京都、一九六五年。

『甦った東京――東京都戦災復興土地区画整理事業誌』東京都建設局区画整理部計画課、一九八七年。

山口新三郎『恵比寿』恵比寿復興土地区画整理組合、一九六〇年。

『事業誌』新井復興土地区画整理組合、一九六一年。

建設省編『戦災復興誌』第一巻、都市計画協会、一九五九年。

建設省編『戦災復興誌』第一〇巻、都市計画協会、一九六一年。

戦災復興外誌編集委員会『戦災復興外誌』都市計画協会、一九八五年。

『都市計画パイオニアの歩み』都市計画協会、一九八六年。

『新都市』一四巻一二号、一九六〇年、戦災都市復興特集号。

『区画整理』一九六四年五月号、東京都特集号。

町田保「戦後の都市復興計画」『都市計画』創刊号、一九五二年八月。

小林一三『復興と次に来るもの』国民公徳会、一九四六年。

石川栄耀『新首都建設の構想』戦災復興本部、一九四六年。

石川栄耀『余談亭らくがき』都市美技術家協会、一九五六年。

石川栄耀・小坂立夫「東京復興計画における緑地計画」『公園緑地』九巻一号、一九四七年三月。

南保賀『都市復興と区画整理の構想』新地館、一九四七年。

内政史研究会『大橋武夫内政史談』二十一世紀社、一九八三年。

大橋武夫追想録刊行会『大橋武夫追想録』二十一世紀社、一九八七年。

財津吉史『心の鉦をうち鳴らしつつ』墨水書房、一九八五年。

『新修港区史』東京都港区、一九七九年。

堀江興「東京の戦災復興街路計画の史的研究」『土木学会論文集』四〇七号、一九八九年。

越澤明「第五章　戦災復興事業」前掲『日本の都市再開発史』。

越澤明「東京の戦災復興街路の計画思想と実際」前掲『文化遺産としての街路』。

越澤明編「戦災復興事業に関する証言」前掲『文化遺産としての街路』。

越澤明「名古屋の都市計画の歴史と戦災復興計画」『名古屋市戦災復興計画図』名古屋市土木局、一九九一年。

Akira Koshizawa, "Perspective on Tokyo's Avenues : the Case of Loop Road No.3," *The Wheel Extended*, No. 77, 1991.

XII

『第一二回オリンピック東京大会東京市報告書』東京市、一九三九年。

『建設のあゆみ』東京都建設局、一九五三年。

『東京都都市計画概要』一九六二年版、東京都都市計画協議会、一九六二年。

『東京都都市計画概要』昭和四二年版、東京都首都整備局、一九六八年。

『建設進むオリンピック関連街路』東京都道路建設本部計画課、一九六三年。

『都市計画と東京都』都政調査会、一九六〇年。

安井誠一郎『東京私記』都政人協会、一九六〇年。

山田正男『時の流れ・都市の流れ』都市研究所、一九七三年。

山田正男・鈴木信太郎「都市再開発と交通処理」『新都市』一二巻一号、一九五八年。

岩出進「東京都市計画都市高速道路網計画」『新都市』一二巻六号、一九五八年。

『新都市』一八巻九号、一九六四年、オリンピック特集号。

『道路』一九八四年六月号、都市高速道路特集号。

『首都高速道路公団三十年史』首都高速道路公団、一九八九年。

篠原修「首都高速道路の計画と設計思想」『都市の景観形成と首都高速道路』日本文化会議、一九八四年。

新谷洋二「東京の道路——過去・現在・未来」森亘編『道』東京大学出版会、一九八八年。

終章

越澤明「豊かな市民生活を実感しうるインフラ整備のストックとは」『土木学会誌』一九八九年一一月号、別冊増刊。

越澤明「東京都市計画の思想——その歴史的考察」『思想』八〇一号、一九九一年三月。

初出一覧

1章　「後藤新平と震災復興計画」『東京人』二三号、一九八九年八月。

2章　「幻の後藤新平の帝都復興プラン」『東京人』二四号、一九八九年九月。『帝都復興事業完成図　一九三〇年の東京』土木学会土木史研究委員会、一九九〇年六月。

3章　「水辺のプロムナード　隅田公園」『地域開発』三〇八号、一九九〇年五月。

4章　「折下吉延と外苑の銀杏並木」『東京人』三六号、一九九〇年九月。

5章　「新宿西口の都市改造　新宿新都心のルーツ」『地域開発』三一九号、一九九一年四月。

6章　「デザインされた住宅地　常盤台」『地域開発』三一〇号、一九九〇年七月。

7章　書き下ろし。

8章　「宮城外苑　シビック・ランドスケープの思想」『地域開発』三一七号、一九九一年二月。

9章　「東京緑地計画とその遺産　郊外の大公園の成立過程」『地域開発』三一五号、一九九〇年一二月。

10章　書き下ろし。
11章　「幻の環状三号線　戦災復興計画の挫折とその遺産」『地域開発』三一二号、一九九〇年九月。
12章　「東京オリンピックと東京都市改造」『地域開発』三二三号、一九九一年八月。
終章　「幻の東京都市計画から東京大改造を考える」『東京人』二四号、一九八九年九月。

二一世紀の東京都市計画の課題

この一〇年間（一九九一〜二〇〇〇年）の東京の変容、阪神・淡路大震災の発生、地方分権、国際的な都市間競争の中で東京の置かれた立場を踏まえると、二一世紀に向けた東京都市計画の政策課題は何であろうか。それは次の三点が重要であると指摘したい。

①都市の魅力とは何か、あるいは都市の品格とは何か

②都市計画の地方分権とそれにともなう市区町村の自己責任

③根幹的インフラ、密集市街地の再生、都市計画の意志決定

この三点を論じた最近の論考を再録することにより、文庫版あとがきに代えることをご海容いただきたい。

都市の魅力

都市の魅力。それは閑静な住宅地のレストランであったり、超高層ビルからの夜景であったり、あるいは並木道の散策であったり、人によってさまざまであろう。しかし、何気なく魅力を感じるその場所の多くは実は、何らかの都市計画が過去に実施され、街が熟成し、その上に都市文化が開花していることが少なくない。

例えば、東京の原宿・青山の一帯は大正期に明治神宮造営により、表参道と外苑入口の並木道がつくられ、関東大震災の帝都復興事業によってモダンな同潤会アパートがつくられ、東京オリンピックの際、青山通りが拡幅されて街の様相が一変した。

堂々たる二本のアヴェニューと日本初のアパートメントという都市計画の成果が都会的なライフスタイルを生み出し、地域イメージをつくり、それが相乗効果となって東京で最も華やかでお洒落な街並みをつくり出している。

関東大震災後、大正末期から昭和初期にかけて東京の郊外の市街化が始まり、私鉄が敷設されたが、このとき目黒区の西、世田谷区の南、杉並区の西の一帯では東急や先見性のある地主によって区画整理が実施された。昭和一〇年代、東京緑地計画のグリーンベルト構想にもとづき、今日の砧公園、駒沢公園、小金井公園などの整備が着手された。このような都市計画の蓄積の上に山の手の良好な住宅地が成り立っている。しかし、一方ではせっかくの街づくりの成果を生かせず、あるいはその遺産を喰い潰してしまったケースも存在する。

隅田川に架かる駒形橋・永代橋・清洲橋などの橋梁群は今日、美しくライトアップされ、両国の花火も打ちあげられるなど、東京を代表する景観のひとつとなっている。この橋梁群は帝都復興事業により技術の粋を凝らして建設されたものであるが、河岸には同時に、隅田公園が整備された。これは日本初のウォーターフロント整備であり、防災帯としての役割も持っていた。しかし、戦後、高速道路の建設と防潮堤により公園の枢要部が破壊され、周囲の建物は公園と川にお尻を向けて建っている。この一帯は本来であれば最も魅力的な建物や文化施設が周囲に集積してよかったはずである。

都市の魅力の源泉は街路、公園、河川など、公共空間のゆとりと美しさ、街並みの調和、そしてそこで暮らし、生活する人々のライフスタイルの豊かさと活気に存在する。法人も含めて各地域の人々が過去のまちづくりの遺産を大切にし、さまざまな形で街並みの整備（例えば、ランドマークの保存、セットバックによる緑地の確保など）を加え、都市文化を育むことが今後のまちづくりの方向である。

経済力にふさわしい大都会のインフラと生活の豊かさの実現が日本の課題であり、そのような魅力的で品格のある大都会が実現すれば、結果として海外からも尊敬を得ることになるであろう。

初出 「都市の魅力とまちづくり」『明日へのＪＣＣＡ』一九九五年六月号、建設コンサルタント協会

都市計画と地方分権――まちづくりと自己責任

都市計画は市民の暮らし、交流、文化、ビジネスの場、空間をつくるという点で自治体の重大な仕事であり、都市政策の大半も都市計画法の施策と密接不可分である。そのため、都市経営に力を入れる全国の自治体は企画・都市計画部門に事務職、技術職を問わず、優秀な職員を投入し、また、実践経験(オン・ザ・ジョブ・トレイニング)を通して、政策マインドを持った人材の育成を図るケースが少なくない。

二〇〇〇年は東京二三区の都市計画、まちづくりにとって、一九三二年の大東京発足(八二町村の東京市への合併)以来の節目の年である。それは地方分権一括法と都市計画法改正により、特別区が東京の都市計画に関して大きな自己責任を負うことになり、名実共に基礎的自治体となったためである。今後は市区町村が都市計画の政策判断と事業実施の主体であり、国や都道府県による高権的指導(上級官庁として指図すること)は厳に、戒められている。

最近は聞かれなくなった言葉であるが「人間四〇になれば自分の顔に責任がある」。それと同様、地方分権とは「自治体が都市の姿、つまり顔に責任を持つ」時代の到来を意味している。

住みたい都市として魅力があり、環境が良いのも、若者が住まず、商店街も沈滞し、衰退していくのも、また、安全で安心なまちであるのも、震災時に危ないまちであるのも、今後は、それはそれで都市の個性と割り切ることが必要である。まちの姿は基礎的自治体の自己責任であり、中長期の都市政策の積み重ねの結果であることを強調したい。つまり分権とはまちづくりについても護送船団方式は終焉を告げ、都市間の比較と競争の時代となり、首都圏内、区部と多摩、そして区同士で比較と競争の時代が始まったことになる。

このような地方分権後、基礎的自治体の首長と職員が先ず最初に、取り組むべきこと。それは自らのまちの都市計画の歩み、先人の努力の跡をきちんとたどり、都市計画の遺産を検証し、施策の有無と事業が現在のまちをつくってきたことを再確認することである。このような検証は当然、過去の政策の問題を明らかにすることもある。それを含めて冷静に事実を認識し、今後の都市施策をつくり、議会と区民に説明し、共に考え、実行していくプロセスがどうしても必要である。

東京は大都会で、市街地の姿は一見、つかみどころがない。しかし、都市計画の歴史を知ると東京のまちの形成とインフラに対する見方と理解は一変する。

例えば、なぜ、山手線の内外に今日、防災対策が必要な木造密集市街地が拡がっているのか。なぜ、JRには駅前広場があるのに私鉄は広場がなく道路が狭いのか。なぜ、廃校となった都心の小学校の隣に小さな公園があるのか。なぜ、下町の堀や川が埋め立てられたのか。なぜ、同じ下町でも台東区、本所（墨田区南部）は道路が整然としており、向島（墨田区北部）、葛飾区は狭い道が曲がりくねり、公園もない場所が多いのか。

また、目黒、世田谷、練馬では自動車が通れる道（幅員一〇メートル前後の生活幹線道路）がなぜ、突然途切れてしまうのか。環七、環八があるのになぜ、環三、環四がないのか。砧公園、水元公園のような大きな公園がどうして他にはないのか。池袋、渋谷、大井町、大森の線路沿いにはなぜ、細長い公園（?）のような駐車場、駐輪場があるのか。都心と下町の橋の脇にはなぜ必ず広場（?）があるのか。なぜ、隅田川にはライトアップして映える立派な橋があるのか。なぜ、表参道には古めかしいアパート群が続くのか。表参道や外苑イチョウ並木のように歩道が広く、緑が覆い、男女が手を握って歩きたくなる素敵な並木道がなぜ、他の区にはないのか。

これらはいずれもこの七〇年の東京都市計画の正負の遺産がもたらした結果の一部である。今日、新聞がしばしば使用する「負の遺産」という言葉は実は約一〇年前の私の造語である。これは「東京都民や行政は都市計画の遺産を知らない、大事にしていない。また、五〇〜七〇年前決定の都市計画街路、公園緑地が未完など今後の都市計画の課題が多い」

ということを強調したいため、「負の遺産」というキーワードを考案した。

なにげなく当たり前に存在しているかに見える街路樹や広場でさえ、都市計画を決定する際の大きな決断とその後の長年の努力で維持されてきたものが少なくない。戦後の人口急増時にやむをえず、震災復興の防災拠点として苦労して創造した公園を削り、学校に転用した事実を知れば、都心の廃校用地は区民住宅や区の箱物として使用する前に、都心の貴重なオープンスペース、花園として再生する方針を基本に据え、その周囲の建物の景観デザインを考えたり、未利用の容積率を再開発の種にするなどの方策を検討するのが至極当然である。しかし、都心の廃校跡地が公園広場として再生された事例を私は知らない。

東京では五〇～七〇年前に決定され、いまだ実現していない道路、公園は実はあちこちに存在している(長期未整備と呼ぶ)。これは本来、市販の住宅地図などに明確に表記すべきものであるが、記載されず、計画に引っかかっている土地の権利者を除けば、多くの都民は知らないままである。

これら長期未整備の道路、公園の都市計画決定を廃止・変更するのか、維持するのかは、従来は東京都の審議会の権限であったが、今回の分権により、大部分が特別区の都市計画審議会の権限に委譲された。この権限委譲の意味は重い。

長期未整備の道路、公園をどう考え、どう取り扱うのか、これが今後の区の都市計画の重要課題であり、試金石である。住民参加方式で都市マスタープランを策定するとこのような問題には触れないことが多い。しかし、長期未整備の道路、公園は決して厄介者ではなく、今後のまちづくりのための貴重なプラスの遺産である。このように逆転の発想で考えれば、これを生かした新たなまちづくりの構想、発展の道と展望が開かれてくる。例えば、東池袋では補助線街路の具体化を契機として地元で防災まちづくりの検討を進めている。阪神・淡路大震災の復興でも西宮市では五〇年前決定の公園を今回、見事に実現した（阪神地域の市街地での唯一実現した防災公園）。

基礎的自治体となった特別区にはまちをつくる自覚と知恵と創意工夫、つまり政策と責任が求められている。

初出「東京都市計画と地方分権——新世紀のまちづくりと自己責任」『区政会館だより』二〇〇〇年八月号、特別区協議会

『東京都市計画物語』とその後

この一〇年間の変化

この一〇年間にバブル経済の崩壊と、阪神・淡路大震災、そして国際的な大都市間競争時代の到来が起こりました。

将来人口の減少、製造業の海外移転で土地余りの時代を迎えた今日、住民と民間企業が協力し行政がそれを後押しして良い街並みを創り出す努力をしなければ、東京の存在価値は目減りするばかりです。

阪神・淡路大震災では、戦災復興事業を実施していなかった市街地が集中的な被害を受け、今回、区画整理・再開発を行っています。

東京にも震災後にスプロールし、戦災復興でも区画整理できなかった基盤未整備な市街地が、都電荒川線沿いや山手通りの内側にベルト状に残されています。阪神・淡路大震災はこのような木造住宅密集市街地の危険性を改めて浮き彫りにしました。

国際的な大都市間競争では空港の果たす役割がきわめて大きくなっていますが、首都圏の空港インフラはご承知の通り貧弱です。世界の大都市の中で最悪です。このままでは、東京が競争に勝ち残り、世界の三極はおろかアジアの拠点として選ばれることも相当に難しい情勢です。

空港への高速道路のアクセスでも、横浜から羽田へは比較的すいすい走りますが、羽田から先は渋滞して車が動きません。湾岸道路は一三号地(レインボータウン)が空き地だらけの状態でもすでに麻痺しています。日本の首都の玄関口で恥ずかしいことですし、また経済的にも莫大な損失です。

幻の環状道路

戦災復興計画にあった環状幹線道路網が今なお未完成である弊害も極めて大きく、区部全体の交通渋滞の原因になっています。

関東大震災後の帝都復興事業の完了後、一九二七年に郊外の幹線道路網が決定されました。環六(山手通り)、環七、環八は実にこのときの計画です。

しかし、環七通りは計画以来実に約六〇年後の一九八五年に全線開通し、環八通りは今なお事業中です。この点で東京都市計画は戦前の人口六〇〇万人時代の計画目標でさえ、いまだに達成されていないことになります。

東京の戦災復興では、幹線街路網は帝都復興を実施した都心を含めて新たに計画を練り直されました。

しかし、この東京戦災復興計画も一九五〇年のドッジライン(緊縮財政)による計画見直しのため、大幅に事業を縮小されました。その結果、環一(内堀通り)、環二(外堀通り)、環五(明治通り)、環六は曲がりなりにも存在しますが、環三(外苑東通りはその一部)や環四(外苑西通りはその一部)は幻の道路になってしまいました。

GHQ(アメリカ)は「敗戦国は復旧で充分だ」、「これは戦勝国の記念道路だ」と戦災復興には冷淡でした。それは、都市計画の実施が国力を増強させる源泉であるからです。

オリンピックと首都高速道路

一九六〇年代前半の東京の都市改造は道路交通対策が中心になりました。戦後の東京は急増する人口、都市の膨張に対して道路整備が極めて立ち遅れており、一九六五年に東京都心部の交通は麻痺してしまうという「昭和四〇年危機」が予想されていました。

戦災復興事業による道路拡幅や新設が実現不可能な中で、採用された打開策は首都高速

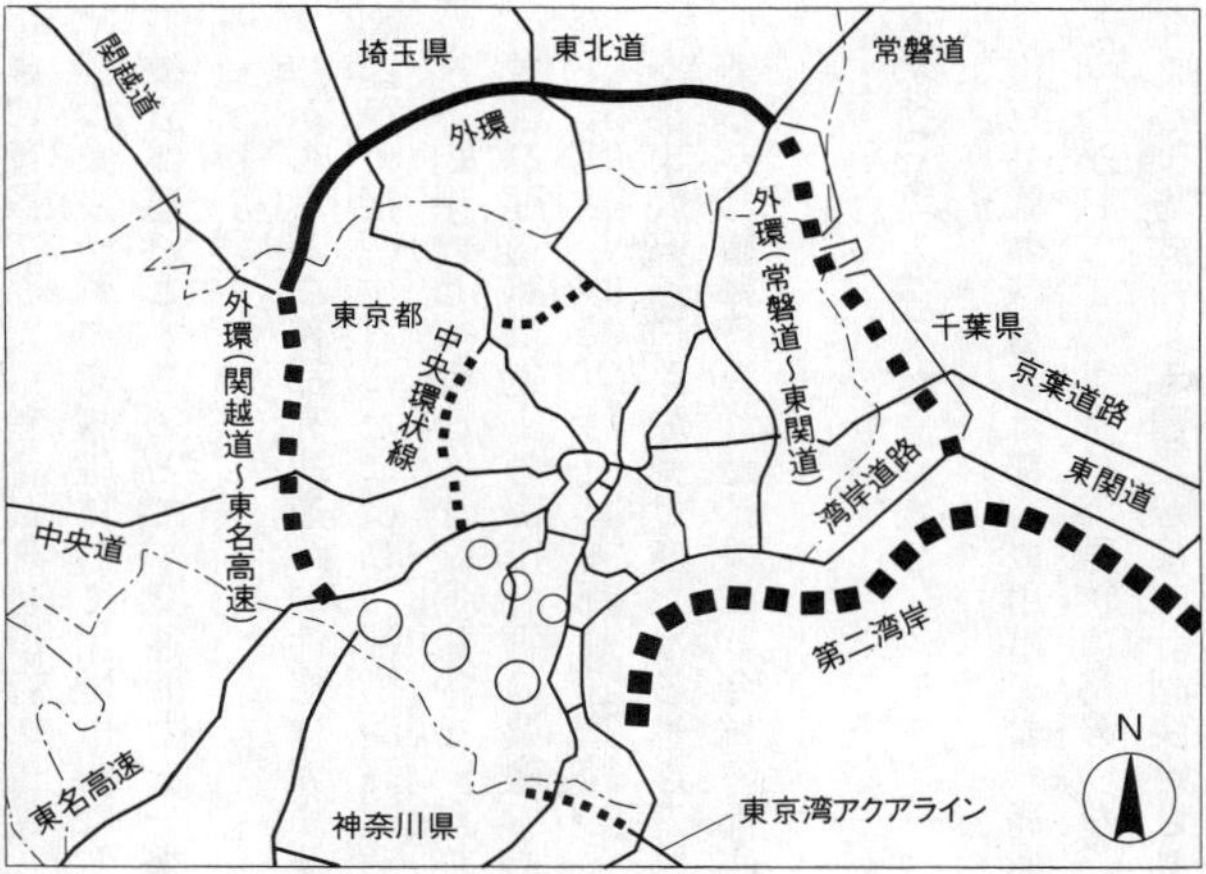

図1　都心から15 kmの地域を環状に連絡する外環（建設省関東地方建設局パンフレット「外環の必要性とその効果」Ver. 1より作成）

道路の建設でした。首都高速は既存の道路、公園、河川などの公共空間を立体的に利用して、つまりそれらを犠牲にして用地取得なしに高架道路を新設し、また交差点をなくした連続立体道路とすることで、交通能力を一挙に引き上げることを目的とし、その役割を果たしました。

しかしながら首都高速道路の性格は、オリンピック終了後に大きく変化しました。東名高速等と接続することにより、都市間高速道路の受け皿としての役割も持たされるようになり、結果として都心への交通集中を一層加速させることになりました。

首都高速道路は過去の都市計画の遺産である公共空間に頼って建設されましたが、一九六〇年代後半以降、今度は首都高速道路の遺産に頼ってしまい、本来しなければならなかった都市間高速道路の受け皿となるべき道路の整備を怠ってしまいました。ストックの食い潰しが二重に行われた結果が、今日の都心部の交通渋滞を招いたのです。

東京外郭環状道路の整備

東京外郭環状道路は都心に用事のない通過交通を迂回させる役割を担って計画されました。しかし、この東京外郭環状道路のうち、最も重要な関越道〜東名高速間は、昭和四一年に高架方式による建設が都市計画決定されながら、反対運動にあって四五年に建設が凍結され、今日に至るまで三〇年間を費やしてしまいました。

石原都知事になって凍結解除の動きが出てきました。東京全体のためにはどうしても必要な道路ですが、やはり山の手の住宅地を高架で通すのはどうしても無理があります。

その点では、現在ボストンで進められている高速道路を地下に収める工事（通称 The Big Dig）が参考になります。ボストンではウォーターフロントと都心を分断してきた道路を地下に潜らせて、むしろ機能強化しながら都市環境を良くしています。地下化した道路の地上には、公園や遊歩道を設けて緑化し、一部は宅地開発する計画です。景観も大変良くなり、ダウンタウンの再生にもなります。

大都市では幹線道路や再開発をめぐって、地元の住民との合意形成を図る際に、公共の目的と個人の私権をいかに調和させるかということが難しい問題です。解決に当たっては、計画の住民説明から移転補償までのメニューをきちんと用意すること、透明で公平な仕組みを作り上げ社会的に見て妥当な補償がなされることがポイントになります。

ここまで補償しているのだから、納得しない方がおかしいということを示して、かつ逐一議論を公開するべきだと思います。

住民にも海外の先進事例を知って貰いたいし、土地に縛り付けられた農耕社会と違って、都市ではライフスタイルに応じて住み替えるものだということを理解して欲しいと思います。それでないと、これまでのように、住宅を造っては壊すということを繰り返してしまいます。

むしろ都会では良好な百年以上の住宅ストックをつくり出しを街並みを維持すべきであり、住み手がライフスタイルに応じて住み替えて行くべきです。住み替えが前提になれば、一生涯あるいは子々孫々までこの土地に執着するということはなくなるはずです。

密集市街地の再生・復興

幹線道路整備の遅れだけではなく、東京では補助何号線と呼ばれる道路が至るところ未完成です。さらに補助線よりもう一ランク下の、幅員が四メートル未満で狭く折れ曲がった、救急車やタクシーの出入りにも支障がある道路が、都内にはかなり多いのです。

これが六メートルに拡がるだけで事情は全然違ってきます。車が入れるし、指定された容積率がほぼ使えるようになります。東池袋に好事例があります。街づくりに熱意のある地元のある方が土地買収に応じて、幅六メートルの防災道路が一箇所すっと抜けました。その結果、付近の老朽化した木造アパートが中層建築物に建て替わり、防災性も向上しました。もともと春日通りや地下鉄駅に近くてポテンシャルの高い土地でしたから、一気に良い市街地に生まれ変わりました。現在はこの付近で補助線都市計画道路の整備が、単なる用地買収や住民の追い出しではなく、道路拡幅を機会に再開発をどうしようかという観

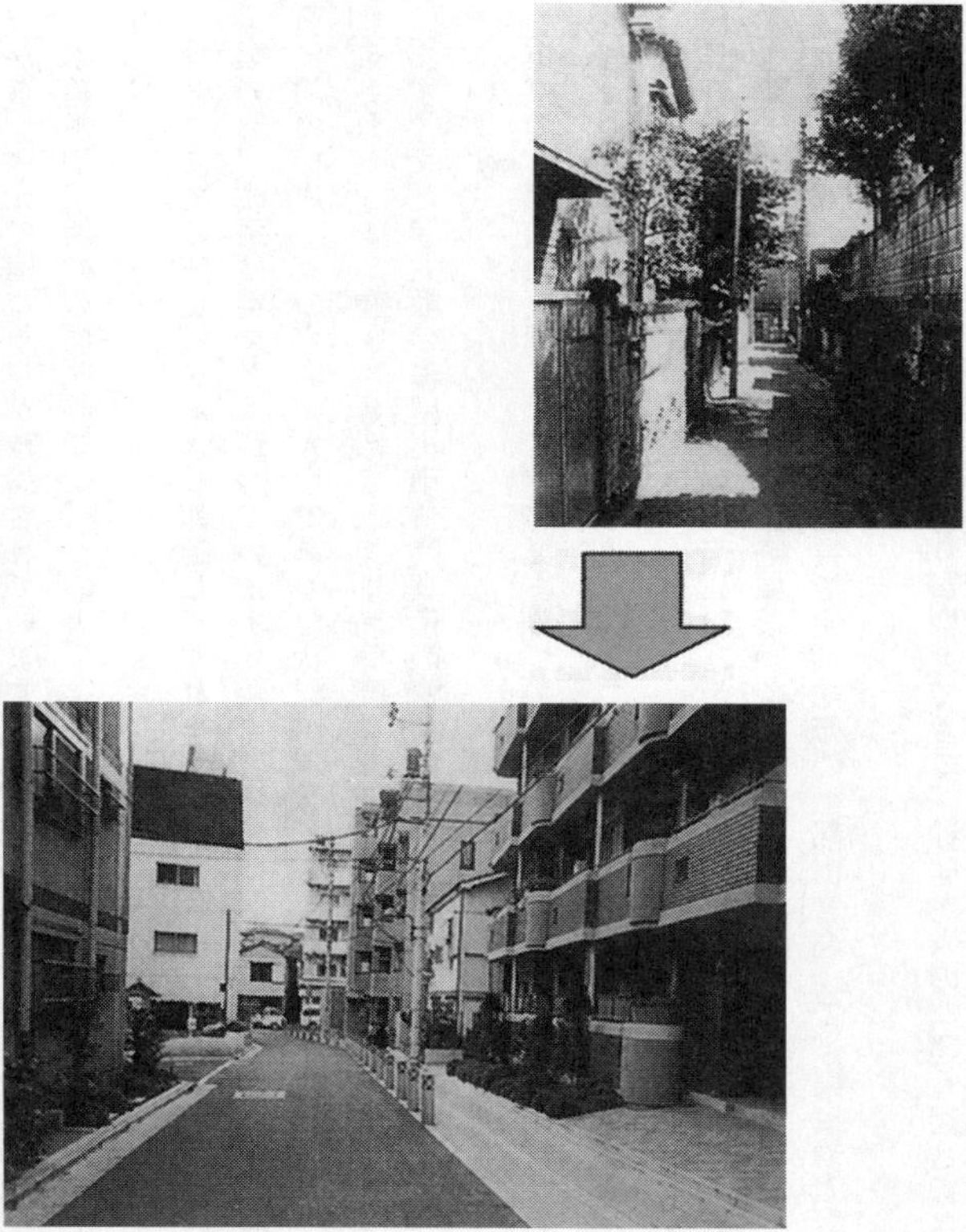

図2　6 mの防災道路の整備と，それに伴う沿道での建替え。豊島区東池袋4・5丁目地区（東京都「新たなまちづくりの展開」平成11年）

点から、地元で街づくりが議論されています。

木造密集市街地の再開発では、このような成功事例を地域住民に見ていただくことが大切です。

マスコミでは成功例をあまり報道してくれませんが、阪神・淡路大震災後の被災地復興事業でも、成果は着々と上がっています。西宮市森具《もりぐ》地区の復興土地区画整理事業では、震災前の接道不良の宅地が大半であった状況が想像できないほど、道路や公園がきれいに整備され、マンションも建設されて即時完売になるなど、素晴らしい街に生まれ変わっています。また、大阪の寝屋川市や門真市の密集市街地整備も近年着実に進み、形になってきています。

東京でも事前の復興として、防災まちづくりを強力に進めるべきです。適切な公共事業を入れて街区全体を良くする。民間にとって重要な不動産投資の場所にすることが大切です。

現在の地権者や文化住宅の所有者には、自力で建て替える力がありません。また個人で建て替えても小規模な木造賃貸住宅になってしまいます。良好なストックを生み出すには、地権者と民間の事業者の協力が必要です。地方の小都市と違って、東京や大阪にはその可能性があります。

住民もこれまでは次第にお年寄りが増えてきて、独居老人の問題も起きてきましたが、

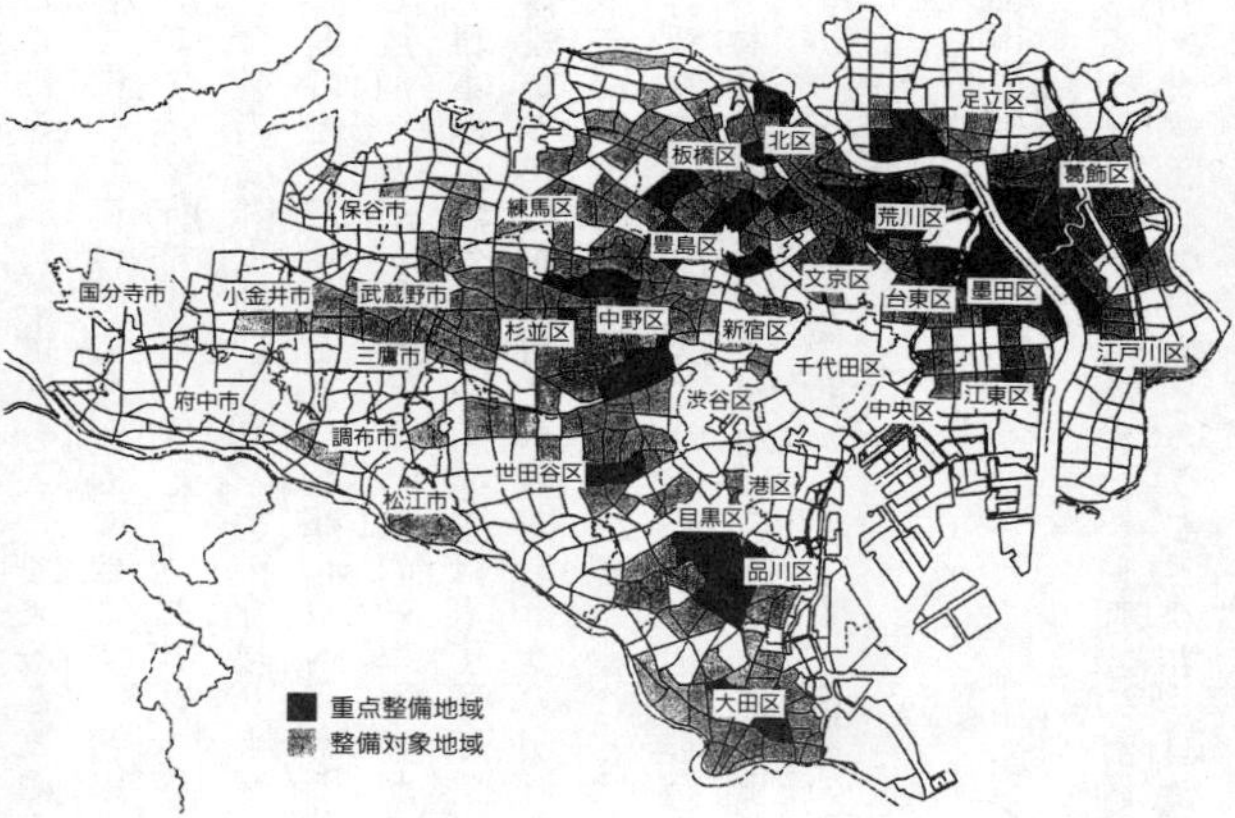

図3　東京都区部周辺部における重点整備地域，整備対象地域図（東京都「防災都市づくり推進計画〔整備計画〕」平成9年4月）

ここに新しい若い世代も入って来ることによって、地域が適切に混じり合い多様化すると、活性化した良い街になってゆきます。若い人が住みたがらない、自分の子や孫が訪ねて来たくない場所では先が見えています。

今後の高齢化社会では、福祉介護サービスが重要なテーマとなります。高齢者には、郊外地に住んだりするよりも都心や中心市街地の中層マンションにある程度まとまって住んで貰った方が、行政サービスの効率も上がるはずです。

日本は火山列島で災害発生は不可避です。予め災害が起きても被害が小さくなるように、普段から必要な社会資本整備を行うのが日本の宿命であり使命です。その観点でみると、木造密集市街地の整備が遅れていることは大問題です。政府の公共事業でも都市新生枠が言われていますが、これこそ正に相応しいテーマです。

木造密集市街地の整備は自力では進みません。しかし、少し後押しすれば動き出すのですから、政府開発援助が必要です。日本のＯＤＡはアジアよりも先ず東京に行うべきです。

都市計画の担い手とディシジョン・メイキング

もう一つの大きな問題は、首都圏の計画部局は誰なのか、プランニングの主体、リーダーシップは誰なのかということです。国なのか都県市区なのか不明確です。政府と自治体の首長の責任で、誰がやるのかを明らかにすべきです。

今の流れは地方分権で、都市計画や公共事業について国はあまりやるな、と言われています。しかも官僚主導は駄目だということで、自治体も含めて役所の主導ができ難くなってきています。それでは誰がやるのか、コンセンサスはないままです。

東京外郭環状道路の関越〜東名間の建設凍結解除は石原知事がいい出しました。やはりこの問題は都がいい出さないと、昔の建設大臣の凍結解除はできません。しかし、これからルートを決める東名用賀以南の部分については、東京都内を通すのか、川崎縦貫道を整備するのか、あるいは両方なのか、それは国が主導的に都県市を調整して国家戦略として決めるべきです。

首都をおかしくしたら、国がおかしくなります。それを考えれば、国がきちんと取り組む必要があります。

一方では、先行き不透明な中で、東京都の二三区は今回の地方分権で名実共に大きな自治体になりました。特別区がどれだけ真剣に、東京都市圏の歩みを見据えて施策を打ち出していけるのか。木造密集市街地の整備は、区が相当に努力しないと実現しません。区はこれまで自ら苦労して道路や公園を作った経験が少なくて、ほとんど国や都の都市計画の成果を無償で貰ってきています。それだけに、例えば統廃合になった都心の学校跡地の使い方などは乱暴で問題があると思います。

戦後の東京では人口急増に対応し、震災復興公園を潰して、その用地に学校を建設することで急場をしのいできました。その跡地は公園（都心型の広場）に戻して周囲を上手に再開発すべきです。都心に空間が空いているからこそ、少し高層化しても、緑を見ながらのオフィスや都会型の環境が出来上がるのです。

学校跡地に区民住宅を作るという話を聞いたことがありますが、これは間違いです。そのようなことで都心の魅力づくりが進むとは思えません。震災復興で努力してつくり出した公共用地をもっと大事にすべきです。

明確なマスタープラン作り

二三区の都市計画マスタープランは総花的になっています。英国のマスタープランやガイダンスの文章は単純かつ具体的で美辞麗句が入っていません。課題や目標を明確に書きます。しかも通し番号を打っています。首都圏整備計画をはじめ日本のマスタープランは、もっと突き詰めた内容で議論がなされるべきです。

二三区内には都市計画決定済みながら未整備の街路や公園が至る所にあります。実行しないのであれば、理由を明確にして廃止すべきです。その代わり、廃止しても将来の街づくりに支障のない選択を行ったことを、また大震災が発生しても区民の命が守られるということを、区長、区議会、区民のいずれもが自覚し、責任を負い、廃止の理由書を永久保存するなど、はっきりと認識して行うのが、地方分権時代の自己責任に基づいた街づくりです。

何時までも出来ない公園用地をどうするのか。それを決めるのが区の都市計画です。全部やれとは言わないが、折角決定しているのであれば、情報はオープンにすべきです。建て込んだ住宅のどこまでが公園用地に入っているのか、それによって権利関係が違ってきます。付近に企業の社宅やグラウンドの跡地が出た時に、それを種地にしてセットで開発するとか、あるいは全部公園にするとか、普段から情報がオープンになっていないと良い街づくりや、都市政策が出来ません。

首都圏へ国費の大幅投入を

東京の社会資本整備を満足にしてこなかった長年のツケから、首都圏は麻痺状態になっています。東京をいま強化しないと、日本全体の国力と活力が地盤沈下します。東京には幹線道路の整備や、木造住宅密集市街地の整備など、社会資本整備で取り組むべき課題が非常に多いのです。

国際空港でも、これまでは成田の発着枠ネックで海外のエアラインの乗り入れを待たせているという認識でいました。しかしアジアでも上海やソウルが国際ハブ空港化しつつあります。また、飛行機の航続距離のアップによりジャパンパッシング（日本上空を通過）が現実になりつつあります。発着能力が不足して待たせているつもりが、いつの間にか誰も待っていなかったということになりかねません。

東京へ大幅な国費を投入し、東京の住民と企業が納税している国税の額に相応しい投資をして、次の時代へのストックになり、かつ日本の国際経済力を強化し、内需拡大につながる社会資本整備を進めることが、日本国民全体にとって重要だということを強調したいと思います。

初出　「東京都市計画物語とその後」『JAPIC』二〇〇〇年一一月号、日本プロジェクト産業協議会

初版あとがき

本書はこの二、三年、雑誌『東京人』、『地域開発』に発表した拙稿に加筆し、数章分の書き下ろしを加えて一冊の本にしたものである。

東京都市計画の歩みとその実像について歴史的に研究することに着手したのは、大学院の修士課程のときである。文献踏査のため、連日、学内の各学部の図書館に通い、書庫の中で埃まみれの図書を手に取る一方、毎週、神田の古書市に通い、資料の発掘につとめた（都市計画の刊行物は行政資料であるため、図書館には所蔵されておらず、関係者の御遺族が処分したものが、巡り巡って古書市に偶然出て来る以外は、日の目を見ないことが多い。東京の戦災復興計画の各種の地図も古書市で入手した）。また時折、都市計画の長老の先生方を尋ねては、活字ではわからない当時の都市計画の状況について御教示していただいた。

私なりに東京都市計画史の全体像が見えてきたのは五、六年前のことであり、私の生活体験として知っていた数々の謎も解けてきた。例えば、文京区小石川の環三通りは私の高校の近くであり、なぜ、このような広い道が忽然と出現するのか、当時から不思議に思っていた。また、小学校の高学年当時、自転車で遠出すると、自宅のある阿佐谷一帯と善福寺公園一帯の違いを不思議に思ったものである。当時、阿佐谷駅から北に伸びる中杉通りや杉並区を東西に貫通する早稲田通りは歩道もなく、ボンネット型バスのすれ違いがやっとであり、電信柱が車に削りとられ、やせ細っていた。高円寺駅の南では広い道路が突如、消えていた。これはいま思えば、戦災復興事業の圧縮がもたらした結果である。

一九八八年に私は二カ月ほど欧州に滞在する機会を得た。そのとき強い印象を受けたことは、欧州のどの都市も市立博物館（ミュージアム）の展示内容の中心が広い意味での都市計画史、都市生活史であったことである（これは考古学や自然地誌、政治史を中心とする日本の博物館、郷土資料館とは大いに異なっている）。また、市立博物館で現代の都市計画の刊行物を入手できることも少なくなかった。ベルリンはちょうど、都市が誕生して七五〇周年であった。マルチン・グロピウス・バウ（グロピウスはドイツ人で西欧近代建築の祖）におけるベルリン七五〇周年の展示は実に見事なものであり、また会場の大きなフロアーではベルリン史に関する多種多様な刊行物が販売されていた。その素晴らしさに感激し、二日連続して通い、両手に持ちきれるだけの本を買い漁ったものである。その中には各年代の大判の都市計画図のリプリントも存在する。

この二、三年、帝都復興計画政府原案、帝都復興事業の完成状況、名古屋の戦災復興事業などの地図に解説を付してリプリントすることに私は努力したが、それは欧州の都市博物館の展示と都市史出版物の状況に触発されたためである。日本では一九八〇年代に都市論、江戸・東京学のブームの中で多数の出版物が刊行されたが、近代都市東京の形成過程を実証的に解明しようとするものは意外に少なかったように思われる(私の印象では、欧州の都市史出版物はむしろ、このような視点で執筆された教養書が少なくない)。

満州における日本人プランナーの都市計画について二冊の本にまとめた後、東京研究に専念し始めた一九八九年五月、私はときおり資料調査のため利用させていただいた財団法人都市計画協会をたずねた。業務課長の杉山熙氏より「山田博愛さんの資料を協会で受け入れたよ」とのお話を伺った。故山田博愛氏の御令孫がさる大学に所蔵資料の寄贈を申し出たところ、不要であると断わられたという。そこで、故人にゆかりのある団体として都市計画協会(後藤新平が創設した都市研究会は戦後、改組され、都市計画協会となった)に資料の寄付を打診され、協会では所蔵資料に『東京市区改正事業誌』などが含まれていたため、引き取ることにしたという。

「ぜひ、その資料を見せて下さい」とまだ整理中の山田博愛旧蔵資料(ダンボール箱で数箱分)を見せていただいた。資料の多くは内務省、帝都復興院、復興局の刊行物で私もすでに知っているものが多かった。そのうち、折りたたんである大判の地図が四点出てきた。

手に取ると『帝都復興計画甲案原図』、『帝都復興計画乙案原図』、『帝都復興計画第六案』、『帝都復興基礎案路線番号入図』とある。「まさか」と私は思いながら地図を拡げた。心なしか、手が少し震えていたと記憶する。図面を拡げてみると、幹線街路が非焼失区域を含めて旧東京市全域に拡がり、戸山の軍用地が公園として緑に塗られていた。「ウーン、こういうことだったのか」と軽い興奮を覚えながら、図面を折りたたみ、ダンボール箱に戻した。図面は絵の具で丁寧に描かれた手書き図面であり、表紙には配布のための通し番号が打たれていた。これが、一九二三年一〇月に作成された帝都復興計画の政府原案（数種）が六六年ぶりに甦ったときの状況である。「杉山さん、すごい資料ですよ」、そのようなことを言ったと私は記憶している。

今日でも同様であるが、政府の内部で審議している段階の原資料というものは、外部に公開されないものである。しかし、帝都復興計画については、帝都復興審議会と議会の反対で政府原案が圧縮を余儀なくされたことが、よほど帝都復興院の関係者にとって口惜しいことであったとみえ、政府案の変更の過程が記録として残されている。しかし、それは簡単な文章のみであり、図面そのものはどの刊行物にも収録されず、六六年間、謎となっていた。

山田博愛自身が次のように語っている（『帝都復興秘録』一九三〇年）。

〔大正一二年〕十月十八日頃になりまして、色々の案も出来たが、とにかく、甲案、乙案の二つで関係の会議で臨むようにしようではないか、さうして甲案を先づ第一案とすることにしようということが理事会で決定した訳であります。……〔一二月一一日の参与会には甲案、乙案が提出され、これをもとに修正した基礎案（第六条）が一二月一五日の評議会に提出された――越沢注〕

〔議会で削減されるまで〕計画の図面を作ることが数十種、予算も幾つ立てたか分からぬ位でありまして、この間の苦心と苦労とは大変なものでありました。最後に要らぬ書類はドシドシ整理して、焼却しました。（傍点は引用者）

ところが、山田博愛は捨てるに忍びなく、実は四枚の図面のみは保存していたわけである。

それからほどなく一九八九年六月、『東京人』編集室より原稿の執筆依頼（本書の第一章の初出）があった。テーマは後藤新平と都市計画でお願いしたいという。まさしく私の関心とピッタリであるのでお引き受けした。編集担当者に「実は後藤新平のプランを発見したので、大きめの図として入れたいのですが」と話をすると「それならば一度、現物を見せて下さい」ということになり、粕谷一希さん一行を都市計画協会に案内した。『東京人』編集室としてはかなりの決断であったはずであるが、カラーによる大判のリプリントという私にとって最も理想的な形で次号に掲載されることになった。この掲載号が思いのほか反響を呼び、「後藤新平展」の開催にまで波及効果があったことは第一章の付記に記したとおりである。

偶然が重なったとはいえ、後藤新平の没後六〇年目にして幻の帝都復興プランが日の目をみることになった。後藤新平、佐野利器、池田宏、山田博愛、笠原敏郎ら関係者の情熱(あるいは執念)がそうさせたのかもしれない。

本書の研究をとりまとめるにあたって、資料の点やヒヤリングなど、多くの方々にお世話になっている。

日本の都市計画の長老、大先輩の方々から伺ったお話は、当時の都市計画行政の雰囲気、様子を理解する上で大変、有益であった。土木の故桜井英記、松井達夫、竹重貞蔵、奥田教朝、浅野英、山田正男、秀島敏彦の各先生、建築の故荘原信一、故小宮賢一、楠瀬正太郎の各先生、造園の佐藤昌、木村三郎、木村英夫、横山光雄、森堯夫の各先生に厚く御礼を申し上げる次第です。

また、広瀬盛行先生(明星大学教授)には所蔵資料の使用をお許しいただいた。木村英夫先生は御自身の内務省都市計画資料(緑地、防空、疎開)のすべてを「研究に使って下さい」と私に託された。両先生の御厚意にお礼を申し上げます。また、既述のように財団法人都市計画協会と杉山熙氏には山田博愛旧蔵資料の利用など大変、お世話になり、感謝しています。

最後に、初出の際、お世話になった『東京人』編集室の粕谷一希、望月重威、坪内祐三の各氏と財団法人日本地域開発センターの岡崎昌之、土屋教子、川澄悦子の各氏に、また、本書の出版を快諾していただいた日本経済評論社の栗原哲也社長と編集担当者の清達二氏に感謝の意を表します。

一九九一年九月、関東大震災の発生から六八年目の日

越澤　明

人名索引

あ行

か行

さ行

た行

な行

は行

ま行

や行

ら行

わ行

事項索引

あ行

か行

さ行

た行

な行

は行

ま行

や行

ら行

わ行

本書は一九九一年十一月十五日、日本経済評論社より刊行された。

ちくま学芸文庫

東京都市計画物語

二〇〇一年三月七日　第一刷発行

著　者　越澤　明（こしざわ・あきら）
発行者　菊池明郎
発行所　株式会社　筑摩書房
東京都台東区蔵前二―五―三　〒一一一―八七五五
振替〇〇一六〇―八―四一二三
装幀者　安野光雅
印刷所　中央精版印刷株式会社
製本所　中央精版印刷株式会社
ちくま学芸文庫の定価はカバーに表示してあります。
乱丁・落丁本及びお問い合わせは左記へお願いいたします。
筑摩書房サービスセンター
埼玉県大宮市櫛引町二―六〇四　〒三三一―八五〇七
電話番号　〇四八―六五一―〇〇五三

ISBN4-480-08618-8 C0152